高等职业教育"十三五"规划教材

计算机应用基础
（Windows 7+Office 2010）
（第二版）

主　编　李建军

中国水利水电出版社
www.waterpub.com.cn
·北京·

内 容 提 要

本书依据教育部《高职高专教育计算机公共课程教学基本要求》编写而成，重点突出办公应用能力的培养。本书结合职业教育公共课程改革，强化服务岗位技能，以知识够用为度，对办公应用职业能力进行分析，采用行动导向方法对知识进行重构，在情境中通过完成相关任务达到"做中学、学中做"的统一。本书强调实践能力的同时，也在拓展知识中照顾了学生参加等级考试的需求，同时，本书参考《2018 年全国计算机等级考试大纲》选用了中文 Windows 7操作系统、Office 2010 办公应用系统。

本书共七个模块，内容包括计算机基础应用、中文 Windows 7 操作系统、文字处理软件Word 2010、电子表格软件 Excel 2010、演示文稿软件 PowerPoint 2010、计算机网络基础应用、常用工具软件等。本书以近年来全国计算机基础知识考试的精选试题作为章节练习题，方便教师教学与学生课后练习提高。

本书可作为高等专科学院及高等职业技术学院非计算机专业的教材，也可供计算机培训和个人自学使用。

图书在版编目（CIP）数据

计算机应用基础：Windows 7+Office 2010 / 李建
军主编. -- 2版. -- 北京：中国水利水电出版社，
2019.1（2022.7 重印）
高等职业教育"十三五"规划教材
ISBN 978-7-5170-7372-7

Ⅰ. ①计… Ⅱ. ①李… Ⅲ. ①Windows操作系统－高
等职业教育－教材②办公自动化－应用软件－高等职业教
育－教材 Ⅳ. ①TP316.7②TP317.1

中国版本图书馆CIP数据核字(2019)第018802号

策划编辑：寇文杰　责任编辑：张玉玲　加工编辑：王玉梅　封面设计：李　佳

书　　名	高等职业教育"十三五"规划教材 计算机应用基础（Windows 7+Office 2010）（第二版） JISUANJI YINGYONG JICHU（WINDOWS 7+OFFICE 2010）
作　　者	主　编　李建军
出版发行	中国水利水电出版社 （北京市海淀区玉渊潭南路 1 号 D 座　100038） 网址：www.waterpub.com.cn E-mail：mchannel@263.net（万水） 　　　　sales@mwr.gov.cn 电话：（010）68545888（营销中心）、82562819（万水）
经　　售	北京科水图书销售有限公司 电话：（010）68545874、63202643 全国各地新华书店和相关出版物销售网点
排　　版	北京万水电子信息有限公司
印　　刷	三河市德贤弘印务有限公司
规　　格	184mm×260mm　16 开本　18 印张　444 千字
版　　次	2013 年 7 月第 1 版　2013 年 7 月第 1 次印刷 2019 年 1 月第 2 版　2022 年 7 月第 4 次印刷
印　　数	10001—13000 册
定　　价	46.00 元

第二版前言

  "计算机应用基础"是为高等职业学校非计算机专业学生开设的计算机基础教育课程，是高等职业学校开设的一门公共基础课。为了体现计算机知识的实用、够用，服务于相应的岗位群，突出计算机工具应用的能力。本教材是依据教育部《高职高专教育计算机公共课程教学基本要求》编写而成的，重点突出办公应用能力的培养，旨在为高职学生提供一本既有一定的理论基础，又注重操作技能的实用教程。

  考虑到实际工作中的计算机操作系统及应用软件等情况，同时结合 2018 年全国计算机等级考试新大纲，本教材软件选用了 Windows 7 和 Office 2010 平台，对最新的计算机相关技术也作了介绍。在办公处理案例及应用技能方面，既体现了普适性知识点，又重点突出了实际文件管理及办公操作应用的典型性。

  全书共分七个模块：第一模块介绍计算机基础知识，讲述了配置计算机有关的基本知识；第二模块介绍 Windows 7 操作系统，主要强调中文 Windows 7 操作系统的使用，包括资源管理器的使用、系统的设置等典型应用；第三模块介绍中文 Word 2010，主要讲述文字处理软件 Word 2010 的文字、段落编排，表格处理及图文混排等典型操作及新功能；第四模块介绍中文 Excel 2010，主要讲述电子表格格式设置、公式应用，突出在财务方面的数据处理；第五模块介绍文稿演示软件 PowerPoint 2010 的典型使用方法；第六模块介绍计算机网络基础知识、网络的分类及因特网技术基础；第七模块介绍常用实用工具软件压缩、上传下载、邮件管理等应用。

  为了让学生能顺利通过等级测试，本书讲授建议为 72 学时（包括上机实验时间）。教师在教学过程中既要强调等级测试要求的知识系统性，同时也要求学生对本教材所涉及的实际操作技能达到熟练运用，突出计算机应用服务于岗位的特点。

  本书由李建军、陈雪涛、王曦、张娟娟、王薇、唐雨薇、吕世伟等老师共同完成，全书由李建军统稿。

  本书于 2018 年 8 月修订。由于编写时间仓促，加之编者水平有限，难免有诸多不足之处，敬请读者批评指正。

编 者

2018 年 8 月

第一版前言

　　"计算机应用基础"是为高等职业学校非计算机专业学生开设的计算机基础教育课程，是高等职业学校开设的一门公共基础课。为了体现计算机知识的实用、够用，服务于相应的岗位群，突出计算机工具应用的能力。本教材是依据教育部《高职高专教育计算机公共课程教学基本要求》编写而成的，重点突出办公应用能力的培养。旨在为高职学生提供一本既有一定的理论基础，又注重操作技能的实用教程。

　　考虑到实际工作中的计算机操作系统及应用软件等情况，同时结合全国计算机等级考试新大纲，本教材选用了 Windows 7 和 Office 2010，对最新的计算机相关技术也作了介绍。在办公处理案例及应用技能方面既体现了普适性知识点，又重点突出了实际文件管理及办公操作应用的典型性。

　　全书共分七个模块：第一模块介绍计算机基础知识，讲述了配置计算机有关的基本知识；第二模块介绍 Windows 7 操作系统，主要强调中文 Windows 7 操作系统的使用，包括资源管理器的使用、系统的设置、多媒体技术等典型应用；第三模块介绍文字处理软件 Word 2010，主要讲述文字处理软件 Word 2010 的文字、段落编排，表格处理及图文混排等典型操作及新功能；第四模块介绍电子表格软件 Excel 2010，主要讲述电子表格格式设置、公式应用，特别突出在财务方面的数据处理；第五模块介绍演示文稿软件 PowerPoint 2010 的典型使用方法；第六模块介绍计算机网络基础知识、网络的分类及因特网技术基础；第七模块介绍常用工具软件压缩、上传下载及邮件管理等应用。

　　为了让学生能顺利通过等级测试，本书讲授建议为 72 学时（包括上机实验时间）。教师在教学过程中既要强调等级测试要求的知识系统性，同时也要求学生对本教材所涉及的实际操作技能达到熟练运用，突出计算机应用服务于岗位的特点。

　　本书由李建军、王曦、杨建存、陈雪涛、张娟娟、王薇、唐雨薇、吕世伟等老师共同完成，全书由李建军统稿。

　　由于编写时间仓促，加之编者水平有限，难免有诸多不足之处，敬请读者批评指正。

编　者

2013 年 8 月

目　　录

第二版前言

第一版前言

模块一　计算机基础应用 ……………… 1

  项目一　配置计算机硬件 ……………… 2

    任务 1　选配 CPU、主板 …………… 2

    任务 2　选配存储设备、输入/输出设备 … 4

    任务 3　选配电源、机箱及其他设备 … 7

    任务 4　了解配置参数 ……………… 8

  项目二　配置计算机软件 ……………… 9

    任务 1　选配系统软件 ……………… 9

    任务 2　选配办公软件 ……………… 11

    任务 3　选配工具软件 ……………… 12

  项目三　熟练使用输入工具 …………… 13

    任务 1　认识键盘/鼠标 …………… 13

    任务 2　训练标准指法 ……………… 15

    任务 3　训练小键盘标准指法 ……… 16

  项目四　清除计算机病毒 ……………… 17

    任务 1　获取杀毒软件 ……………… 17

    任务 2　安装杀毒软件 ……………… 19

    任务 3　清除病毒 …………………… 19

    任务 4　讲解防毒知识 ……………… 20

  拓展知识 ………………………………… 21

  习题 …………………………………… 30

模块二　中文 Windows 7 操作系统 …… 33

  项目一　设置工作环境 ………………… 33

    任务 1　了解 Windows 7 的新功能 … 34

    任务 2　设置桌面 …………………… 35

    任务 3　设置外观和个性化 ………… 42

  项目二　管理办公文档 ………………… 46

    任务 1　整理文档资料 ……………… 46

    任务 2　备份文档 …………………… 47

    任务 3　删除文档 …………………… 54

  项目三　管理系统资源 ………………… 55

    任务 1　管理账户 …………………… 55

    任务 2　添加应用程序 ……………… 57

    任务 3　卸载或更改程序 …………… 57

    任务 4　安装设备和打印机 ………… 59

  项目四　优化存储空间 ………………… 61

    任务 1　查看磁盘使用状况 ………… 61

    任务 2　硬盘碎片整理 ……………… 63

    任务 3　对移动硬盘（U 盘）分区与格

          式化 ………………………… 65

  项目五　故障处理 ……………………… 70

    任务 1　使用任务管理器查看运行情况 … 70

    任务 2　查看和修改系统属性 ……… 70

    任务 3　安全模式 …………………… 71

    任务 4　设置系统还原点 …………… 72

  拓展知识 ………………………………… 73

  习题 …………………………………… 85

模块三　文字处理软件 Word 2010 …… 89

  项目一　制作会议资料 ………………… 89

    任务 1　制作会议通知 ……………… 89

    任务 2　打印通知 …………………… 98

    任务 3　整理会议记录 ……………… 101

  项目二　制作招聘资料 ………………… 106

    任务 1　制作招聘启事 ……………… 106

    任务 2　编制岗位申请表格 ………… 106

    任务 3　绘制招聘流程 ……………… 112

  项目三　制作公司报刊 ………………… 114

    任务 1　设计报刊 …………………… 114

    任务 2　打印报刊 …………………… 123

  项目四　制作新品发布会活动策划书……… 123

    任务 1　编制规划书 ………………… 123

    任务 2　制作产品介绍书 …………… 124

    任务 3　制定会议流程 ……………… 125

    任务 4　绘制会场布局图 …………… 125

拓展知识 ……………………………… 126
习题 …………………………………… 137

模块四　电子表格软件 Excel 2010 ……… 140
项目一　编制人事清单 ………………… 140
任务 1　编辑人事清单数据表单 ……… 140
任务 2　优化清单格式 ………………… 143
任务 3　打印及页面设置 ……………… 144
项目二　制作工资表 …………………… 148
任务 1　导入人事清单数据 …………… 148
任务 2　编辑各部门收支表 …………… 149
任务 3　计算工资项目 ………………… 151
任务 4　制作工资条 …………………… 156
项目三　处理学生成绩表 ……………… 158
任务 1　使用数据记录单 ……………… 158
任务 2　计算班级排名 ………………… 161
任务 3　统计班级成绩 ………………… 162
项目四　分析销售数据 ………………… 164
任务 1　录入销售数据 ………………… 164
任务 2　处理销售业绩 ………………… 165
任务 3　统计销售业绩 ………………… 167
任务 4　制作销售业绩分类汇总表 …… 168
任务 5　生成销售业绩图表 …………… 170
任务 6　使用数据透视表 ……………… 173
拓展知识 ……………………………… 175
习题 …………………………………… 186

模块五　演示文稿软件 PowerPoint 2010 ……… 191
项目一　制作"公司年终总结报告"演示
　　　　文稿 …………………………… 191
任务 1　制作个人述职报告演示文稿 … 191
任务 2　制作部门总结报告 …………… 197
任务 3　调试放映效果 ………………… 202
项目二　制作"新员工培训"演示文稿 … 204
任务 1　制作新员工培训——励志演讲稿 … 204
任务 2　制作新员工培训——"企业文化"
　　　　演示文稿 …………………… 210
任务 3　调试放映效果 ………………… 215
项目三　制作"公司宣传"演示文稿 …… 218
任务 1　制作"产品形象宣传"文档 …… 219
任务 2　制作"公司形象宣传"文档 …… 223

任务 3　设置放映方式 ………………… 223
拓展知识 ……………………………… 225
习题 …………………………………… 242

模块六　计算机网络基础应用 ………… 244
项目一　单机接入局域网 ……………… 244
任务 1　认识拓扑和设备 ……………… 245
任务 2　制作网线 ……………………… 247
任务 3　连接网络 ……………………… 248
任务 4　设置网络参数 ………………… 249
任务 5　测试网络连通性 ……………… 253
项目二　单机通过局域网接入互联网 … 255
任务 1　单机接入局域网 ……………… 255
任务 2　设置网络参数 ………………… 255
任务 3　网络测试 ……………………… 257
项目三　获取/传递网络文件 ………… 257
任务 1　浏览网页 ……………………… 257
任务 2　搜索文件 ……………………… 260
任务 3　获取文件 ……………………… 260
任务 4　发送文件 ……………………… 261
拓展知识 ……………………………… 263
习题 …………………………………… 269

模块七　常用工具软件 ………………… 271
项目一　压缩/解压缩文件 …………… 271
任务 1　获取软件 ……………………… 272
任务 2　安装软件 ……………………… 272
任务 3　压缩文件 ……………………… 272
任务 4　解压缩文件 …………………… 275
项目二　上传/下载文件 ……………… 277
任务 1　获取软件 ……………………… 277
任务 2　安装软件 ……………………… 277
任务 3　上传文件 ……………………… 277
任务 4　下载文件 ……………………… 278
项目三　网络即时通信 ………………… 279
任务 1　获取软件 ……………………… 279
任务 2　安装软件 ……………………… 280
任务 3　发送信息 ……………………… 280
任务 4　收取信息 ……………………… 281
拓展知识 ……………………………… 281
习题 …………………………………… 281

模块一　计算机基础应用

【学习目标】

1. 掌握计算机系统组成关系。
2. 掌握主要配件功能，理解参数意义。
3. 根据需求选配计算机，能填写、阅读计算机配置清单，并把握市场价格。
4. 熟练运用主键盘、小键盘录入，具有盲打能力。

【重点难点】

1. 计算机系统组成关系。
2. 数制转换方法。

电子计算机又称电脑，是 20 世纪最杰出的科技成就之一，是人类科学发展史上的重要里程碑。计算机及互联网正在改变着人们的生活、学习和工作方式，推动着世界各国经济的发展和社会的进步。随着数字化技术的发展，计算机、通信和办公自动化工具进一步走向融合，计算机已经成为办公自动化最基本的工具。

虽然计算机从出现到现在已经发生了巨大的变化，但在基本的硬件结构方面，一直沿用冯·诺依曼体系结构。1946 年，美籍匈牙利数学家冯·诺依曼提出了一个全新的"内存储程序通用电子计算机方案"。此方案中冯·诺依曼总结并提出了以下三条思想。

（1）采用二进制表示数据和指令。

（2）计算机的基本结构。计算机由运算器、控制器、存储器、输入设备和输出设备五个基本部分组成，也称计算机的五大部件，其结构如图 1-1 所示。

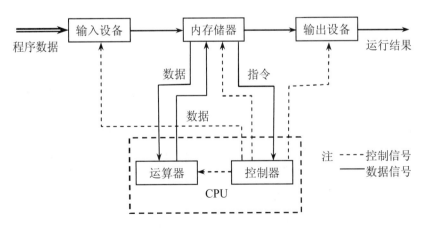

图 1-1　冯·诺依曼计算机体系结构

（3）存储程序控制。

根据冯·诺依曼体系结构构成的计算机具有如下功能：

1）将程序和数据送至计算机中。

2）必须具有长期记忆程序、数据、中间结果及最终运算结果的能力。

3）能够完成各种算术、逻辑运算和数据传送等数据加工处理的能力。

4）能够根据需要控制程序走向，并能根据指令控制机器的各部件协调操作。

5）能够按照要求将处理结果输出给用户。

为了完成上述的功能，计算机必须具备五大基本组成部件，包括输入数据和程序的输入设备、记忆程序和数据的内存储器、完成数据加工处理的运算器、控制程序执行的控制器、输出处理结果的输出设备。

项目一　配置计算机硬件

【情境】

现在，由于总经办需要对公司高层会议的数码影视资料进行简单处理，需要配置一台具有图像能力的计算机；同时行政部新进一名员工，原有的计算机数量不足，要求配置一台能处理办公文档的普通计算机。经过总经理审核后，同意安排 6000 元作为专项经费，并指派信息部两天内完成此事。信息部周经理又将此事交由王斌去完成，但要求王斌先提供配置清单，经他确认后再到计算机市场装机。

任务 1　选配 CPU、主板

王斌首先确定 CPU、主板类型。每台计算机的核心部件是 CPU 与主板，它们的性能、档次决定了其他配件的性能。

微型计算机的中央处理器（CPU）习惯上称为微处理器（Microprocessor），是微型计算机的核心，由运算器和控制器两部分组成：运算器（也称执行单元）是微机的运算部件；控制器是微机的指挥控制中心，如图 1-2 所示。

运算器又称算术逻辑单元（Arithmetic Logic Unit，ALU），是计算机对数据进行加工处理的部件，它的主要功能是对二进制数码进行加、减、乘、除等算术运算和与、或、非等基本逻辑运算，实现逻辑判断。运算器在控制器的控制下实现其功能，运算结果由控制器指挥送到内存储器中。

控制器主要由指令寄存器、译码器、程序计数器和操作控制器等组成。控制器控制计算机各部件协调工作，并使整个处理过程有条不紊地进行。它的基本功能就是从内存中取指令和执行指令，即控制器按程序计数器指出的指令地址从内存中取出该指令进行译码，然后根据该指令功能向有关部件发出控制命令，执行该指令。另外，控制器在工作过程中，还要接收各部件反馈回来的信息。

图 1-2　CPU

大规模集成电路的出现使得微处理器的所有组成部分都集成在一块半导体芯片上。广泛使用的微处理器有：Intel 公司的 80486Pentium（奔腾）、PentiumPro（高能奔腾）、Pentium MMX（多能奔腾）、Pentium Ⅱ（奔腾二代）、Pentium Ⅲ（奔腾三代）。后来 Intel 公司又推出了双核 CPU、4 核 CPU；AMD 公司的 AMDK5、AMDK6、AMDK7 等。2005 年至今，CPU 发展至第 6 阶段是酷睿（Core）系列微处理器时代，通常称为第 6 代。"酷睿"是一款领先节能的新型微架构，设计的出发点是提供卓然出众的性能和能效，提高每瓦特性能，也就是所谓的能效比。早期的"酷睿"是基于笔记本处理器的，"酷睿 2"英文名称为"Core 2 Duo"，是英特尔在 2006 年推出的新一代基于 Core 微架构的产品体系称。2010 年 6 月，Intel 公司再次发布革命性的处理器——第二代 Core i3/i5/i7。

衡量微机运算速度的指标是微机 CPU 的主频，主频是 CPU 的时钟频率，主频的单位是MHz（兆赫兹）。主频越高，微机的运算速度越快。

主板，又称为母板，是包含计算机系统的主要组件的主电路板，包括中央处理器、主存储器、支持电路和总线控制器以及接插件。其他板卡包括扩展内存和输入/输出板，可通过总线连接器与主板相连，如图 1-3 所示。

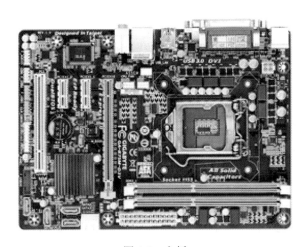

图 1-3　主板

任务 2　选配存储设备、输入/输出设备

王斌根据 CPU、主板类型确定了相匹配的内存条、硬盘等设备。

计算机的存储设备根据性能分为内存储器与外部存储器两大类。

1．存储设备

（1）内存储器，又称为主存。目前，微型计算机的内存由半导体器件构成。内存按功能可分为两种：只读存储器（Read-Only Memory，ROM）和随机（存取）存储器（Random Access Memory，RAM），如图 1-4 所示。

图 1-4　内存条

ROM 的特点：存储的信息只能读出（取出），不能改写（存入），断电后信息不会丢失。一般用来存放专用的或固定的程序和数据。

RAM 的特点：可以读出，也可以改写，又称读写存储器。断电后，存储的内容立即消失。RAM 读取时不损坏原有存储的内容，只有写入时才修改原来所存储的内容。内存通常是按字节为单位编址的，一个字节由 8 个二进制位组成。以前微机内存一般有 128MB、256MB、512MB、1GB 等。当前市场上常见的微机内存条有 1GB/条、2GB/条、4GB/条等。

随着微机 CPU 工作频率的不断提高，RAM 的读写速度相对较慢，为解决内存速度与 CPU 速度不匹配从而影响系统运行速度的问题，在 CPU 与内存之间设计了一个容量较小（相对主存）但速度较快的高速缓冲存储器（Cache），简称快存。CPU 访问指令和数据时，先访问 Cache，如果目标内容已在 Cache 中（这种情况称为命中），CPU 则直接从 Cache 中读取，否则为非命中，CPU 就从主存中读取，同时将读取的内容存于 Cache 中。Cache 可看成是主存中面向 CPU 的一组高速暂存存储器。这种技术早期在大型计算机中使用，现在应用在微机中，使微机的性能大幅度提高。随着 CPU 的速度越来越快，系统主存越来越大，Cache 的存储容量也由 128KB、256KB 扩大到现在的 512KB 或 2MB。Cache 的容量并不是越大越好，过大的 Cache 会降低 CPU 在 Cache 中查找的效率。

（2）外存储器（辅助存储器）。外存储器（简称"外存"）又称辅助存储器。外存储器主要由磁表面存储和光盘存储器等设备组成。磁表面存储器可分为磁盘和磁带两大类。

1）硬磁盘存储器（Hard Disk）简称硬盘。硬盘是由涂有磁性材料的合金圆盘组成，是微机系统的主要外存储器（或称辅存）。硬盘按盘径大小可分为 3.5 英寸、2.5 英寸、1.8 英寸等。

目前大多数微机上使用的硬盘是 3.5 英寸的，如图 1-5 所示。

图 1-5　硬盘

硬盘一个重要的性能指标是存取速度。影响存取速度的因素有平均寻道时间、数据传输率、盘片的旋转速度和缓冲存储器容量等。一般来说，转速越高的硬磁盘寻道的时间越短，而且数据传输率也越高。

一个硬盘一般由多个盘片组成，盘片的每一面都有一个读写磁头。硬盘在使用时，要将盘片格式化成若干个磁道（称为柱面），每个磁道再划分为若干个扇区。

硬盘的存储容量计算：

存储容量＝磁头数×柱面数×扇区数×每扇区字节数（512B）

目前常见硬盘的存储容量有 80GB、200GB、1TB 等。

2）磁带存储器。磁带存储器也称为顺序存取存储器（Sequential Access Memory，SAM），即磁带上的文件依次存放。

3）光盘存储器。光盘（Optical Disk）存储器是一种利用激光技术存储信息的装置。目前用于计算机系统的光盘有三类：只读型光盘、一次写入型光盘和可抹型（可擦写型）光盘。

- 只读型光盘（Compact Disk-Read Only Memory，CD-ROM）是一种小型光盘只读存储器。它的特点是只能写一次，而且是在制造时由厂家用冲压设备把信息写入的。写好后信息将永久保存在光盘上，用户只能读取，不能修改和写入。CD-ROM 最大的特点是存储容量大，一张 CD-ROM 光盘，其容量为 650MB 左右。计算机上用的 CD-ROM 有一个数据传输速率的指标：倍速。一倍速的数据传输速率是 150Kbps；24 倍速的数据传输速率是 150Kbps×24＝3.6Mbps。CD-ROM 适合于存储容量固定、信息量庞大的内容。

- 一次写入型光盘（Write Once Read Memory，WORM）可由用户写入数据，但只能写一次，写入后不能擦除修改。一次写入多次读出的 WORM 适用于用户存储允许随意更改的文档。

- 可擦除光盘（CD-ReWritable）相对于其他光盘的优势在于刻录后可以使用软件擦除数据，再次使用。理论擦写次数可达 1000 次，但由于存放环境和磨损度等外界因素制约，实际可擦写次数不会达到 1000 次之多。可擦光盘有 DVD－RW、DVD－RDL、CD－RW，容量分别为 4.7GB、8.5GB、700MB 左右。

以上介绍的外存的存储介质，都必须通过机电装置才能进行信息的存取操作，这些机电装置称为驱动器。例如软盘驱动器（软盘片插在驱动器中读/写）、硬盘驱动器、磁带驱动器和光盘驱动器等。

4）U 盘存储器。U 盘即 USB 盘的简称，而优盘只是 U 盘的谐音称呼。U 盘是闪存［闪存（Flash Memory）是一种长寿命的非易失性（在断电情况下仍能保持所存储的数据信息）］的一种。U 盘的最大的特点就是：小巧便于携带、存储容量大、价格便宜。U 盘是移动存储设备之一。一般的 U 盘容量有 64MB、128MB、256MB、512MB、1GB、2GB、4GB、8GB、16GB、32GB 等，如图 1-6 所示。

图 1-6   U 盘

2. 输入/输出设备

计算机中的输入设备主要有键盘、鼠标、扫描仪；输出设备主要有显示器、打印机、绘图仪等。

（1）键盘。键盘（Keyboard）是用户与计算机进行交流的主要工具，是计算机最重要的输入设备，也是微型计算机必不可少的外部设备。

（2）鼠标。鼠标（Mouse）又称为鼠标器，也是微机上的一种常用的输入设备，是控制显示屏上光标移动位置的一种指点式设备。在软件支持下，通过鼠标器上的按钮，向计算机发出输入命令，或完成某种特殊的操作。目前常用的鼠标器有机械式和光电式两类。鼠标器可以通过专用的鼠标器插头座与主机相连接，也可以通过计算机中通用的串行接口（RS-232-C标准接口）与主机相连接。

（3）显示器。显示器（Monitor）是微型计算机不可缺少的输出设备。用户可以通过显示器方便地观察输入和输出的信息。

显示器是用光栅来显示输出内容的，光栅的像素应越小越好，光栅的密度越高，即单位面积的像素越多，分辨率越高，显示的字符或图形也就越清晰细腻。常用的分辨率有 640×480、800×600、1024×768、1280×1024 等。像素色度的浓淡变化称为灰度。

显示器按输出色彩可分为单色显示器和彩色显示器两大类；按其显示器件可分为阴极射线管（CRT）显示器和液晶（LCD）显示器；按其显示器屏幕的对角线尺寸可分为 14 英寸、15 英寸、17 英寸和 21 英寸等几种。目前微型机上使用彩色 CRT 显示器，便携机上使用 LCD显示器。分辨率、彩色数目及屏幕尺寸是显示器的主要指标。

显示器必须配置正确的适配器（显示卡），才能构成完整的显示系统。常见的显示卡类型有：

- VGA（Video Graphics Array）：视频图形阵列显示卡，显示图形分辨率为 640×480，文本方式下分辨率为 720×400，可支持 16 色。
- SVGA（Super VGA）超级 VGA 卡，分辨率提高到 800×600、1024×768，而且支持16.7M 种颜色，称为"真彩色"。

● AGP（Accelerate Graphics Porter）显示卡，在保持了 SVGA 显示特性的基础上，采用了全新设计的速度更快的 AGP 显示接口，显示性能更加优良，是目前最常用的显示卡。

（4）打印机。打印机（Printer）是计算机产生硬复制输出的一种设备，供用户保存计算机处理的结果。打印机的种类很多，按工作原理可粗分为击打式打印机和非击打式打印机。目前微机系统中常用的针式打印机（又称点阵打印机）属于击打式打印机；喷墨打印机和激光打印机属于非击打式打印机。

1）针式打印机：针式打印机打印的字符和图形是以点阵的形式构成的。它的打印头由若干根打印针和驱动电磁铁组成。打印时使相应的针头接触色带击打纸面来完成。针式打印机的主要特点是价格便宜、使用方便，但打印速度较慢、噪音大。

2）喷墨打印机：喷墨打印机是直接将墨水喷到纸上来实现打印。喷墨打印机价格低廉、打印效果较好，较受用户欢迎，但喷墨打印机使用的纸张要求较高，墨盒消耗较快。

3）激光打印机：激光打印机是激光技术和电子照相技术的复合产物。激光打印机的技术来源于复印机，但复印机的光源是用灯光，而激光打印机用的是激光。由于激光光束能聚焦成很细的光点，因此，激光打印机能输出分辨率很高且色彩很好的图形。激光打印机正以速度快、分辨率高、无噪音等优势逐步进入微机外设市场，但价格稍高。

任务 3　选配电源、机箱及其他设备

王斌从能耗上选配了电源，从美观实用的角度上选配了机箱。

（1）微型机电源主要分为 AT 电源、ATX 电源。随着 ATX 电源的普及，AT 电源如今渐渐淡出市场。

1）ATX 电源。Intel 公司 1997 年 2 月推出 ATX 2.01 标准。和 AT 电源相比，其外形尺寸没有变化，主要增加了+3.3V 和+5V StandBy 两路输出和一个 PS-ON 信号，输出线改用一个 20 芯线给主板供电。可以实现软件开关机器、键盘开机、网络唤醒等功能。辅助 5V 始终是工作的，有些 ATX 电源在输出插座的下面加了一个开关，可切断交流电源输入，彻底关机。如图 1-7 所示。

图 1-7　电源

2）Micro ATX 电源是 Intel 公司在 ATX 电源之后推出的，主要目的是降低成本。其与 ATX 相比显著的变化是体积和功率减小了。

（2）计算机机箱也可以分为 AT 型和 ATX 型，两者的区别在于放置 PC 各部件的位置有所差异，主要是主板的固定方向。AT 机箱属于旧式的机箱布局规范，由于很多配件布局位置设计不合理，所以不易进行跳线、升级工作，机箱内也显得比较拥挤，内存条和各种插卡的安装都不够方便。针对 AT 架构的不足，一些大厂商联合推出了 ATX 标准，它使机箱内部结构更为合理，对于经常拆卸计算机的人士是相当方便的。如图 1-8 所示。

图 1-8　机箱

注：两种机箱的主板、电源都需要互相配套，是互不通用的，不过目前绝大多数主板都采用 ATX 架构。应注意在选购机箱的时候尽量将主板、电源位置考虑清楚，这样可以看出内部设计是否合理。

任务 4　了解配置参数

王斌根据计算机用途选配了配件后，可通过网络初步了解配件品牌、详细参数、当前市场价格等内容，如图 1-9 所示。

配件名称	品牌型号	数量	单价	操作
CPU*	Intel 酷睿i5 8500	1	1579	×
主板*	华硕TUF B360M-PLUS	1	799	×
内存*	金士顿DDR4 2400 8G	1	669	×
机械硬盘	希捷酷鱼系列 2TB SATA3	1	385	×
固态硬盘				
显卡	NVIDIA GeForce GTX 1060	1	1999	×
机箱	航嘉GX500T	1	209	×
电源	长城HOPE-6000DS	1	279	×
显示器	三星C27H580FDC	1	1499	×
键鼠套装	罗技MK520无线键鼠套装	1	269	×
键盘				
鼠标				
音箱	小米AI音箱	1	299	×
散热器	酷冷至尊T400i	1	99	×
声卡	华硕Xonar DG	1	269	×
光驱				
耳机				

配置清单

价格总计：¥8354

图 1-9　参考配置清单

注：（1）硬件价格查询：http://www.365pcbuy.com/diy.php（极速空间网）

（2）硬件性能了解：http://cd.pconline.com.cn/（太平洋电脑网.成都站）

http://www.enet.com.cn/hardwares/（eNET硅谷动力网）

对于大多数普通用户来说，可以从以下几个指标来大体评价计算机的性能。

（1）主频。主频是衡量计算机性能的一项重要指标。微型计算机一般采用主频来描述运算速度，例如，Pentium/133 的主频为 133 MHz，PentiumIII/800 的主频为 800 MHz，Pentium 4 1.5GB 的主频为 1.5 GHz。一般说来，主频越高，运算速度就越快。

（2）字长。一般说来，计算机在同一时间内处理的一组二进制数称为一个计算机的"字"，而这组二进制数的位数就是"字长"。在其他指标相同时，字长越大计算机处理数据的速度就越快。早期的微型计算机的字长一般是 8 位和 16 位。目前 586（Pentium，Pentium Pro，Pentium II，PentiumIII，Pentium 4）大多是 32 位，现在的大多人都装 64 位、128 位以上的。

注：主频与字长是 CPU 的两个主要参数，决定 CPU 的性能优劣与档次。

（3）内存储器的容量。内存储器容量的大小反映了计算机即时存储信息的能力。随着操作系统的升级，应用软件的不断丰富及其功能的不断扩展，人们对计算机内存容量的需求也不断提高。目前，运行 Windows 95 或 Windows 98 操作系统至少需要 16MB 的内存容量，Windows XP 则需要 128MB 以上的内存容量。内存容量越大，系统功能就越强大，能处理的数据量就越庞大。

（4）外存储器的容量。外存储器容量通常是指硬盘容量（包括内置硬盘和移动硬盘）。外存储器容量越大，可存储的信息就越多，可安装的应用软件就越丰富。目前，硬盘容量一般为 10GB 至 80GB，有的甚至已达到 120G。

除了上述这些主要性能指标外，微型计算机还有其他一些指标，例如，所配置外围设备的性能指标以及所配置系统软件的情况等。另外，各项指标之间也不是彼此孤立的，在实际应用时，应该把它们综合起来考虑，而且还要遵循"性能价格比"的原则。

项目二　配置计算机软件

软件是计算机系统必不可少的组成部分。微型计算机系统的软件分为系统软件和应用软件两类。系统软件一般包括操作系统、语言编译程序、数据库管理系统。应用软件是指计算机用户为某一特定应用而开发的软件，例如文字处理软件、表格处理软件、绘图软件、财务软件、过程控制软件等。下面简单介绍微机软件的基本配置。

【情境】

为行政部配置新电脑后，结合企业管理需求及工作需求，周经理安排王斌安装 Windows 7 操作系统、Office 2010 办公处理软件、多媒体软件、360 杀毒软件及防火墙、Foxmail 邮件管理软件、QQ 通信软件。

任务 1　选配系统软件

王斌根据要求安装当前流行的并且对硬件环境要求不高的 Windows 7 操作系统。

1. 操作系统

操作系统（Operating System，OS）是最基本、最重要的系统软件。它负责管理计算机系统的全部软件资源和硬件资源，合理地组织计算机各部分协调工作，为用户提供操作和编程界面。

随着计算机技术的迅速发展和计算机的广泛应用，用户对操作系统的功能、应用环境、使用方式不断提出了新的要求，因而逐步形成了不同类型的操作系统。根据操作系统的功能和使用环境，大致可分为以下几类：

（1）单用户操作系统。计算机系统在单用户单任务操作系统的控制下，只能串行地执行用户程序，个人独占计算机的全部资源，CPU运行效率低。DOS操作系统属于单用户单任务操作系统。

现在大多数的个人计算机操作系统是单用户多任务操作系统，允许多个程序或多个作业同时存在和运行。常用的操作系统中，Windows XP、Windows 7、Windows 8是多用户多任务操作系统。

（2）批处理操作系统。批处理操作系统是以作业为处理对象，连续处理在计算机系统运行的作业流。这类操作系统的特点是：作业的运行完全由系统自动控制，系统的吞吐量大，资源的利用率高。

（3）分时操作系统。分时操作系统使多个用户同时在各自的终端上联机地使用同一台计算机，CPU按优先级分配各个终端的时间片，轮流为各个终端服务，对用户而言，有"独占"这一台计算机的感觉。分时操作系统侧重于及时性和交互性，使用户的请求尽量能在较短的时间内得到响应。常用的分时操作系统有UNIX、VMS等。

（4）实时操作系统。实时操作系统是对随机发生的外部事件在限定时间范围内作出响应并对其进行处理的系统。外部事件一般指来自与计算机系统相联系的设备的服务要求和数据采集。实时操作系统广泛用于工业生产过程的控制和事务数据处理中，常用的系统有RDOS等。

（5）网络操作系统。为计算机网络配置的操作系统称为网络操作系统。它负责网络管理、网络通信、资源共享和系统安全等工作。常用的网络操作系统有NetWare和Windows NT。NetWare是Novell公司的产品，Windows NT是Microsoft公司的产品。

（6）分布式操作系统。分布式操作系统是用于分布式计算机系统的操作系统。分布式计算机系统是由多个并行工作的处理机组成的系统，提供高度的并行性以及有效的同步算法和通信机制，自动实行全系统范围的任务分配并自动调节各处理机的工作负载，如MDS、CDCS等。

2. 语言编译程序

人和计算机交流信息使用的语言称为计算机语言或程序设计语言。计算机语言通常分为机器语言、汇编语言和高级语言三类。

（1）机器语言。机器语言是一种用二进制代码"0"和"1"形式表示的，能被计算机直接识别和执行的语言。用机器语言编写的程序，称为计算机机器语言程序。它是一种低级语言，用机器语言编写的程序不便于记忆、阅读和书写。通常不用机器语言直接编写程序。

（2）汇编语言。汇编语言是一种用助记符表示的面向机器的程序设计语言。汇编语言的每条指令对应一条机器语言代码，不同类型的计算机系统一般有不同的汇编语言。用汇编语言编制的程序称为汇编语言程序，机器不能直接识别和执行，必须由"汇编程序"（或汇编系统）翻译成机器语言程序才能运行。这种"汇编程序"就是汇编语言的翻译程序。

汇编语言适用于编写直接控制机器操作的低层程序，它与机器密切相关，不容易使用。

（3）高级语言。高级语言是一种比较接近自然语言和数学表达式的计算机程序设计语言。一般用高级语言编写的程序称为"源程序"，计算机不能识别和执行，要把用高级语言编写的源程序翻译成机器指令，通常有编译和解释两种方式。

编译方式是将源程序整个编译成目标程序，然后通过链接程序将目标程序链接成可执行程序。解释方式是将源程序逐句翻译，翻译一句执行一句，边翻译边执行，不产生目标程序，由计算机执行解释程序自动完成。

常用的高级语言程序有：

- BASIC 语言是一种简单易学的计算机高级语言。尤其是 Visual Basic 语言，具有很强的可视化设计功能。给用户在 Windows 环境下开发软件带来了方便，是重要的多媒体编程工具语言。
- FORTRAN 是一种适合科学和工程设计计算的语言，具有大量的工程设计计算程序库。
- PASCAL 语言是结构化程序设计语言，适用于教学、科学计算、数据处理和系统软件的开发。
- C 语言是一种具有很高灵活性的高级语言，适用于系统软件、数值计算、数据处理等，使用非常广泛。
- JAVA 语言是近几年发展起来的一种新型的高级语言。它简单、安全、可移值性强。JAVA 适用于网络环境的编程，多用于交互式多媒体应用。

3. 数据库管理系统

数据库管理系统（Database Management System，DBMS）的作用是管理数据库。数据库管理系统是有效地进行数据存储、共享和处理的工具。目前，适合于网络环境的大型数据库管理系统有 Sybase、Oracle、DB2、SQL Server 等。

当今数据库管理系统主要用于档案管理、财务管理、图书资料管理、仓库管理、人事管理等的数据处理。

4. 联网及通信软件

网络上的信息和资料管理比单机上要复杂得多。因此，出现了许多专门用于联网和网络管理的系统软件。例如局域网操作系统 Novell NetWare、Microsoft Windows NT；通信软件有 Internet 浏览器软件，如 IE 浏览器、FireFox 浏览器、QQ 浏览器等；即时通信工具软件 QQ、微信等。

任务 2　选配办公软件

王斌根据要求安装当前流行的 Office 2010 办公软件。

应用软件是指计算机用户为某一特定应用而开发的软件。例如文字处理软件、表格处理软件、绘图软件、财务软件、过程控制软件等。

（1）文字处理软件。文字处理软件主要用于用户对输入到计算机的文字进行编辑并能将输入的文字以多种字形、字体及格式打印出来。目前常用的文字处理软件有 Microsoft Word、WPS 2000 等。

（2）表格处理软件。表格处理软件是根据用户的要求处理各式各样的表格并存盘打印出来。目前常用的表格处理软件有 Microsoft Excel 等。

任务 3　选配工具软件

王斌根据需求安装多媒体软件、360 杀毒软件及防火墙、Foxmail 邮件管理软件、MSN 通信软件等工具软件，可以实现计算机安全管理需求与在线通信的需求。

1. 媒体与多媒体技术

媒体在计算机领域中有两种含义：一是指用以存储信息的实体，如磁带、磁盘、光盘和半导体存储器；另一种是指多媒体技术中的媒体，即指信息载体，如文本、声频、视频、图形、图像、动画等。

多媒体技术是指利用计算机技术把各种信息媒体综合一体化，使它们建立起逻辑联系，并进行加工处理的技术。所谓"加工处理"主要是指对这些媒体的录入，对信息进行压缩和解压缩、存储、显示、传输等。

2. 多媒体技术的特性

多媒体技术具有以下五种特性：

- 多样性：计算机所能处理的信息从最初的数值、文字、图形扩展到声音和视频信息（运动图像）。视频信息的处理是多媒体技术的核心。
- 集成性：将多媒体信息有机地组织在一起，综合地表达某个完整内容。
- 交互性：提供给人们多种交互控制能力，使人们获取信息和使用信息，变被动为主动。交互性是多媒体技术的关键特征。
- 实时性：多媒体技术需要同时处理声音、文字、图像等多种信息，其中声音和视频图像还要求实时处理。因此，还需要能支持对多媒体信息进行实时处理的操作系统。
- 数字化：多媒体中的各个单媒体都是以数字形式存放在计算机中。

多媒体技术包括数字信号的处理技术、音频和视频技术、多媒体计算机系统（硬件和软件）技术、多媒体通信技术等。

3. 多媒体计算机系统

多媒体计算机是指能对多媒体信息进行获取、编辑、存取、处理、加工和输出的一种交互性的计算机系统。多媒体计算机系统一般由多媒体计算机硬件系统和多媒体计算机软件系统组成，如图 1-10 所示。

图 1-10　多媒体计算机硬件系统

多媒体计算机硬件系统包括多媒体计算机（如个人机、工作站、超级微机等）、多媒体输入/输出设备（如打印机、绘图仪、音响、电视机、录像机、录音机、喇叭、高分辨率屏幕等）、多媒体存储设备（如硬盘、光盘、声像磁带等）、多媒体功能卡（视频卡、声音卡、压缩卡、加电控制卡、通信卡）、操纵控制设备（如鼠标器、键盘、操纵杆、触摸屏等）等装置组成。

多媒体计算机软件系统包括支持多媒体功能的操作系统（如 Windows 98、Windows XP、Windows 7 等）、多媒体数据开发软件、多媒体压缩/解压缩软件、多媒体声像同步软件、多媒体通信软件、各种多媒体应用软件等。

项目三　熟练使用输入工具

【情境】

刘玲是刚毕业的大学生，应聘到企业担任办公室文员，由于工作的需要，每天需大量录入各种文字与报表。尽管原来在学校期间，通过 QQ 聊天速度较快，但现在专业录入时出现了误码高、许多专业术语无法用拼音词组打出来的问题。所以她决定提升自己的录入水平，练好基本功。通过一段进间的盲打训练，刘玲掌握了又快又好的录入盲打技术，提高了工作效率，深受部门领导赞扬。

任务 1　认识键盘/鼠标

键盘（Keyboard）是用户与计算机进行交流的主要工具，是计算机最重要的输入设备，也是微型计算机必不可少的外部设备。

1. 键盘结构

通常键盘由三部分组成：主键盘、小键盘、功能键，如图 1-11 所示。

图 1-11　主键盘

主键盘即通常的英文打字机用键（键盘中部）；小键盘即数字键组（键盘右侧，与计算器类似）；功能键组（键盘上部，标 F1～F12）。

注：这些键一般都是触发键，应一触即放，不要按下不放。

（1）主键盘区。主键盘一般与通常的英文打字机键相似。它包括字母键、数字键、符号键和控制键等。

（2）小键盘区。小键盘上的 10 个键印有上档符（数码 0、1、2、3、4、5、6、7、8、9及小数点）和相应的下档符（Ins、End、↓、PgDn、←、→、Home、↑、PgUp、Del）。下档

符用于控制全屏幕编辑时的光标移动；上档符全为数字。由于小键盘上的这些数码键相对集中，所以用户需要大量输入数字时，锁定数字键（NumLock）更方便。NumLock 键是数字小键盘锁定转换键。当指示灯亮时，上档字符即数字字符起作用；当指示灯灭时，下档字符起作用，所图 1-12 所示。

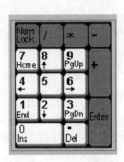

图 1-12　数字键盘

（3）功能键区。功能键一般设置成常用命令的字符序列，即按某个键就是执行某条命令或完成某个功能。在不同的应用软件中，相同的功能键可以具有不同的功能。

例如，BASIC 语言中，F1 代表 LIST 命令；数据库 Visual FoxPro 中，F1 代表寻求命令；中文 Word 2003 中 F1 代表帮助命令。

2. 常用键的功能

（1）字母键：字母键上印着对应的英文字母，虽然只有一个字母，但亦有上档和下档字符之分。

（2）数字键：数字键的下档为数字，上档字符为符号。

（3）Shift（↑）键：这是一个换档键（上档键），用来选择某键的上档字符。操作方法是先按住本键不放再按具有上下档符号的键时，则输入该键的上档字符，否则输入该键的下档字符。

（4）CapsLock 键：这是大小写字母锁定转换键，若原输入的字母为小写（或大写），按一下此键后，再输入的字母为大写（或小写）。

（5）Enter（↓或 Return 键）：这是回车键，按此键表示一命令行结束。每输入完一行程序、数据或一条命令，均需按此键通知计算机。

（6）Backspace（←）键：这是退格键，每按一下此键，光标向左回退一个字符位置并把所经过的字符擦去。

（7）SPACE 键：这是空格键，每按一次产生一个空格。

（8）PrtSc（或 Print Screen）键：这是屏幕复制键，利用此键可以实现将屏幕上的内容在打印机上输出或者放入剪贴板中。

（9）Ctrl 和 Alt 键：这是两个功能键，它们一般和其他键搭配使用才能起特殊的作用。

（10）Esc 键：这是一个功能键，本键一般用于退出某一环境或废除错误操作。在各个软件应用中，它都有特殊作用。

（11）Pause/Break 键：这是一个暂停键。一般用于暂停某项操作，或中断命令、程序的运行（一般与 Ctrl 键配合使用）。

鼠标也是用户与计算机进行交流的主要工具，是计算机最重要的输入设备，在 Windows

环境下是必不可少的外部设备。

当用户握住鼠标并移动时，桌面上的鼠标指针就会随之移动。正常情况下，鼠标指针的形状是一个小箭头。但是，某些特殊场合下，如鼠标指针位于窗口边沿时，鼠标指针的形状会发生变化。图 1-13 列出了 Windows XP 缺省方式下最常见的几种鼠标指针形状。

指针形状	功能说明
↖	箭头指针，也是 Windows 的基本指针，用于选择菜单、命令或选项
↔ ↕	双向箭头指针，又叫作水平、垂直缩放指针，当将鼠标指针移到窗口的边框线上时，会变成双向箭头，此时拖动鼠标，可上下或左右移动边框改变窗口大小
↘ ↗	斜向箭头指针，也叫作等比缩放指针，当鼠标指针正好移到窗口的四个角落时，会变成斜向双向箭头，此时拖动鼠标，可沿水平和垂直两个方向等比例放大或缩小窗口
✥	四头箭头指针，也叫搬移指针，用于移动选定的对象
↖⊠ ⊠	漏斗指针，表示计算机正忙，需要用户等待
I	I 型指针，用于在文字编辑区内指示编辑位置

图 1-13　鼠标指针

3. 鼠标的基本操作

最基本的鼠标操作有以下几种：

（1）指向：将鼠标指针移动到某一项上。

（2）单击左键（单击）：按下和释放鼠标左键。

（3）单击右键（右单击）：按下和释放鼠标右键。

任务 2　训练标准指法

刘玲首先强化基本指法训练，这是实现"盲打"的基本功练习。

1. 基本键位及指法分区

（1）基本键位。键盘中的 FDSA、JKL；称为基本键位，是左右手八个手指的"常驻地"，而 F、J 两个键上各有一个小突起，是左右食指的基本位置，称基准键。左右食指到位，其余六个手指位置也就到位了，有利于盲打。如图 1-14 如示。

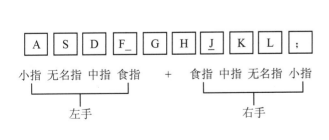

图 1-14　基本键位

（2）指法分区。每个手指除了指定的基本键外，还分工有其他的字键，称为手指的范围键。因为数据录入时，使用频率最高的就是主键盘区的一些键，而要录入汉字及英文，主要的就是 26 个英文字母，所以首先要搞清 26 个英文字母键及数字键的分布情况，记清它们的位置及上下左右的键分别是什么。如图 1-15 所示。

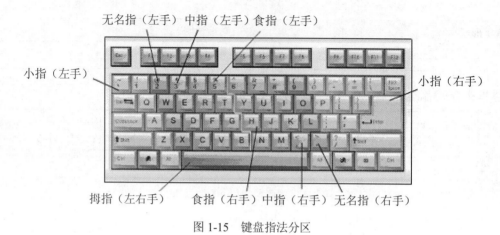

图 1-15　键盘指法分区

2．击键要领

（1）手指弯曲要自然，手臂不可张开太大。

（2）手指击键要正确，击键有适当力度，击键之后要立即回到基本键位上。

（3）空格键用大拇指负责击打。

（4）击键有节奏，速度均匀，初学时尽量慢一点，关键是要用正确的指法。

任务 3　训练小键盘标准指法

刘玲在录入报表数据时发现通过主键盘输入数字太慢、易错，所以强化小键盘标准指法训练，这是实现数字录入"盲打"的基本功。

由于小键盘上的这些数字键相对集中，所以用户需要大量输入数字时，使用小键盘单手录入效率很高。其中大拇指负责 0 键，食指负责 1、4、7 键，中指负责 2、5、8 键，无名指负责 3、6、9 键，小指负责-、+及 Enter 键。如图 1-16 所示。

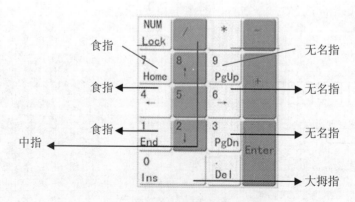

图 1-16　数字键盘指法分区

项目四　清除计算机病毒

"计算机病毒"与医学上的"病毒"不同，它不是天然存在的，是某些人利用计算机软、硬件所固有的脆弱性，编制具有特殊功能的程序，对计算机资源进行破坏的这样一组程序或指令集合。1994年2月18日，我国正式颁布实施了《中华人民共和国计算机信息系统安全保护条例》（简称《条例》），在《条例》第二十八条中明确指出："计算机病毒，是指编制或者在计算机程序中插入的破坏计算机功能或者毁坏数据，影响计算机使用，并能自我复制的一组计算机指令或者程序代码。"

【情境】

刘玲工作一段时间后发现计算机运行速度慢了，启动速度比原来变慢，同时U盘中的文件也出现莫名的丢失情况，她感到茫然无措。咨询技术部后，技术部安排王斌帮她清除系统病毒。刘玲也学习了使用计算机的正确习惯，保证了数据安全。

任务1　获取杀毒软件

王斌从网上重新下载了免费的360安全卫士杀毒软件（http://www.360.cn/），并立即获取了最新版本的病毒库，如图1-17所示。

图1-17　360杀毒软件

1. 计算机病毒的特性

（1）传染性。计算机病毒的传染性是指病毒具有把自身复制到其他程序中的特性。计算机病毒一旦进入计算机并得以执行，它会搜寻其他符合其传染条件的程序或存储介质，确定目标后再将自身代码插入其中，达到自我繁殖的目的。只要一台计算机染毒，如不及时处理，那么病毒会在这台计算机上迅速扩散，其中的大量文件（一般是可执行文件）会被感染。而被感染的文件又成了新的传染源，再与其他机器进行数据交换或通过网络接触时，病毒会继续进行传染。

（2）非授权性。一般正常的程序是由用户调用，再由系统分配资源，完成用户交给的任务。其目的对用户是可见的、透明的。而病毒具有正常程序的一切特性，它隐藏在正常程序中，当用户调用正常程序时窃取到系统的控制权，先于正常程序执行，病毒的动作、目的对用户是未知的，是未经用户允许的。

（3）隐蔽性。病毒一般是具有很高编程技巧、短小精悍的程序，通常附在正常程序中或磁盘较隐蔽的地方，也有个别的以隐含文件形式出现，目的是不让用户发现它的存在。如果不经过代码分析，病毒程序与正常程序是不容易区别开来的。一般在没有防护措施的情况下，计算机病毒程序取得系统控制权后，可以在很短的时间里传染大量程序。而程序受到传染后，计算机系统通常仍能正常运行，使用户不会感到任何异常。

（4）潜伏性。大部分的病毒感染系统之后一般不会马上发作，它可长期隐藏在系统中，只有在满足其特定条件时才启动其表现（破坏）模块。著名的"黑色星期五"在逢 13 号的星期五发作。国内的"上海一号"会在每年三、六、九月的 13 日发作。当然，最令人难忘的便是 26 日发作的 CIH。这些病毒在平时会隐藏得很好，只有在发作日才会露出本来面目。

（5）破坏性。任何病毒只要侵入系统，都会对系统及应用程序产生不同程度的影响。轻者会降低计算机工作效率，占用系统资源，重者可导致系统崩溃。

由此特性可将病毒分为良性病毒与恶性病毒。良性病毒可能只显示些画面或出点音乐、无聊的语句，或者根本没有任何破坏动作，但会占用系统资源。恶性病毒则有明确得目的，或破坏数据、删除文件或加密磁盘、格式化磁盘，有的对数据造成不可挽回的破坏。

（6）不可预见性。从对病毒的检测方面来看，病毒还有不可预见性。不同种类的病毒，它们的代码千差万别，但有些操作是共有的（如驻内存，改中断）。病毒的制作技术也在不断的提高，病毒相对反病毒软件永远是超前的。

2.　计算机病毒的传播途径

计算机病毒的传播主要是通过复制文件、传送文件、运行程序等方式进行。而主要的传播途径有以下几种：

（1）硬盘。因为硬盘存储数据多，在其互相借用或维修时，将病毒传播到其他的硬盘或软盘上。

（2）软盘。早期时候在网络还不普及时，为了计算机之间互相传递文件，经常使用软盘，这样，通过软盘也会将一台计算机的病毒传播到另一台计算机上。

（3）光盘。光盘的存储容量大，所以大多数软件都刻录在光盘上，以便互相传递；由于各普通用户的经济收入不高，购买正版软件的人就少，一些非法商人就将软件放在光盘上，所以上面即使有病毒也不能清除，在制作过程中难免会将带毒文件刻录在上面。

（4）网络。在计算机日益普及的今天，人们通过计算机网络，互相传递文件、信件，这样使病毒的传播速度又加快了。在网上下载免费、共享软件，病毒也难免会夹在其中。

3.　计算机病毒的分类

计算机病毒可分类如下：

（1）按照计算机病毒存在的媒体进行分类，病毒可以划分为网络病毒、文件病毒、引导型病毒。网络病毒通过计算机网络传播感染网络中的可执行文件，文件病毒感染计算机中的文件（如 COM、EXE、DOC 等），引导型病毒感染启动扇区（Boot）和硬盘的系统引导扇区（MBR），还有这三种情况的混合型。

（2）按照计算机病毒传染的方法进行分类，可分为驻留型病毒和非驻留型病毒。驻留型病毒感染计算机后，把自身的内存驻留部分放在内存（RAM）中，这一部分程序挂接系统调用并合并到操作系统中去，它处于激活状态，一直到关机或重新启动。非驻留型病毒在得到机会激活时并不感染计算机内存，一些病毒在内存中留有小部分，但是并不通过这一部分进行传染，这类病毒也被划分为非驻留型病毒。

（3）根据病毒破坏的能力，病毒可划分为以下几种：

● 　无害型：除了传染时减少磁盘的可用空间外，对系统没有其他影响。

- 无危险型：这类病毒仅仅是减少内存、显示图像、发出声音及同类音响。
- 危险型：这类病毒在计算机系统操作中造成严重的错误。
- 非常危险型：这类病毒删除程序、破坏数据、清除系统内存区和操作系统中重要的信息。这些病毒对系统造成的危害，并不是本身的算法中存在危险的调用，而是当它们传染时会引起无法预料的和灾难性的破坏。

任务 2　安装杀毒软件

王斌首先卸载了原来的杀毒软件，重新安装 360 安全卫士杀毒软件和 360 防火墙，并在线更新了最新版本的病毒库。

在系统运行时，病毒通过病毒载体即系统的外存储器进入系统的内存储器，常驻内存。病毒在系统内存中监视系统的运行，当它发现有攻击的目标存在并满足条件时，便从内存中将自身存入被攻击的目标，从而将病毒进行传播。而病毒利用系统读写磁盘的中断又将其写入系统的外存储器软盘或硬盘中，再感染其他系统。计算机病毒对微型计算机而言，它的影响表现在：

- 磁盘坏簇莫名其妙地增多。
- 由于病毒程序附加在可执行程序头尾或插在中间，使可执行程序容量增大。
- 由于病毒本身或其复制品不断侵占系统空间，使可用系统空间变小。
- 由于病毒程序的异常活动，造成异常的磁盘访问。
- 由于病毒程序附加或占用引导部分，使系统导引变慢。
- 丢失数据和程序。
- 死机现象增多。
- 生成不可见的表格文件或特定文件。
- 系统出现异常动作，例如突然死机，又在无任何外界介入下，自行启动。
- 出现一些无意义的画面问候语等显示。
- 系统不认识磁盘或硬盘不能引导系统等。
- 异常要求用户输入口令

任务 3　清除病毒

王斌将选择"全盘扫描"进行病毒的查杀。如图 1-18 所示。

清除病毒的方法有两类，一是手工清除，二是借助反病毒软件消除。用手工方法消除病毒不仅繁琐，而且对技术人员素质要求很高，只有具备较深的计算机专业知识的人员才能采用。用反病毒软件消除是当前比较流行的方法，它既方便又安全。

目前常用的杀毒软件有卡巴斯基、金山毒霸、江民、瑞星、360 卫士等。

正确的查杀病毒步骤：

（1）如果发现病毒，首先是停止使用计算机，用干净启动软盘启动计算机，将所有资料备份。

（2）用正版杀毒软件进行杀毒，最好能将杀毒软件升级到最新版。

（3）如果一个杀毒软件不能杀除病毒，可到网上找一些专业性的杀病毒网站下载最新版的其他杀病毒软件，进行查杀。

图 1-18　查杀病毒

（4）如果多个杀毒软件均不能杀除病毒，可将此病毒发作情况发布到网上，或到专门的 BBS 论坛留下贴子。

（5）可用此染毒文件上报杀病毒网站，让专业性的网站或杀毒软件公司帮你解决。

任务 4　讲解防毒知识

王斌给刘玲讲解了病毒的常识以及如何预防病毒、从操作习惯上防止病毒等知识。

（1）病毒的预防。首先，在思想上重视，加强管理，防止病毒的入侵。凡是从外来的软盘往计算机中复制信息，都应该先对软盘进行查毒，若有病毒必须清除，这样可以保证计算机不被新的病毒传染。此外，由于病毒具有潜伏性，可能计算机中还隐藏着某些旧病毒，一旦时机成熟还将发作，所以，要经常对磁盘进行检查，若发现病毒就及时杀除。

采取有效的查毒与消毒方法是技术保证。检查病毒与消除病毒目前通常有两种手段，一种是在计算机中加一块防病毒卡，另一种是使用防病毒软件。一般用防病毒软件的用户更多一些。切记要注意一点，预防与消除病毒是一项长期的工作任务，不是一劳永逸的，应坚持不懈。

（2）预防病毒的注意事项：

- 重要资料必须备份。资料是最重要的，程序损坏了可重新复制或再买一份，对于重要资料经常备份是绝对必要的。
- 尽量避免在无防毒软件的计算机上使用可移动存储介质。一般人都以为不要使用别人的磁盘，即可防毒，但是不要随便用别人的计算机也是非常重要的，否则有可能带一大堆病毒回家。
- 使用新软件时，先用扫毒程序检查，可减少中毒机会。
- 准备一份具有杀毒及保护功能的软件，将有助于杜绝病毒。
- 重建硬盘是有可能的，救回的概率相当高。若硬盘资料已遭破坏，不必急着格式化，因病毒不可能在短时间内将全部硬盘资料破坏，故可利用杀毒软件加以分析，恢复至受损前状态。

- 不要在互联网上随意下载软件。病毒的一大传播途径，就是 Internet。病毒潜伏在网络上的各种可下载程序中，如果你随意下载、随意打开，对于制造病毒者来说，可真是再好不过了。因此，不要贪图免费软件，如果实在需要，请在下载后执行杀毒软件彻底检查。
- 不要轻易打开电子邮件的附件。近年来造成大规模破坏的许多病毒，都是通过电子邮件传播的。不要以为只打开熟人发送的附件就一定保险，有的病毒会自动检查受害人计算机上的通信录并向其中的所有地址自动发送带毒文件。最妥当的做法是先将附件保存下来，不要打开，先用查毒软件彻底检查。

拓 展 知 识

1. 计算机的产生和发展

1946 年 2 月，在美国宾夕法尼亚大学诞生了人类历史上第一台现代电子计算机，它就是"埃尼阿克"（ENIAC），如图 1-19 所示。

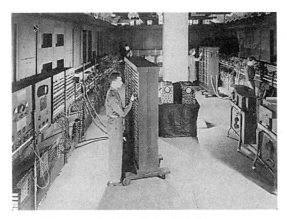

图 1-19　第一台现代电子计算机 ENIAC

这台名为"埃尼阿克"的电子计算机，占地面积达 170m²，重达 30t；其内部有成千上万个电子管、二极管、电阻器等元件，它的耗电量超过 174kWh，而且它的电子管平均每隔 15 分钟就要烧坏一只。然而，"埃尼阿克"的计算速度却是手工计算的 20 万倍、继电器计算机的 1000 倍。它分别在 1 秒内进行了 5000 次加法运算和 500 次乘法运算，这比当时最快的继电器计算机的运算速度要快 1000 多倍。美国军方也从中尝到了甜头，因为它计算炮弹弹道只需要 3 秒钟，而在此之前，则需要 200 人手工计算两个月。除了常规的弹道计算外，它后来还涉及诸多的科研领域，曾在第一颗原子弹的研制过程中发挥了重要作用。

自第一台电子计算机问世以来，计算机科学和计算机技术发展异常迅速，越来越多的高性能计算机被研制出来，更新换代的周期越来越短。以计算机中的逻辑部件使用了不同的电子器件和计算机系统结构，将计算机的发展划分为四个阶段。

第一代（1946－1957）是电子管计算机。计算机使用的主要逻辑元件是电子管，主存储器先采用延迟线，后采用磁鼓磁芯，外存储器使用磁带。软件方面，用机器语言和汇编语言编写程序。这个时期计算机的特点是：体积庞大、运算速度低（一般每秒几千次到几万次）、成本高、可靠性差、内存容量小。这个时期的计算机主要用于科学计算，从事军事和科学研究方面的工作。

第二代（1958－1964）是晶体管计算机。这个时期计算机使用的主要逻辑元件是晶体管，也称晶体管时代。主存储器采用磁芯，外存储器使用磁带和磁盘。软件方面开始使用管理程序，后期使用操作系统并出现了 FORTRAN、COBOL、ALGOL 等一系列高级程序设计语言。这个时期计算机的应用扩展到数据处理、自动控制等方面。计算机的运行速度已提高到每秒几十万次，体积已大大减小，可靠性和内存容量也有较大的提高。

第三代（1965－1970）是集成电路计算机。这个时期的计算机用中小规模集成电路代替了分立元件，用半导体存储器代替了磁芯存储器，外存储器使用磁盘。软件方面，操作系统进一步完善，高级语言数量增多，出现了并行处理、多处理机、虚拟存储系统以及面向用户的应用软件。计算机的运行速度也提高到每秒几十万次到几百万次，可靠性和存储容量进一步提高，外部设备种类繁多，计算机和通信密切结合起来，广泛地应用到科学计算、数据处理、事务管理、工业控制等领域。

第四代（1971 至今）是大规模和超大规模集成电路计算机。这个时期计算机的主要逻辑元件是大规模和超大规模集成电路，一般称大规模集成电路时代。存储器采用半导体存储器，外存储器采用大容量的软、硬磁盘，并开始引入光盘。软件方面，操作系统不断发展和完善，同时发展了数据库管理系统、通信软件等。计算机的发展进入了以计算机网络为特征的时代。计算机的运行速度可达到每秒上千万次到万亿次，计算机的存储容量和可靠性又有了很大提高，功能更加完备。

目前新一代计算机正处在设想和研制阶段。新一代计算机是把信息采集、存储处理、通信和人工智能结合在一起的计算机系统，也就是说，新一代计算机由处理数据信息为主，转向处理知识信息为主，如获取、表达、存储及应用知识等，并有推理、联想和学习（如理解能力、适应能力、思维能力等）等人工智能方面的能力，能帮助人类开拓未知的领域和获取新的知识。

计算机今后的发展趋势有以下几个重要方向：

（1）巨型化。第一台电子计算机，它每秒运算速度为 5000 次。而巨型化计算机的运算速度通常在每秒几百亿次，存储容量也相对增大，它主要用于天气预报、军事计算等方面。

（2）网络化。计算机网络是计算机技术与现代通信技术相结合的产物。它可以使计算机之间灵活方便地进行对话，相互传输数据、程序和信息，并能实现资源共享。现在很多银行、学校、公司都建立了自己的计算机网络。

（3）微型化。体积小、性能好的计算机，如笔记本式计算机。

（4）智能化。利用计算机模拟人脑的部分功能，使计算机具有"电子眼""电子耳"等能力，如智能机器人等。

（5）多媒体化。多媒体是指能同时对文字、图形、图像、声音、动画、活动影像等多种媒体进行编辑、播放、存储，并能同时对它们进行综合处理。如多媒体化教学，通过多媒体视听的结合要比阅读枯燥的课本有趣得多，把教育和娱乐结合在了一起。

2. 我国计算机的发展情况

1956 年，周恩来总理亲自提议、主持、制定我国《十二年科学技术发展规划》，选定了"计算机、电子学、半导体、自动化"作为"发展规划"的四项紧急措施，并制定了计算机科研、生产、教育发展计划。我国计算机事业由此起步。

- 1958 年，我国第一台自行研制的 331 型军用数字计算机由哈尔滨军事工程学院研制成功。1964 年，我国第一台自行研制的 119 型大型数字计算机在中科院计算技术研究所诞生，其运算速度每秒 5 万次，字长 44 位，内存容量 4K 字。在该机上完成了我国第一颗氢弹研制的计算任务。
- 1981 年 3 月《信息处理交换用汉字编码字符集（基本集）》GBZ 312－80 国家标准正式颁发。这是第一个汉字信息技术标准。1981 年 7 月由北京大学负责总体设计的汉字激光照排系统原理样机通过鉴定。该系统在激光输出精度和软件的某些功能方面，达到了国际先进水平。
- 1983 年 12 月国防科技大学研制成功我国第一台亿次巨型计算机银河-I，运算速度每秒 1 亿次。银河机的研制成功，标志着我国计算机科研水平达到了一个新高度。
- 1989 年 7 月金山公司的 WPS 软件问世，它填补了我国计算机字处理软件的空白，并得到了极其广泛的应用。
- 1990 年北京用友电子财务技术公司的 UFO 通用财务报表管理系统问世。这个被专家称誉为"中国第一表"的系统，改变了我国报表数据处理软件主要依靠国外产品的局面。
- 1992 年，国防科技大学计算机研究所研制的巨型计算机"银河-II"通过鉴定，该机运行速度为每秒 10 亿次。
- 1995 年 5 月国家智能计算机研究开发中心研制出曙光 1000。这是我国独立研制的第一套大规模并行机系统，峰值速度达每秒 25 亿次，实际运算速度超过 10 亿次浮点运算，内存容量为 1024 兆字节。
- 2005 年 4 月 18 日，由中国科学研究院计算技术研究所研制的中国首个拥有自主知识产权的通用高性能 CPU "龙芯二号"正式亮相。
- 2005 年 5 月 1 日，联想正式宣布完成对 IBM 全球 PC 业务的收购，联想以合并后年收入约 130 亿美元、个人计算机年销售量约 1400 万台，一跃成为全球第三大 PC 制造商。
- 2005 年 8 月 5 日，国内最大搜索引擎百度公司的股票在美国 Nasdaq 市场挂牌交易，一日之内股价上涨 354%，刷新美国股市 5 年来新上市公司首日涨幅的记录，百度也因此成为股价最高的中国公司，并募集到 1.09 亿美元的资金，比该公司最初预计的数额多出 40%。
- 2005 年 8 月 11 日，阿里巴巴公司和雅虎公司同时宣布，阿里巴巴收购雅虎中国全部资产，同时得到雅虎 10 亿美元投资，打造中国最强大的互联网搜索平台，这是中国互联网史上最大的一起并购案。

3. 计算机的分类及特点

（1）计算机分类。根据 IEEE（美国电气和电子工程师协会）的划分标准，将计算机分成如下六类：

1）巨型计算机：一种超大型电子计算机，具有很强的计算和处理数据的能力，主要特点表现为高速度和大容量，配有多种外部和外围设备及丰富的、高功能的软件系统。巨型计算机实际上是一个巨大的计算机系统，主要用来承担重大的科学研究、国防尖端技术和国民经济领域的大型计算课题及数据处理任务。如大范围天气预报，整理卫星照片，原子核物的探索，研究洲际导弹、宇宙飞船等，制定国民经济的发展计划，项目繁多、时间性强，要综合考虑各种各样的因素，依靠巨型计算机能较顺利地完成。我国高性能计算机，包括"银河"系列巨型机、"曙光"系列巨型机、"神威"系列巨型机、"深腾"系列巨型机以及"深超"系列巨型机。

2）小巨型计算机：功能较巨型机略差。

3）大型主机：即大中型机，具有很强的数据处理和管理能力，工作速度相对较快。这是在微型机出现之前最主要的模式，用户通过终端访问主机。目前主要应用于高等学校、银行和科研院所。随着网络与微型机的发展，大型主机开始退出历史舞台。

4）小型计算机：功能较大型机差，现受高档微型机挑战。

5）工作站：与高档微型机之间的界限并不十分明确，接近小型计算机。通常使用大屏幕、高分辨率的显示器，有大容量的内、外存储器，主要用于计算机辅助设计与图像处理方面。

6）微型计算机：又称个人计算机（PC 机），具有体积小、功耗低、功能全、成本低等优点。根据它所使用的微处理器芯片分为若干类型。例如 Intel 公司的 PII、PV 芯片。

注：计算机分类是一个相对的概念，一个时期内的巨型机到下一时期可能成为一般的计算机；一个时期内的巨型机技术到下一时期可能成为一般的计算机技术。

（2）计算机特点。计算机作为一种通用的信息处理工具，它具有极高的处理速度、很强的存储能力、精确的计算和逻辑判断能力，其主要特点如下：

1）运算速度快。当今计算机系统的运算速度已达到每秒万亿次，微机也可达每秒亿次以上，使大量复杂的科学计算问题得以解决。例如：卫星轨道的计算、大型水坝的计算、24 小时天气预报的计算等，过去人工计算需要几年、几十年，而现在用计算机只需几天甚至几分钟就可完成。

2）计算精确度高。科学技术的发展特别是尖端科学技术的发展，需要高度精确的计算。计算机控制的导弹之所以能准确地击中预定的目标，是与计算机的精确计算分不开的。一般计算机可以有十几位甚至几十位（二进制）有效数字，计算精度可由千分之几到百万分之几，是任何计算工具所望尘莫及的。

3）具有记忆和逻辑判断能力。随着计算机存储容量的不断增大，可存储记忆的信息越来越多。计算机不仅能进行计算，而且能把参加运算的数据、程序以及中间结果和最后结果保存起来，以供用户随时调用；还可以对各种信息（如语言、文字、图形、图像、音乐等）通过编码技术进行算术运算和逻辑运算，甚至进行推理和证明。

4）具有自动控制能力。计算机内部操作是根据人们事先编好的程序自动控制进行的。用户根据解题需要，事先设计步骤与程序，计算机十分严格地按程序规定的步骤操作，整个过程不需人工干预。

4. 计算机的应用领域

计算机的应用已渗透到社会的各个领域，正在改变着人们的工作、学习和生活的方式，推动着社会的发展。归纳起来可分为以下几个方面：

（1）科学计算（数值计算）。科学计算也称数值计算。计算机最开始是为解决科学研究和工程设计中遇到的大量数学问题的数值计算而研制的计算工具。随着现代科学技术的进一步发展，数值计算在现代科学研究中的地位不断提高，在尖端科学领域中，显得尤为重要。例如，人造卫星轨迹的计算，房屋抗震强度的计算，火箭、宇宙飞船的研究设计都离不开计算机的精确计算。

（2）数据处理（信息处理）。在科学研究和工程技术中，会得到大量的原始数据，其中包括大量图片、文字、声音等信息处理就是对数据进行收集、分类、排序、存储、计算、传输、制表等操作。目前计算机的信息处理应用已非常普遍，如人事管理、库存管理、财务管理、图书资料管理、商业数据交流、情报检索、经济管理等。

（3）自动控制。自动控制是指通过计算机对某一过程进行自动操作，它不需人工干预，能按人预定的目标和预定的状态进行过程控制。所谓过程控制是指对操作数据进行实时采集、检测、处理和判断，按最佳值进行调节的过程。目前被广泛用于操作复杂的钢铁企业、石油化工业、医药工业等生产中。使用计算机进行自动控制可大大提高控制的实时性和准确性，提高劳动效率、产品质量，降低成本，缩短生产周期。例如，无人驾驶飞机、导弹、人造卫星和宇宙飞船等飞行器的控制，都是靠计算机实现的。

（4）计算机辅助设计和辅助教学。计算机辅助设计（简称 CAD）是指借助计算机的帮助，人们可以自动或半自动地完成各类工程设计工作。目前 CAD 技术已应用于飞机设计、船舶设计、建筑设计、机械设计、大规模集成电路设计等。在京九铁路的勘测设计中，使用计算机辅助设计系统绘制一张图纸仅需几个小时，而过去人工完成同样的工作则要一周甚至更长时间。可见采用计算机辅助设计可缩短设计时间，提高工作效率，节省人力、物力和财力，更重要的是提高了设计质量。CAD 已得到各国工程技术人员的高度重视。有些国家已把 CAD 和计算机辅助制造（CAM）、计算机辅助测试（CAT）及计算机辅助工程（CAE）组成一个集成系统，使设计、制造、测试和管理有机地组成为一体，形成高度的自动化系统，因此产生了自动化生产线和"无人工厂"。计算机辅助教学（CAI）是指用计算机来辅助完成教学计划或模拟某个实验过程。计算机可按不同要求，分别提供所需教材内容，还可以个别教学，及时指出该学生在学习中出现的错误，根据计算机对该生的测试成绩决定该生的学习从一个阶段进入另一个阶段。CAI 不仅能减轻教师的负担，还能激发学生的学习兴趣，提高教学质量，为培养现代化高质量人才提供了有效方法。

（5）人工智能方面的研究和应用。人工智能（简称 AI）是指计算机模拟人类某些智力行为的理论、技术和应用。人工智能是计算机应用的一个新的领域，这方面的研究和应用正处于发展阶段，在医疗诊断、定理证明、语言翻译、机器人等方面，已有了显著的成效。例如，用计算机模拟人脑的部分功能进行思维学习、推理、联想和决策，使计算机具有一定的"思维能力"。我国已开发成功一些中医专家诊断系统，可以模拟名医给患者诊病开方。机器人是计算机人工智能的典型例子。

（6）多媒体技术应用。随着电子技术特别是通信和计算机技术的发展，人们已经有能力把文本、音频、视频、动画、图形和图像等各种媒体综合起来，构成一种全新的概念——"多媒体"。在医疗、教育、商业、银行、保险、行政管理、军事、工业、广播和出版等领域中，多媒体的应用发展很快。

随着网络技术的发展，计算机的应用进一步深入到社会的各行各业，通过高速信息网实现数据与信息的查询、高速通信服务（电子邮件、电视电话、电视会议、文档传输）、电子教育、电子娱乐、电子购物（通过网络选看商品、办理购物手续、质量投诉等）、远程医疗和会诊、交通信息管理等。计算机的应用将推动信息社会更快地向前发展。

5. 计算机中信息的表示方法

（1）数字化信息相关术语。

1）数据：数据是反映客观事物属性的记录，是信息的具体表现形式。

2）信息：信息是客观事物属性的反映，是经过加工处理并对人类客观行为产生影响的数据表现形式。

3）位（bit）：二进制数系统中，每个 0 或 1 就是一个位，位是计算机中的最小的信息单位。

4）字节（Byte）：由 8 位二进制数组成的信息，是计算机数据的基本存储单位。即 1Byte=8bit。一般来说，一个英文字符占一个字节，一个汉字占两个字节。

通常我们更常用的是 KB、MB、GB，它们之间的换算是：

  1KB=1024Byte

  1MB=1024KB

  1GB=1024MB

5）字（word）：计算机一次并行处理的一组二进制数，一个"字"中可以存放一条计算机指令或一个数据。

（2）数制的概念。数制也称计数制，是指用一组固定的符号和统一的规则来表示数值的方法。编码是采用少量的基本符号，选用一定的组合原则，以表示大量复杂多样的信息的技术。计算机是信息处理的工具，任何信息必须转换成二进制形式数据后才能由计算机进行处理、存储和传输。

二进制不符合人们的使用习惯，在日常生活中，不经常使用。计算机内部的数是用二进制表示的，其主要原因是：

- 电路简单：二进制数只有 0 和 1 两个数码，计算机是由逻辑电路组成的，因此可以很容易地用电气元件的导通和截止来表示这两个数码。
- 可靠性强：用电气元件的两种状态表示两个数码，数码在传输和运算中不易出错。
- 简化运算：二进制的运算法则很简单，如果使用十进制要繁琐得多。
- 逻辑性强：计算机在数值运算的基础上还能进行逻辑运算，逻辑代数是逻辑运算的理论依据。二进制的两个数码，正好代表逻辑代数中的"真"（True）和"假"（False）。

数制是用一组固定数字和一套统一规则来表示数目的方法。进位计数制是指按指定进位方式计数的数制。表示数值大小的数码与它在数中所处的位置有关，简称进位制。在计算机中，使用较多的是二进制、十进制、八进制和十六进制。

1）十进制（Decimal Notation）。

十进制的特点。有十个数码：0、1、2、3、4、5、6、7、8、9。运算规则：逢十进一，借一当十。进位基数是 10。

设任意一个具有 n 位整数、m 位小数的十进制数 D，可表示为

$$D=D_{n-1}\times 10^{n-1}+D_{n-2}\times 10^{n-2}+\cdots+D_1\times 10^1+D_0\times 10^0+D_{-1}\times 10^{-1}+\cdots+D_{-m}\times 10^{-m}$$

上式称为"按权展开式"。

例 1：将十进制数$(123)_{10}$按权展开。

解：$(123)_{10}=1\times 10^2+2\times 10^1+3\times 10^0=100+20+3$

2）二进制（Binary Notation）。

二进制的特点。有两个数码：0、1。运算规则：逢二进一，借一当二。进位基数是 2。设

任意一个具有 n 位整数、m 位小数的二进制数 B，可表示为

$B=B_{n-1} \times 2^{n-1}+B_{n-2} \times 2^{n-2}+\cdots+B_{1} \times 2^{1}+B_{0} \times 2^{0}$

权是以 2 为底的幂。

例 2：将 $(1000001)_2$ 按权展开。

$(100001)_{2}=1 \times 2^{5}+0 \times 2^{4}+0 \times 2^{3}+0 \times 2^{2}+0 \times 2^{1}+1 \times 2^{0}=(33)_{10}$

3）八进制（Octal Notation）。

八进制的特点。有八个数码：0、1、2、3、4、5、6、7。运算规则：逢八进一，借一当八。进位基数是 8。

设任意一个具有 n 位整数、m 位小数的八进制数 Q，可表示为

$Q=Q_{n-1} \times 8^{n-1}+Q_{n-2} \times 8^{n-2}+\cdots+Q_{1} \times 8^{1}+Q_{0} \times 8^{0}+Q_{-1} \times 8^{-1}+\cdots+Q_{-m} \times 8^{-m}$

例 3：将 $(654)_8$ 按权展开。

$(654)_{8}=6 \times 8^{2}+5 \times 8^{1}+4 \times 8^{0}=(428)_{10}$

4）十六进制（Hexadecimal Notation）。

十六进制的特点。有十六个数码：0、1、2、3、4、5、6、7、8、9、A、B、C、D、E、F。十六个数码中的 A、B、C、D、E、F 六个数码，分别代表十进制数中的 10、11、12、13、14、15。运算规则：逢十六进一，借一当十六。进位基数是 16。

设任意一个具有 n 位整数、m 位小数的十六进制数 H，可表示为

$H=H_{n-1} \times 16^{n-1}+H_{n-2} \times 16^{n-2}+\cdots+H_{1} \times 16^{1}+H_{0} \times 16^{0}+H_{-1} \times 16^{-1}+\cdots+H_{-m} \times 16^{-m}$

权是以 16 为底的幂。

例 4：$(3A6E)_{16}$ 按权展开。

解：$(3A6E)_{16}=3 \times 16^{3}+10 \times 16^{2}+6 \times 16^{1}+14 \times 16^{0}=(14958)_{10}$

（3）数制转换。在计算机中能直接表示和使用的数据有数值数据和字符数据两大类。数值数据用于表示数量的多少，可带有表示数值正负的符号位。日常所使用的十进制数要转换成等值的二进制数才能在计算机中存储和操作。符号数据又叫非数值数据，包括英文字母、汉字、数字、运算符号以及其他专用符号。它们在计算机中也要转换成二进制编码的形式。

在程序设计中，为了区分不同进制数，通常在数字后用一个英文字母为后缀以示区别。

十进制数：数字后加 D 或不加，如 10D 或 10。

二进制：数字后加 B，如 10010B。

八进制：数字后加 Q，如 123Q。

十六进制：数字后加 H，如 2A5EH。

十进制、二进制、八进制和十六进制数的转换关系，见表 1-1。

表 1-1　各种进制数码对照表

十进制	二进制	八进制	十六进制	十进制	二进制	八进制	十六进制
0	0	0	0	4	100	4	4
1	1	1	1	5	101	5	5
2	10	2	2	6	110	6	6
3	11	3	3	7	111	7	7

续表

十进制	二进制	八进制	十六进制	十进制	二进制	八进制	十六进制
8	1000	10	8	12	1100	14	C
9	1001	11	9	13	1101	15	D
10	1010	12	A	14	1110	16	E
11	1011	13	B	15	1111	17	F

1）二进制与十进制之间的转换。

a．二进制转换成十进制只需按权展开后相加即可。

例 5：$(10010)_2 = 1 \times 2^4 + 0 \times 2^3 + 0 \times 2^2 + 1 \times 2^1 + 0 \times 2^0 = (18)_{10}$

b．十进制转换成二进制时，转换方法为：除 2 取余，逆序排列。

将十进制数反复除以 2，直到商是 0 为止，并将每次相除之后所得的余数按次序记下来，第一次相除所得余数是 K_0，最后一次相除所得的余数是 K_{n-1}，则 $K_{n-1} K_{n-2} \cdots K_2 K_1$ 即为转换所得的二进制数。

例 6：将十进制数 $(65)_{10}$ 转换成二进制数。

解：

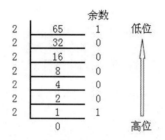

$(65)_{10} = (1000001)_2$

2）二进制与八进制之间的转换。

十进制数转换成二进制数的过程书写比较长，同样数值的二进制数比十进制数占用更多的位数，书写长，容易混淆。为了方便人们就采用八进制和十六进制表示数。八进制与二进制的关系是：一位八进制数对应三位二进制数。将二进制转换成八进制时，以小数点位中心向左和向右两边分组，每三位一组进行分组，两头不足补零。

例 7：将二进制数 $(001\ 101\ 101\ 110)_2$ 转换成 8 进制数。

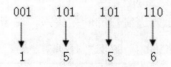

$(001\ 101\ 101\ 110)_2 = (1556)_8$

例 8：将八进制数 $(704)_8$ 转换成二进制数。

```
 7        0        4
 ↓        ↓        ↓
111      000      100
```

$(704)_8 = (111\ 000\ 100)_2$

3）二进制与十六进制之间的互换。

十六进制与二进制的关系是：一位十六进制数对应四位二进制数。将二进制转换成十六进制时，以小数点位中心向左和向右两边分组，每四位一组进行分组，两头不足补零。

例 9：将二进制数(0011 0110 1110)₂转换成 16 进制数。

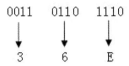

$(0011\ 0110\ 1110)_2 = (36E)_{16}$

例 10：将 16 进制数(10B3)₁₆转换成 2 进制数。

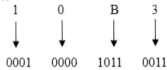

$(10B3)_{16} = (0001\ 0000\ 1011\ 0011)_2$

（4）信息编码。我们前面已介绍过计算机中的数据是用二进制表示的，而人们习惯用十进制数，那么输入输出时，数据就要进行十进制和二进制之间的转换处理，因此，必须采用一种编码的方法，由计算机自己来承担这种识别和转换工作。

1）BCD 码（二—十进制编码）。

BCD（Binary Code Decimal）码是用若干个二进制数表示一个十进制数的编码，BCD 码有多种编码方法，常用的有 8421 码。

2）ASCII 码。

计算机中，对非数值的文字和其他符号进行处理时，要对文字和符号进行数字化处理，即用二进制编码来表示文字和符号。字符编码（Character Code）是用二进制编码来表示字母、数字以及专门符号。

目前计算机中普遍采用的是 ASCII（American Standard Code for Information Interchange）码，即美国信息交换标准代码。ASCII 码有 7 位版本和 8 位版本两种，国际上通用的是 7 位版本，7 位版本的 ASCII 码有 128 个元素，只需用 7 个二进制位（$2^7=128$）表示，其中控制字符 34 个，阿拉伯数字 10 个，大小写英文字母 52 个，各种标点符号和运算符号 32 个。在计算机中实际用 8 位表示一个字符，最高位为"0"。

3）汉字编码。

汉字也是字符，与西文字符比较，汉字数量大，字形复杂，同音字多，这就给汉字在计算机内部的存储、传输、交换、输入、输出等带来了一系列的问题。为了能直接使用西文标准键盘输入汉字，必须为汉字设计相应的编码，以适应计算机处理汉字的需要。

a．国标码。1980 年我国颁布了《信息交换用汉字编码字符集·基本集》（GB 2312—80），是国家规定的用于汉字信息处理使用的代码依据，这种编码称为国标码。在国标码的字符集中共收录了 6763 个常用汉字和 682 个非汉字字符（图形、符号），其中一级汉字 3755 个，以汉语拼音为序排列，二级汉字 3008 个，以偏旁部首进行排列。

国标 GB 2312—80 规定，所有的国标汉字与符号组成一个 94×94 的矩阵，在此方阵中，每一行称为一个"区"（区号为 01～94），每一列称为一个"位"（位号为 01～94），该方阵实际组成了 94 个区，每个区内有 94 个位的汉字字符集，每一个汉字或符号在码表中都有一个唯一的位置编码，叫该字符的区位码。使用区位码方法输入汉字时，必须先在表中查找汉字并找出对应的代码，才能输入。区位码输入汉字的优点是无重码，而且输入码与内部编码的转换方便。

b．机内码。汉字的机内码是计算机系统内部对汉字进行存储、处理、传输统一使用的代码，又称为汉字内码。由于汉字数量多，一般用 2 个字节来存放汉字的内码。在计算机内汉字字符必须与英文字符区别开，以免造成混乱。英文字符的机内码是用一个字节来存放 ASCII 码，一个 ASCII 码占一个字节的低 7 位，最高位为"0"，为了区分，汉字机内码中两个字节的最高位均置"1"。例如，汉字"中"的国标码为 5650H($01010110\ 01010000$)$_2$，机内码为 D6D0H($11010110\ 11010000$)$_2$。

c．汉字的字形码。每一个汉字的字形都必须预先存放在计算机内，例如 GB 2312－80 的所有字符的形状描述信息集合在一起，称为字形信息库，简称字库。

通常分为点阵字库和矢量字库。目前汉字字形的产生方式大多是用点阵方式形成汉字，即用点阵表示的汉字字形代码。根据汉字输出精度的要求，有不同密度点阵。汉字字形点阵有 16×16 点阵、24×24 点阵、32×32 点阵等，如图 1-20 所示。汉字字形点阵中每个点的信息用一位二进制码来表示，"1"表示对应位置处是黑点，"0"表示对应位置处是空白。字形点阵的信息量很大，所占存储空间也很大，例如 16×16 点阵，每个汉字就要占 32 个字节（16×16÷8＝32）；24×24 点阵的字形码需要用 72 字节（24×24÷8＝72），因此字形点阵只能用来构成"字库"，而不能用来替代机内码用于机内存储。字库中存储了每个汉字的字形点阵代码，不同的字体（如宋体、仿宋、楷体、黑体等）对应着不同的字库。在输出汉字时，计算机要先到字库中去找到它的字形描述信息，然后再把字形送去输出。

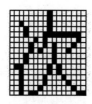

16×16 点阵汉字

图 1-20　16 点阵字模

习　题

一、简答题

1．计算机的特点有哪些？

2．冯·诺依曼计算机的基本工作原理是什么？

3．计算机硬件系统的组成部分有哪些？各部分的功能是什么？

4．什么是系统软件？高级语言中的编译与解释的含义是什么？

5．什么是计算机病毒？如何防止病毒？

二、数据转换

1. $(125)_{10} = ($ $)_2 = ($ $)_8 = ($ $)_{16}$

2. $($ $)_{10} = (1011101)_2 = ($ $)_8 = ($ $)_{16}$

3. $($ $)_{10} = ($ $)_2 = (72)_8 = ($ $)_{16}$

4. $($ $)_{10} = ($ $)_2 = ($ $)_8 = (12B4)_{16}$

三、选择题

1. 第四代计算机的基本电子元器件是（   ）。
   - A. 电子管
   - B. 大规模、超大规模集成电路
   - C. 晶体管
   - D. 中小规模集成电路

2. 关于"电子计算机的特点"，以下论述错误的是（   ）。
   - A. 运算速度快
   - B. 存储容量大
   - C. 不能进行逻辑判断
   - D. 计算精度高

3. 计算机辅助设计的英文缩写是（   ）。
   - A. CAM
   - B. CAD
   - C. CAI
   - D. CAE

4. 对于 N 进制数，每一位可以使用的数字符号的个数是（   ）。
   - A. N−1
   - B. N
   - C. 2N
   - D. N+1

5. 在计算机中，一个字节可表示（   ）。
   - A. 2 位 16 进制数
   - B. 2 位 10 进制数
   - C. 2 位 8 制数
   - D. 2 位 2 进制数

6. 随机存储器 RAM 的特点是（   ）。
   - A. RAM 中的信息既可读出也可写入
   - B. RAM 中的信息只能写入
   - C. RAM 中的信息只能读出
   - D. RAM 中的信息既不可读出也不可写入

7. 与内存相比，外存储器的主要优点是（   ）。
   - A. 存储容量大，存储速度快
   - B. 存储容量小，存储速度快
   - C. 存储容量大，存储速度慢
   - D. 存储容量小，存储速度慢

8. 给软盘加上写保护后可以防止（   ）。
   - A. 数据丢失
   - B. 读出数据错误
   - C. 病毒入侵
   - D. 其他人复制文件

9. 计算机系统组成包括（   ）。
   - A. 系统软件和应用软件
   - B. 系统硬件和软件系统
   - C. 主机和外设
   - D. 运算器、控制器

10. 计算机硬件系统包括（   ）。
    - A. 主机和外设
    - B. CPU
    - C. 主机、鼠标、键盘
    - D. 主机和光驱

11. 1KB 包括的字节数是（   ）。

A．1000B
B．1024B
C．512B
D．256B

12．通常说一台微机的内存容量为 32M，指的是（　　）。

A．32Mb
B．32MB
C．32M 字
D．32000K 字

13．计算机病毒产生的原因是（　　）。

A．用户程序有错误
B．计算机硬件故障
C．计算机系统软件有错误
D．人为制造

14．下列存储器中，存取速度最快的是（　　）。

A．软盘
B．硬盘
C．光盘
D．内存

15．下列存储器中，断电后信息会丢失的是（　　）。

A．CD-ROM
B．磁盘
C．RAM
D．ROM

模块二　中文 Windows 7 操作系统

【学习目标】

1. 了解 Windows 7 新增的常用功能。
2. 掌握 Windows 7 的启动与退出。
3. 掌握设置操作系统工作环境。
4. 理解 Windows 7 的窗口与对话框的区别，并能熟练操作窗口与对话框。
5. 掌握资源管理器的操作。
6. 熟练运用文档管理操作。
7. 掌握常用附件的应用。

【重点难点】

1. 操作系统工作环境的设置。
2. 文档管理。

Windows 是 Microsoft 公司为 IBM PC 及其兼容机所设计的一种操作系统，也称"视窗操作系统"，其前身是微软磁盘操作系统（MicroSoft Disk Operating System，MS-DOS）。Microsoft公司从 1985 年开始推出 Windows1.0 系统，然后逐步升级，到 1995 年推出的 Windows 95（其版本号为 4.0）。Windows 95 以出色的多媒体特性、人性化的操作、美观的界面获得了用户的广泛认同，并以此奠定了其在微机桌面操作系统中的统治地位，结束了桌面操作系统间的竞争。在 Windows95 系统获得巨大成功之后，又陆续推出了 Windows NT4.0、Windows 98、Windows Me 及 Windows 2000 等版本，到 2001 年推出了 Windows XP，2003 年推出了 Windows 2003，2006 年推出了 Windows Vista，2009 年推出了 Windows 7，2012 年 10 月推出 Windows 8。2015 年，微软正式发布 Windows 10，并对 Windows 7、Windows 8 及 Windows 8.1 实施一年内免费升级服务。Windows 10 是由美国微软公司发布的新一代全平台操作系统，新系统将涵盖传统 PC、平板电脑、二合一设备、手机等，支持广泛的设备类型。新一代操作系统将倡导 One Product Family、One Platform、One Store 的新思路，打造全平台"统一"的操作系统。Windows 95 开始的各种版本的操作系统都以其直观的操作界面、强大的功能使众多的计算机用户能够方便快捷地使用自己的计算机，为人们的工作和学习提供了很大的便利。

项目一　设置工作环境

【情境】

骆小梅是一名应届毕业大学生，刚应聘到鹏达酒店客户部当办公室文员，酒店分配了一台计算机供她工作使用。她需要对自己使用的计算机进行工作环境设置，便于自己操作以提高工作效率。

任务 1 了解 Windows 7 的新功能

为了适应社会的发展，鹏达酒店的计算机系统已经更新为 Windows 7，骆小梅大学期间学的 Windows XP 已经不能满足现在工作的需要，因此她找来相关资料学习 Windows 7 操作系统。通过学习她了解了 Windows 7 新增的常用功能。

1. 多功能任务栏

由于大多数用户把 Windows 任务栏设置成始终可见，对任务栏的设置就显得尤为重要。Windows 7 的任务栏有以下 3 大改进：首先，可以将应用程序固定在任务栏便于快速启动；其次，在一个被多个窗口覆盖的桌面上，可以使用新的"航空浏览"功能从分组的任务栏程序中预览各个窗口，甚至可以通过缩略图关闭文件；最后，在任务栏的最右边，还有一个永久性的"显示桌面"按钮。

2. 智能窗口排列

Windows 7 的另一个新功能就是智能排列窗口，把一个窗口拖拽到屏幕顶部时，它会自动最大化。

3. 库

使用"库"可以更加便捷地查找、使用和管理分布于整个计算机或网络中的文件或文件夹。它是个虚拟的概念，把文件或文件夹收纳到库中并不是将文件真正复制到"库"这个位置，而是在"库"这个功能中"登记"了那些文件或文件夹的位置，然后由 Windows 管理而已。因此，收纳到库中的内容除了它们自己占用的磁盘空间之外，几乎不会再额外占用磁盘空间，并且删除库及其内容时，也并不会影响到那些真实的文件。

4. 人性化的用户账户控制（UAC）

用户账户控制（UAC）是 Windows Vista 中开始出现的一项新功能，可防止恶意程序损坏计算机。UAC 可阻止未经授权应用程序的自动安装，并可防止在无意中更改系统设置。Windows 7 中可以对需要弹出的警告、确认提示的信息进行详细定义，这样就能大大减少提示框弹出的频率，如图 2-1 所示。

图 2-1 "用户账户控制"对话框

5. 托盘通知区域

Windows 7 可以通过一个详细对话框，设定需要在系统托盘中显示的图标和通知。

6. 电源管理

Windows 7 的电源管理功能更加出色，大大延长了笔记本电脑电池电量的使用时间。

7. 自动电脑清理

计算机用户如果没有经验，可能会打乱先前的设置，安装可疑软件、删除重要文件或者是导致各种不必要毁坏。但是在注销登录时，计算机上所进行的一系列操作都将会被清除，自动进行计算机清理。

8. 更好用的系统还原

在 Windows Vista 中，有关于系统还原的设置选项很少。这一点在 Windows 7 中有了改进，有几个实用选项可供选择。

9. 调整计算机音量

在 Windows 7 的默认状态下，当有语音电话（基于 PC 的）打出或打进来时，它会自动降低 PC 音箱的音量。如果不想用此功能，可随时关掉它。

骆小梅准备在以后的工作中，加强对 Windows 7 新功能的使用，尽快熟悉工作环境，提高工作效率。

任务 2　设置桌面

骆小梅先把常用软件的快捷图标放到桌面上，然后把系统时间调整成北京时间，并为自己添加了五笔输入法。

"桌面"就是用户启动计算机并登录到 Windows 7 系统后看到的整个屏幕界面，如图 2-2 所示。桌面是用户和计算机进行交流的窗口，通过桌面，用户可以有效地管理自己的计算机。打开程序或文件夹时，它们便会出现在桌面上，还可以将一些项目（文件和文件夹）放在桌面上，并且随意排列它们。

图 2-2　Windows 7 的桌面

1. 通用图标

桌面上存放着经常要用到的各种图标，如"计算机""用户的文件""网络""回收站"及"控制面板"等，还可以根据自己的需要在桌面上添加各类图标，如图 2-3 所示，此对话框按以下方式打开：在桌面上右击，在弹出的快捷菜单中选择"个性化"→"更改桌面图标"。在 Windows 中一个图标就代表着一个对象，通过图标就能了解该对象的类型和用途，当需要进行某种操作时用鼠标双击对应的图标就可以了。

图 2-3　"桌面图标设置"对话框

下面简单介绍一下常见的图标：

- 计算机。通过该图标可以实现对计算机硬盘驱动器、文件和文件夹的管理，还新增了收藏夹和库的功能。把经常访问的文件夹加入收藏夹，以后会很方便地找到，如果不用这个文件夹了，可以直接在收藏夹里把它给删掉。不仅收藏夹可以帮助管理文件夹，库也可以很轻松地组织和访问文件，而不用关心它实际存放的位置。

- 用户的文件。打开个人文件夹（它是根据当前登录到 Windows 的用户命名的）。此文件夹依次包含特定于用户的文件，其中包括"文档""音乐""图片"和"视频"等文件夹。

- 网络。该项中提供了网络上其他计算机文件和文件夹的访问以及有关信息。在双击展开的窗口中可以查看工作组中的计算机、查看网络位置及添加网络位置等。

- 回收站。回收站是硬盘中的一块存储区，它用于暂时存放已经被删除的某些文件或文件夹的信息。当未进行回收站的清空操作时，可以从中还原被删除的文件或文件夹。只有当回收站中的文件及文件夹被删除，或回收站被清空时，相应的文件及文件夹才被彻底删除。

- 控制面板。自定义计算机的外观和功能、安装或卸载程序、设置网络连接和管理用户账户。

骆小梅工作中经常使用 Excel 软件，每次通过"开始"→"所有程序"→"Microsoft office"→"Microsoft office Excel 2010"打开此软件都非常繁琐，因此她在桌面上添加了 Excel 软件快捷方式图标。步骤如下：

（1）按以下方式找到 Excel 软件："开始"→"所有程序"→"Microsoft Office"→"Microsoft Excel 2010"。

（2）在此软件上右击，在弹出的快捷菜单中选择"发送到"→"桌面建快捷方式"选项，如图 2-4 所示。桌面上就成功地添加了此软件的快捷方式图标。

添加了自己需要软件的桌面快捷方式后，骆小梅发现计算机时间与北京时间不一致，并且她希望把自己经常使用的五笔输入法添加到系统中。在设置此之前，她先了解了任务栏的知识。

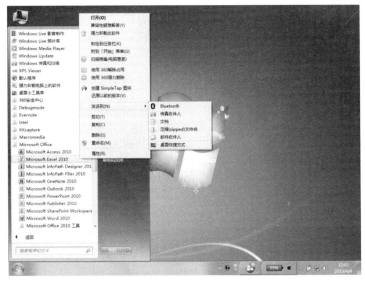

图 2-4　创建快捷方式图标

2．任务栏

任务栏是位于桌面最下方的一个小长条，任务栏从左向右可分为"开始"菜单按钮、窗口按钮栏和通知区域三个部分。在窗口按钮栏和通知区域中显示了系统正在运行的程序和打开的窗口、当前时间等内容，可以通过它了解当前系统的运行状况，并能方便地在不同任务间进行切换，通过任务栏还可以完成其他操作和方式设置。

（1）任务栏的组成。

1）"开始"菜单按钮。单击此按钮就打开了"开始"菜单，如图 2-5 所示，左边的大窗格显示计算机上程序的一个列表。左边窗格的底部是搜索框，通过键入搜索项可在计算机上查找程序和文件。单击"所有程序"可显示程序的完整列表，"所有程序"上方是最近使用过的程序列表。右边窗格提供对常用文件、文件夹、设置和功能的访问，在这里还可注销 Windows 或关闭计算机。Windows 7 的"开始"菜单有以下四大特色。

图 2-5　Windows 7 的"开始"菜单

- 跳转列表。Windows 7 为"开始"菜单和任务栏引入了"跳转列表"，如图 2-6 所示。"跳转列表"是最近使用的项目列表，如文件、文件夹或网站。除了能够使用"跳转列表"打开最近使用的项目之外，还可以将收藏夹项目锁定到"跳转列表"，以快速访问每天使用的程序和文件。可以通过每个项目的图钉 将此项目锁定或解锁于"开始"菜单或任务栏。

图 2-6　相同项目在"开始"菜单和任务栏上的"跳转列表"

- 库。默认情况下，文档、音乐和图片库显示在"开始"菜单上。与"开始"菜单上的其他项目一样，可以添加或删除库。
- 搜索。"开始"菜单包含一个搜索框，可以使用该搜索框来查找存储在计算机上的文件、文件夹、程序以及电子邮件，如图 2-7 所示。
- "电源"按钮选项。"关机"按钮出现在"开始"菜单的右下角，单击"关机"后，计算机将关闭所有打开的程序并关闭计算机。也可以选择该按钮执行其他操作，如将计算机置于休眠模式或允许其他用户登录，如图 2-8 所示。

图 2-7　"开始"菜单搜索框

图 2-8　"关机"按钮的选项

2）窗口按钮栏。位于任务栏的中部区域，当某项应用程序被启动而打开一个窗口后，在任务按钮栏会出现相应的有立体感的按钮，以表明该程序正处于运行中。在正常情况下，若按钮是向下凹陷的，表明该应用程序是当前正在操作的窗口程序，这个窗口程序称为活动窗口；若按钮是向上凸起的，则表明这个应用程序处于后台运行中。

将鼠标指针移向某窗口按钮时，会出现一个小图片，上面显示缩小版的相应窗口。此预览（也称为"缩略图"）非常有用，如图 2-9 所示。如果其中一个窗口正在播放视频或动画，则会在预览中看到它正在播放。

可以将常用的程序按钮锁定在任务栏，如图 2-10 所示，此时的任务按钮栏就相当于 Windows XP 的快速启动栏。

图 2-9 "资源管理器"各窗口的缩略图

图 2-10 将常用程序按钮锁定在任务栏

3）通知区域（也称托盘）。位于任务栏的右侧区域，它是系统中一些经常运行的程序的运行状态的显示区域。通知区域中的程序多处于后台运行状态，用户可以通过其图标操控其运行方式。此区域中最常见的是"日期/时间""音量控制""电源""网络"及"操作中心"等系统软件类程序。

4）"显示桌面"按钮位于通知区域最右边，如图 2-11 所示。

（2）任务栏的调整。

图 2-11 "显示桌面"按钮

1）改变任务栏的位置。初始时当任务栏位于桌面的下方，若任务栏处于非锁定状态，在任务栏上的非按钮区按下鼠标左键拖动，到所需要边缘再放开鼠标左键，就可以把任务栏拖动到桌面的任意边缘。

2）调整任务栏的高度。打开的窗口比较多时，在任务栏上显示的按钮会变得很小，用户观察会很不方便，这时，可以改变任务栏的宽度来显示所有的窗口，把鼠标放在任务栏的上边缘，当出现双箭头指示时，按下鼠标左键不放拖动到合适位置再释放鼠标左键，任务栏中即可显示所有窗口的信息。

　　3）任务栏的属性设置。当有特殊需要时，还可通过任务栏的属性来改变任务栏的特性。当应用程序需要整屏的显示区域来进行操作时，也可将任务栏设置为自动隐藏，如图 2-12 所示。单击图 2-12 中通知区域的"自定义"按钮，弹出如图 2-13 所示的窗口，可设置是否在任务栏上显示"日期和时间""音量"及"网络"等。

图 2-12　Windows 7 任务栏的属性　　　　　图 2-13　选择在任务栏上出现的图标和通知

　　（3）调整系统日期/时间。单击任务栏通知区域上时间信息并单击"更改日期和时间设置"按钮或在控制面板中，选择"日期和时间"，都会弹出"日期和时间"对话框，如图 2-14 左图所示。

　　1）"日期和时间"选项卡。在该选项卡中单击"更改日期和时间"按钮，弹出"日期和时间设置"对话框，如图 2-14 右图所示。双击"日期"框中的年月，配合单击左右键，可修改日期的年、月，通过日历选择日期的日。通过右边的数值框设置时间，分别选中时间的时、分、秒，再用鼠标单击右端的上下按钮调整其值；还可直接用键盘修改其值。

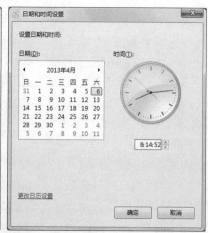

图 2-14　"日期和时间"对话框

在该选项卡中单击"更改时区"按钮，弹出"时区设置"对话框，如图 2-15 所示。根据计算机所处的地理位置，确定时区。时区接入互联网时对数据交换有所影响。

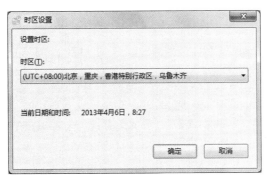

图 2-15　"时区设置"对话框

2）"附加时钟"选项卡。附加时钟可以显示其他时区的时间。可以通过单击任务栏时钟或悬停在其上来查看这些附加时钟。

3）"Internet 时间"选项卡。在该选项卡中可以设置通过互联网来自动调整计算机的日期时间，只有计算机连接互联网时，此功能才有效。

（4）设置输入法。右击任务栏通知区域上的输入法按钮，在弹出的菜单中选择"设置"，或在控制面板中，选择"区域和语言"中的"键盘和语言"选项卡，单击"更改键盘"按钮，都会弹出"文字服务和输入语言"对话框，如图 2-16 所示。

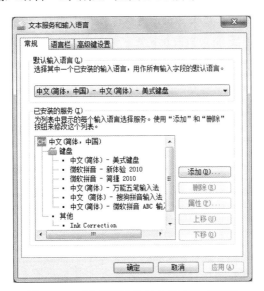

图 2-16　"文字服务和输入语言"对话框

在"常规"选项卡中，可以设置默认的输入法，可以增删中文输入法（增加输入法只是将原来安装的输入法设置为可用状态，删除输入法也是屏蔽相应的输入法，此处并不能安装新的输入法，也不能卸载已有的输入法）。

选中某种输入法，然后单击"属性"按钮还可以设置该输入法的特性，如图 2-17 所示。

在"高级键设置"选项卡中可以设置和输入法有关的热键，如图 2-18 所示。

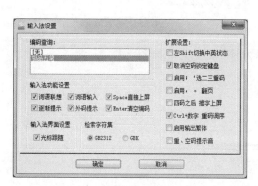 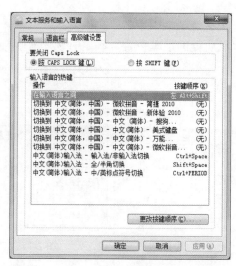

图 2-17　"输入法设置"对话框　　　图 2-18　输入法的"高级键设置"对话框

任务 3　设置外观和个性化

设置好图标和任务栏中的相关项目后，骆小梅准备换成风景桌面，以便自己更能静心地投入工作。计算机操作中会涉及一些单位秘密，工作中偶尔离开会导致泄密，因此骆小梅为计算机添加了屏幕保护程序。

设置外观和个性化就是用于修改桌面、窗口等与用户界面有关的系统特性，以便满足用户对使用环境的不同要求。通过单击"控制面板"→"外观和个性化"→"个性化"，打开如图 2-19 所示的窗口。也可在桌面空白区域右击，在弹出来的菜单中选择"个性化"（Windows 7 家庭普通版没有此选项）来打开"个性化"窗口进行设置。

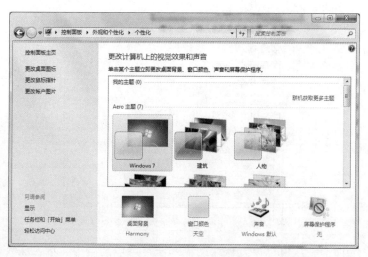

图 2-19　"个性化"窗口

1. 设置桌面背景

桌面背景就是用户打开计算机进入Windows 7操作系统后，所出现的桌面背景颜色或图片。可以选择单一颜色作为桌面的背景，也可以选择类型为 BMP、JPG、HTML等类型的文件作为桌面的背景图片。

（1）桌面背景。如果需要的图片不在桌面背景图片列表中，请单击"图片位置"列表查看其他类别，或单击"浏览"按钮以搜索计算机中的图片。当找到想要的图片时，选中后单击"保存修改"按钮，它将成为桌面背景，如图 2-20 所示。

图 2-20　"桌面背景"窗口

（2）图片位置。在"图片位置"列表中，单击某项以裁剪用于填充屏幕的图片，使图片适合屏幕（有拉伸、平铺、居中、填充及适应 5 种选项），然后单击"保存修改"按钮，如图 2-21 所示。

（3）图片的背景颜色。如果选择适合的图片或居中的图片作为桌面背景，还可以设置适合图片的颜色背景。在"图片位置"列表中，单击"适应"或"居中"，接着单击"更改背景颜色"按钮，选择某种颜色，然后单击"确定"按钮，如图 2-22 所示。

图 2-21　设置图片位置　　　　　　　　　图 2-22　更改背景颜色

2. 设置屏幕保护程序

目前使用最多的显示器是 LCD、LED 及少量 CRT，因此设置屏幕保护程序的意义在于 3 个方面：第一，在实际使用中，若彩色屏幕的内容一直固定不变，间隔时间较长后可能会造成屏幕的损坏，屏幕保护程序可以防止显示屏坏点等故障的出现；第二，节能减排，让计算机处于低耗能状态；第三，屏幕保护程序可以设置密码，当操作者不在计算机旁时，防止了计算机中重要信息的泄漏。

单击图 2-19 下方的"屏幕保护程序"按钮，弹出"屏幕保护程序设置"对话框就可以设置屏幕保护，如图 2-23 所示。选择一种屏幕保护程序，设置无操作的等待时间，并可启用密码保护。当系统无操作达到设定时间后会自动进入屏幕保护状态，可以通过敲击键盘或操作鼠标来退出屏幕保护状态。

图 2-23　设置屏幕保护程序

3. 调整分辨率

屏幕分辨率指的是屏幕上显示的文本和图像的清晰度。分辨率越高，对象越清楚，同时屏幕上的对象越小，因此屏幕可以容纳越多的项目。分辨率越低，在屏幕上显示的对象越少，但尺寸越大。调整分辨率的打开方式为"控制面板"→"所有控制面板项"→"显示"→"屏幕分辨率"，如图 2-24 所示。

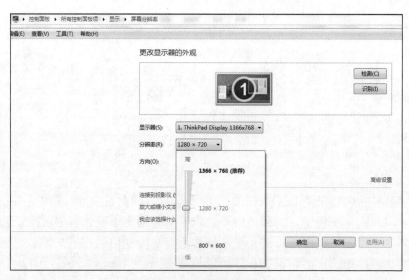

图 2-24　调整分辨率

（1）单击"分辨率"右边的下拉列表，将滑块移动到所需的分辨率，然后单击"应用"按钮。单击"保留"按钮使用新的分辨率，或单击"还原"按钮回到以前的分辨率。

（2）"控制面板"中的"屏幕分辨率"显示针对所用监视器推荐的分辨率。

4. 窗口配色和外观

更改配色方案就是更改桌面、消息框、活动窗口和非活动窗口等的颜色、大小、字体等。在默认状态下，系统使用的是"Windows 7 标准"颜色、大小、字体等。此设置的对话框通过"控制面板"→"外观和个性化"→"个性化"→"窗口颜色和外观"→"高级外观设置"打开，如图 2-25 所示。

图 2-25 窗口颜色和外观的设置

在"项目"列表中，单击需要更改设置的 Windows 部分，例如，如果要更改菜单字体，请单击列表中的"菜单"，然后进行下列任一更改：

● 在"字体"列表中，单击要使用的字体。

● 在"大小"列表中，单击所需的字体大小。

● 在"颜色"列表中，单击所需的字体颜色。

5. 校准颜色

校准显示器有助于确保颜色在显示器上正确显示。在 Windows 7 中，可以使用"显示颜色校准"功能来校准显示器。在开始校准颜色之前，请确保使用的显示器已设置为其原始分辨率，这有助于提高校准结果的准确性。通过"控制面板"→"外观和个性化"→"显示"→"校准颜色"打开"显示颜色校准"窗口，如果系统提示输入管理员密码或进行确认，请键入该密码或提供确认，如图 2-26 所示。

除此之外，在"控制面板"的"外观和个性化"中还可以对显示器设备、连接到投影仪、调整 ClearType 文本及设置自定义文本大小等项目设置。

注意：通过"个性化"→"更改计算机上的视觉效果和声音"中的设置，可以从桌面背景、窗口颜色、声音和屏幕保护程序 4 个方面来同时改变计算机桌面主题的设置。

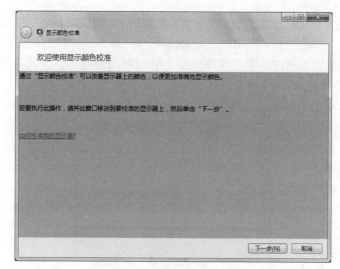

图 2-26　"显示颜色校准"窗口

项目二　管理办公文档

【情境】

这天，骆小梅发现 D 盘中存储了大量的工作文档。为了方便使用、规范管理，需要对办公文档进行整理。她把 D 盘中的文件按类型整理好后，分别放入相应的文件夹。在此过程中，骆小梅考虑到这些文件的重要性，就把这些分好类的文件夹进行备份，复制到公司配备的 U 盘之中。然后，她把整理过后不重要的文档删除以释放更多的磁盘空间。骆小梅知道 Windows 7 中有一项新功能——库。库用于管理文档、音乐、图片和其他文件的位置，可以使用与在文件夹中浏览文件相同的方式浏览文件，也可以查看不同日期、类型或作者的文件。为了提高打开常用演示文稿的速度，她准备把分布在不同盘的常用演示文稿放在库中新建的"演示文稿"库里。

任务 1　整理文档资料

骆小梅把 D 盘中的所有文件浏览了一遍，发现有 Word 文档、Excel 文档及公司的一些相关图片等文件。根据文件的类型，她需要建立存放不同类型的文件夹，那什么是文件和文件夹呢？

1. 文件

文件是一个完整的、有名称的信息集合，是磁盘上信息存取的基本存储单位。用户所编辑的文章、信件、绘制的图形等都以文件的形式存放在磁盘中，系统中的一些应用程序也是一些文件。文件具有名字、大小、类型、创建和修改时间等特征。

文件通常采用文件主名+扩展名的格式来命名，其形式为：文件主名.扩展名。文件都包含着一定的信息，根据其不同的数据格式和意义使得每个文件都具有某种特定的类型。Windows

利用文件的扩展名来区分每个文件类型，不同的扩展名代表文件的内容是不同类型的，系统对不同扩展名的文件采用不同的方法来进行处理。

在 MS-DOS 中文件名为 8.3 格式，即文件主名最多为 8 个字符，扩展名最多为 3 个字符。Windows 7 中使用了长文件名，并规定文件的命名规则：文件名中除了英文字符 ？ ＊ ： ＼ ／ ″ ＜ ＞ ｜ 之外（这些符号在系统中规定了特殊的用途），其他所有的英文字符、数字、汉字都可作为文件名，但其长度不超过 255 个字符。

2. 文件夹

文件夹是在磁盘上组织程序和文档的一种容器，其中既可包含文件，还能包含文件夹（这样的文件夹称为子文件夹），在屏幕上以一个文件夹的图标表示。磁盘中存储着大量的文件，通过文件夹来分组存放文件，文件的查找和管理就更方便、有效。在以前的 MS-DOS 中将文件夹称为目录。

文件夹的命名规则与文件相同。

3. 文件路径

文件路径就是文件在磁盘上位置的表述，由一系列文件夹名和文件名组成，各文件夹之间用斜杠 "＼" 分隔。通过文件的路径可以确定文件在磁盘上的具体位置。

Windows 7 采用树形结构来管理和组织文件，将每个盘符作为一个文件夹来对待，称之为根文件夹。因此每一个文件都应属于某一个文件夹。为了避免混淆，规定在同一文件夹中的文件和子文件夹不能同名，而在不同文件夹及子文件夹中则允许出现同名。

在表述一个文件的路径时，如果是从一个盘符或以 "＼"（表示当前的操作盘符）开始的，这种路径称为绝对路径。否则就表示是从当前文件夹开始的（书面表述时，常以 "..＼" 开头），这种路径称为相对路径。

最后，骆小梅在 D 盘中建立了 "Excel 文档" 文件夹、"Word 文档" 文件夹和 "公司图库" 文件夹，并把相应类型的文档放入了这 3 个文件夹中。

任务 2 备份文档

在 Windows 7 中，骆小梅发现 "计算机" 和 "资源管理器" 的区别并不大，都能很好地对文件和文件夹进行操作。骆小梅在备份文档之前，准备先熟悉一下 "资源管理器" 的操作以及文件和文件夹的管理方法。

Windows 资源管理器以分层的形式显示本计算机上的文件、文件夹和驱动器的结构，几乎可以管理本计算机上的所有资源。使用资源管理器可以更方便地实现浏览、查看、移动和复制文件或文件夹等操作，用户可以不必打开多个窗口，而只在一个窗口中就可以浏览所有的磁盘和文件夹。

1. 资源管理器的启动

有多种途径可以启动资源管理器，常用的方法有：

- 单击 "开始" 按钮，打开 "开始" 菜单，选择 "所有程序" → "附件" → "Windows 资源管理器" 命令，即可打开 "Windows 资源管理器" 窗口，如图 2-27 所示。
- 右击 "开始" 按钮，在弹出来的快捷菜单中单击 "Windows 资源管理器" 按钮。

资源管理器窗口和普通应用程序窗口在界面上基本相同，窗口的工作区被分为左右两个窗格，左边窗格（导航窗格）显示计算机的树状结构的文件夹列表，右边窗格是选定文件夹的内容列表。当单击工具栏上的"显示/隐藏预览窗格"按钮，会显示或隐藏第三个窗格，即文件预览效果窗格，如图 2-28 图所示。

图 2-27　"Windows 资源管理器"窗口　　　　图 2-28　显示/隐藏预览窗格

2．资源管理器的操作

（1）切换当前文件夹。文件夹同窗口一样，某一时刻只能操作一个文件夹，当利用资源管理器来进行文件及文件夹的管理时，经常需要在不同文件夹间进行切换。有以下几种方法可以完成文件夹的切换。

● 单击欲进入的文件夹。

● 使用按钮。

　　：退回以前访问过的文件夹。直接单击此按钮则后退回刚访问过的文件夹，若展开其下拉列表，则可直接退回之前访问过的任一文件夹。

　　：和上一个按钮相反，进入退回过的任一文件夹。

● 在地址栏输入文件夹的路径，相对路径和绝对路径都行。

注意：Windows 7 资源管理器的地址栏中为每一级目录都提供了下拉菜单小箭头，单击这些小箭头可以快速查看和选择指定目录中的其他文件夹，非常方便快捷。

如果想要查看和复制当前的文件路径，只要在地址栏空白处单击，即可让地址栏以传统的方式显示文件路径。

（2）收藏夹。通过"收藏夹"可以迅速看到"下载、桌面、最近访问的位置"这三项信息，其中"最近访问的位置"非常有用，可以轻松跳转到最近访问的文件和文件夹位置。

（3）库。库可以收集不同位置的文件，并将其显示为一个集合，而无需从其存储位置移动这些文件，只是一个指向。库中有 4 个默认库（文档、音乐、图片和视频），还可以新建库用于其他集合。骆小梅在 "演示文稿"库中添加了来自 D 盘和 E 盘不同位置的演示文稿，便于她使用，如图 2-29 所示。

（4）展开与折叠文件夹。在左边的窗格中，若驱动器或文件夹前面有"▷"号，表明该驱动器或文件夹有下一级子文件夹，单击此符号可展开其所包含的子文件夹，当展开驱动器或文件夹后，"▷"号会变成"◢"号，表明该驱动器或文件夹已展开，单击"◢"号，可折叠已展开的内容。例如，单击左边窗格中"计算机"前面的"▷"号，将显示"计算机"中所有的磁盘信息，选择某个磁盘前面的"▷"号，将显示该磁盘中所有的内容。

图 2-29 "演示文稿"库中包含来自不同位置的演示文稿

（5）设置文件夹的视图方式。文件夹的内容不仅显示其中的文件和文件夹的名称，还可以显示出文件或文件夹的其他属性。通过"查看"菜单中的"排序方式"可以改变文件或文件夹的先后次序，还可以通过"查看"菜单来进行视图模式的切换。Windows 7 共有 5 组 8 种视图模式，如图 2-30 所示。

图 2-30　视图选项

- 超大图标、大图标、中等图标和小图标。该组视图由大到小显示文件或文件夹。超大图标、大图标、中等图标将文件夹所包含的图像显示在文件夹图标上，因而可以快速识别该文件夹的内容。默认情况下，Windows 7 在一个文件夹背景中最多显示两张图像，而小图标模式不显示文件夹内容的缩略图。

- 列表。该视图以文件或文件夹名列表显示文件夹的内容，其内容前面为小图标。在这种视图中可以分类文件和文件夹，但是无法按组排列文件。

- 详细信息。该视图会列出已打开文件夹的内容并提供有关文件的详细信息，包括文件名、类型、大小和修改日期。在"详细信息"视图中，也可以按组排列文件。

- 平铺。该视图以图标显示文件和文件夹。这种图标比"小图标"视图中的图标要大，并且将所选的分类信息显示在文件或文件夹名下方。

- 内容。该视图将文件夹所包含的图像显示在文件夹图标上，并显示修改文件或文件夹的日期和时间。

（6）设置文件夹选项。文件和文件夹是资源管理器管理的重要内容，通过修改"文件夹选项"中的相关设置，可以使系统对文件及文件夹的管理更全面、更方便。系统提供的"文件夹选项"对话框，是设置文件夹的常规及显示方面的属性，设置文件或文件夹搜索内容及方式等的窗口。

在资源管理器中，选择菜单"工具"→"文件夹选项"命令，就可打开"文件夹选项"

对话框。该对话框中有"常规""查看"和"搜索"三个选项卡，其中"查看"选项卡中的设置对资源管理器的操作内容影响最为显著。

1）"常规"选项卡。该选项卡用来设置资源管理器的基本操作方式，可设置文件夹显示的视图方式、浏览方式、项目的打开方式。单击"还原为默认值"按钮，可以将这些项目还原为系统默认的方式。

2）"查看"选项卡。该选项卡用来设置文件夹的显示方式，如图 2-31 所示。

该选项卡中，经常会设置"高级设置"中以下几个选项。

● 使用共享向导。启用这个选项，可以简化局域网中计算机间的文件资源共享设置。

● 隐藏受保护的操作系统文件。其目的同上。系统中还有一些系统文件不在系统文件夹中，比如 C 盘的根文件夹中就有一些，如"C:\boot.ini""c:\ntldr"等，当停用该选项时，系统给出如图 2-32 所示的安全警告。

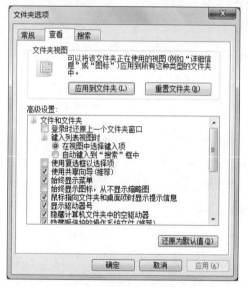

图 2-31 "文件夹选项的查看"对话框

图 2-32 安全警告

● 隐藏文件和文件夹。如果选择了"显示隐藏的文件、文件夹和驱动器"，那么就会显示出文件夹内的所有内容，否则如果有隐藏属性的文件或文件夹就不显示。

● 隐藏已知文件类型的扩展名。启用此选项时，系统中许多文件的扩展名就不会显示出来，如扩展名为".exe"".txt"".sys"等的文件。不显示文件的扩展名，文件夹内容的列表就清晰些，但用户就不太容易辨别文件的类型。

在完成"高级设置"的相关设置后，还可以单击"文件夹视图"选项组中的"应用到文件夹"按钮，可将当前文件夹的视图设置应用到所有文件夹中；单击"重置文件夹"按钮可将所有文件夹还原为默认视图设置。

如果对所进行的设置项不够明确，或希望将文件夹选项的设置恢复到系统的初始状态，单击"还原为默认值"按钮即可达到此目的。

3）"搜索"选项卡。该选项卡用来设置搜索内容、搜索方式等选项，如图 2-33 所示。

文件及文件夹的管理是操作计算机的一项重要内容，一般通过资源管理器来进行。

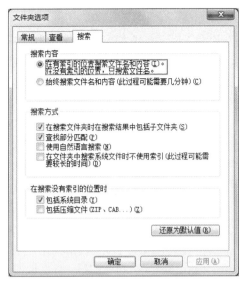

图 2-33 "文件夹选项的搜索"对话框

（7）文件或文件夹属性的修改。文件和文件夹的属性记录了文件和文件夹的重要信息。它是系统区别文件和文件夹的标志，也是计算机进行查找的依据。在 Windows 7 中，用户可以查看文件和文件夹的属性，也可以对它进行设定和修改。

选定相应的文件或文件夹后，通过"文件"菜单或右键菜单中的"属性"选项，就可打开其属性对话框。

"常规"选项卡。可以了解文件或文件夹的类型、位置、大小、创建时间等信息，还可以修改其属性，例如只读、隐藏（系统中的核心文件或文件夹还具有"系统"属性），如图 2-34 所示。

"共享"选项卡。可以设置其局域网中的共享及本机用户间的共享及其权限，如图 2-35 所示（只有文件夹才能进行此设置）。

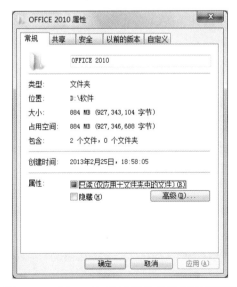

图 2-34 "OFFICE 2010 属性的常规"对话框

图 2-35 "OFFICE 2010 属性的共享"对话框

- "安全"选项卡。设置文件或文件夹的权限。
- "以前的版本"选项卡。以前版本或者是由 Windows 备份创建的文件和文件夹的副本，或者是 Windows 作为还原点的一部分自动保存的文件和文件夹的副本。可以使用以前版本还原意外修改、删除或损坏的文件或文件夹。根据文件或文件夹的类型，可以打开、保存到其他位置，或者还原以前版本。
- "自定义"选项卡：可以设置具有个性化的显示特性，如图标、文件夹分类等。

（8）文件或文件夹的选定。对象的选定是 Windows 中所有操作的前提，单个文件或文件夹的选定只需单击对应的文件或文件夹的图标即可。同时选定多个文件则分以下几种情形。

1）不连续多文件或文件夹的选定。按住 Ctrl 键，然后单击欲选定的文件或文件夹。如需去掉某一文件或文件夹的选定，只需再次单击相应的文件或文件夹即可。

2）连续多个文件或文件夹的选定。单击位置最靠前的文件或文件夹，然后按住 Shift 键，再单击位置最末的文件或文件夹；也可用鼠标去框选相应的文件区域（就是用鼠标拖动去框选文件所在的区域）。还可以使用键盘来实现：选定第一个文件或文件夹之后，按住 Shift 键，再按键盘上的光标键，这样也比较方便。

3）全部选定。通过"编辑"菜单中的"全部选定"命令，也可用组合键 Ctrl+A 来实现。

（9）文件或文件夹的建立与重命名。

1）文件或文件夹的建立。在资源管理器右边窗格的空白区域右击，在弹出的菜单中选择"新建"命令，再选择"文件夹"或要建立的文件类型，接着输入文件或文件夹的名称，最后按回车键（也可单击一下别的区域）。也可通过菜单操作完成，选择菜单"文件"→"新建"命令，后续操作同前。

2）文件或文件夹的重命名。先选定欲重命名的文件或文件夹，选择其右键菜单或"文件"菜单中的"重命名"命令，输入文件名之后，按回车键（也可单击一下别的区域）。如果重命名时，改变了文件的扩展名，系统会给出警告对话框："如果更改文件扩展名，文件可能无法正常使用"。

（10）文件或文件夹的移动与复制。在计算机使用过程中，时常需要将文件或文件夹从一个位置移动到另一个位置。为了防止硬盘里的文件意外丢失，需要将重要的文件或文件夹复制到其他存储介质上作备份。虽然移动与复制是两种不同结果的操作，但其操作过程十分相似。

1）文件或文件夹的移动。

a. 使用鼠标的拖动操作。先选定欲移动的文件或文件夹，如果目标文件夹也在同一磁盘中，则将其拖动到对应的文件夹中即可，否则应在放开鼠标前按下 Shift 键。

b. 使用鼠标的右键拖动。先选定欲移动的文件或文件夹，按下鼠标右键拖动到目标文件夹上，放开鼠标时，在弹出的菜单中选择"移动到当前位置"命令。

c. 使用菜单操作。先选定欲移动的文件或文件夹，然后执行"编辑"菜单或右键菜单中的"剪切"命令（也可按组合键 Ctrl+X），最后进入目标文件夹中，执行"编辑"菜单或右键菜单中的"粘贴"命令（也可按组合键 Ctrl+V），就将选定的文件或文件夹移动到目标文件夹中了。剪切后只能进行一次粘贴，如果未进行粘贴操作，则对文件不产生任何影响。

2）文件或文件夹的复制

a. 使用鼠标的拖动操作。先选定欲移动的文件或文件夹，如果目标文件夹在同一磁盘中，则将其拖动到对应的文件夹中即可，否则应在放开鼠标前按下 Ctrl 键。

b．使用鼠标的右键拖动。先选定欲移动的文件或文件夹，按下鼠标右键拖动到目标文件夹上，放开鼠标时，在弹出的菜单中选择"复制到当前位置"命令。

c．使用菜单操作：先选定欲移动的文件或文件夹，然后执行"编辑"菜单或右键菜单中的"复制"命令（也可按组合键 Ctrl+C），将复制的文件或文件夹复制一份放入"剪贴板"中，最后进入目标文件夹中，执行"编辑"菜单或右键菜单中的"粘贴"命令（也可按组合键 Ctrl+V），也就是将"剪贴板"中的文件或文件夹复制一份到目标文件夹中。

所谓"剪贴板"，本质上讲，"剪贴板"是由操作系统统一管理的一块临时内存存储区，它用于暂时存放在应用程序内部、应用程序之间欲交换的数据。剪贴板就像传说中的聚宝盆，一旦放入数据之后，就可以无限次数地从中取出同样的数据来。

（11）文件或文件夹的查找。Windows 7 提供了全面而强大的文件查找功能。通过"开始"菜单中"搜索框"选项，也可以通过"计算机"或"资源管理器"中工具栏上的"搜索框"来调用其文件搜索功能，如图 2-36 所示。两处搜索框的区别是，"开始"菜单中"搜索框"搜索的范围是计算机中整个硬盘，而"资源管理器"中的"搜索框"针对的范围是当前文件夹窗口。

图 2-36　文件搜索窗口

在"搜索框"中可以使用两个十分重要的西文字符"*"与"？"。这两个符号被称为"通配符"，因为它们可以代替其他任何字符。其中"*"可以代替字符串，"？"则只能代替一个字符。使用通配符查找很方便，只需记得文件名的一部分，甚至只记得文件内容中所包含的几个字符，就可以快速找到目标文件。

例如，要在"C:\WINDOWS"中查找文件主名中以"log"结尾的纯文本文件。首先，在左窗格依次单击"C:"→"WINDOWS"文件夹，在搜索窗口中输入"*log.txt"，其结果如图 2-36 所示。

不仅如此，搜索功能还通过其"添加搜索筛选器"提供了更具体的搜索条件，包括被搜索对象的种类、修改日期、类型和名称，如图 2-37 所示。并且搜索的对象也不仅限于文件或文件夹，可以是计算机、用户，还可以进一步延伸到互联网上的信息检索。

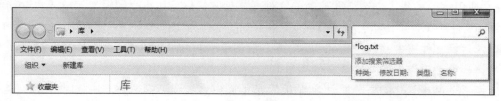

图 2-37　添加搜索筛选器

（12）快捷方式的建立。文件或文件夹分布在磁盘的各处，不方便快速地使用它。Windows 能够建立一个指向某一对象的连接，通过这个连接就能使用相应的对象，这种连接称为该对象的快捷方式。快捷方式可以放置在各个位置，如桌面、"开始"菜单或特定文件夹中。

有两种方法可创建对象的快捷方式，下面以实例来说明其创建过程。例如，为了快速调用"画图"程序，可以在桌面上创建"画图"程序的快捷方式，其操作如下：

1）使用对象的快捷菜单。

a. 在资源管理器中，打开"C:\WINDOWS\system32"文件夹。

b. 选中画图程序（mspaint.exe），并右击，弹出快捷菜单。

c. 选择"发送到"菜单项，在子菜单中选择"桌面快捷方式.DeskLink"命令，随即在桌面上出现相应画图程序的快捷方式。

2）使用"快捷方式向导"。

a. 在桌面的空白区域，右击，选择"新建"→"快捷方式"命令，弹出"快捷方式向导"，跟据向导完成后续设置。

b. 单击"浏览"按钮，选定"C:\WINDOWS \system32\mspaint.exe"。

c. 输入快捷方式的名，也可采用默认的快捷方式名。

快捷方式不是该对象自己，也不是对象的副本，而是一个指针。对快捷方式的删除、移动或重命名均不会影响原有的对象。

熟练掌握这些知识后，骆小梅选定所有 Word 文档，把它们移到"Word 文档"文件夹中，用同样方法把相关文件移动到"Excel 文档"和"公司图库"文件夹中。并非常娴熟地将客户部重要资料复制到了配备的 U 盘中，完成了文档的备份。

任务 3　删除文档

因为日积月累，骆小梅发现 D 盘所占空间非常大。除了重要文件以外，里面有大量已过期的文档，她准备删除这些多余的文档以释放更多的 D 盘空间，获得更多的存储空间。具体步骤如下：

先选定欲删除的文件或文件夹，然后按 Del 键（也可选择右键菜单或"文件"菜单中的"删除"命令），此时系统会给出一个警告对话框，确认就将选定的文件或文件夹删除，此时删除的文件被移入回收站中，并且还可以还原回来。如果不希望被删除的文件或文件夹进入回收站，先按住 Shift 键，再按 Del 键，后续操作同前。

项目三　管理系统资源

【情境】

因为酒店工作需要又招了一名办公室文员小刘，新配置的计算机需要添加小刘的管理账户。此台计算机已经连入网络再加上大家频繁使用 U 盘，因此需要添加杀毒软件确保计算机系统的安全；同时新配置的计算机将用作网站服务器，小刘负责把 IIS 组件添加到计算机上，并为新配置的计算机添加打印机。

任务1　管理账户

小刘通过控制面板进入"用户账户"。什么是控制面板，控制面板的作用是什么呢？

"控制面板"提供丰富的专门用于更改 Windows 的外观和行为方式的工具。一些工具可调整计算机设置，从而使得操作计算机更具趣味性，另一些工具可以将 Windows 设置得更容易使用。

在 Windows 7 要打开"控制面板"窗口，单击"开始"按钮，然后单击右窗格中的"控制面板"按钮，或者双击桌面上的"控制面板"图标打开"控制面板"窗口。"控制面板"的查看方式有类别、大图标和小图标，如图 2-38 所示。

图 2-38　Windows 7 的"控制面板"窗口

首次打开"控制面板"窗口时，将看到"控制面板"中最常用的项，这些项目按照分类进行组织。要在"类别"视图下查看"控制面板"中某一项目的详细信息，可以将鼠标指针放在该图标或类别名称上面，系统就会显示项目的解释文本。要打开某个项目，双击该项目图标或类别名即可。

用户账户定义了用户可以在计算机中执行的操作，Windows 7 是一个多用户操作系统，可以管理多个账户，Windows 7 操作系统提高了账户的安全性；同时又结合了 Windows 9X 的用户管理方式，降低了账户管理的复杂性；还提供了多种登录方式，具备了使用的灵活性。

1. 用户账户的类别

作为工作组成员的计算机或者独立计算机上的用户账户，可以分为 3 类：标准账户、管理员账户和来宾账户。

（1）标准账户。通过标准账户可以使用计算机的大多数功能，可以更改影响用户账户的设置。但无法安装或卸载某些软件和硬件，无法删除计算机工作所不需的文件，也无法更改影响计算机的其他用户或安全的设置。如果是标准账户，系统可能会提示先提供管理员密码，然后才能执行某些任务。

（2）管理员账户。计算机管理员账户是专门为可以对计算机进行全系统更改、安装程序和访问计算机上所有文件的人而设置的。计算机上总是至少有一个人拥有计算机管理员账户。只有拥有计算机管理员账户的人才拥有对计算机上其他用户账户的完全访问权。

（3）来宾账户。来宾账户主要针对需要临时使用计算机的用户。

（4）组。组是用户、计算机、联系人和其他组的集合，通过组可以简化对用户的管理及授权。一般一个用户应属于某些组中，但也可不属于任一个组。

2. 用户账户的管理

安装 Windows 7 系统时，系统自动创建了两个账户：

（1）Administrator（系统管理员）：具有系统中最高的权限，利用该账户登录可以完成系统几乎所有的操作，甚至可以创建、删除其他的账户。

当以 Administrator 账户登录系统后，就可通过它进行用户账户管理了。通过"控制面板"中的"用户账户"，在打开的窗口中选择 Administrator 用户，就可以打开如图 2-39 所示的窗口，完成本账户的属性设置，还可以通过"更改用户账户"来完成其他的用户管理。

图 2-39　用户账户管理

（2）Guest（来宾账户）：该账户具有开放本机网络共享的作用。当禁用该账户时，本机的资源无法与网络中的其他计算机实现共享。

在 Windows 7 系统中还可创建标准账户。

任务 2 添加应用程序

360 安全卫士是上网安全辅助软件。拥有木马查杀、恶意软件清理、漏洞补丁修复、电脑全面体检、垃圾和痕迹清理等多种功能。由于永久免费，使用方便，用户评价好，大多数中国网民已安装了360。添加此应用程序的步骤如下：

（1）获取 360 安全卫士的安装软件。上网后可从很多家网站下载此免费软件，如 2-40 所示。

图 2-40 下载 360 安全卫士软件的界面

（2）运行 360 安全卫士安装程序，如图 2-41 所示。

图 2-41 360 安全卫士安装界面

（3）单击"立即安装"按钮进入安装状态直到程序安装完成。

任务 3 卸载或更改程序

在 Windows 操作系统中，一个应用软件很少只由一个文件组成，并且相关的文件并不一定是集中存储硬盘上的某个文件夹中的，通常是分布在多个文件夹中。为了方便应用软件的安装与卸装，应用软件一般都自带了相应的安装程序（其名常用 setup.exe 或 install.exe）和卸载程序（其名常用 uninstall.exe）。正常情况下，安装程序负责将应用程序所需文件分发到相应的文件夹中，并修改系统相关的注册信息（文件关联、注册表），而卸载程序则负责将本程序的文件从硬盘上删除，并将相应的注册信息删除。

当应用软件对应的卸载程序发生故障时，就不能正常卸载了，还有一些软件本身就没有设计软件的卸载功能。为了解决软件在安装与卸载中遇到的各种问题，Windows 系统设计了"卸载或更改程序"，通过这个功能基本可以完成应用软件的卸载和系统自身某些功能的添加与删除。

通过"控制面板"→"程序和功能"可以打开"卸载或更改程序"窗口，如图 2-42 所示。

1. 删除程序

选定某个软件，单击"卸载"按钮，就可删除相应的软件，如图 2-42 所示。另外还可以更改或修复程序。

2. 添加/删除 Windows 组件 IIS

IIS 组件是 Windows 组件中的一部分，但是安装 Windows 7 系统的时候它不会默认一起安装，需要我们另外进行安装工作。

安装 IIS 组件后，本地计算机可以作为网站服务器来使用，可以让互联网上的网友看见自己创建在本地计算机上的网站。添加步骤如下：

（1）通过"控制面板"→"程序和功能"→"打开或关闭 Windows 功能"，打开"Windows 功能"对话框，如图 2-43 所示。

图 2-42　"卸载或更改程序"窗口　　　　　图 2-43　"Windows 功能"对话框

（2）在"Internet 信息服务"前面的复选框中标记"√"，单击"确定"按钮，弹出如图 2-44 所示的对话框，过几分钟即可安装好 IIS。

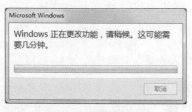

图 2-44　安装 IIS 界面

从计算机中删除 IIS 组件的步骤：

去掉图 2-43 中"Internet 信息服务"前面复选框中的标记"√"，单击"确定"按钮，即可完成删除 IIS，但需重新启动系统才能生效。

任务4 安装设备和打印机

当为计算机添加新的硬件时，不仅要将硬件物理连接到计算机上，还需要安装相应的硬件设备驱动程序。一般硬件厂商都提供相应的设备驱动程序，并附在相应的硬件包装里。多数情况下，设备驱动程序附带有安装程序，可直接安装。当设备驱动程序不能直接安装时，就需要使用"设备和打印机"向导。

小刘把打印机和计算机连接好后，单击"控制面板"中的"设备和打印机"，弹出"添加设备/添加打印机"窗口，单击"添加打印机"按钮。弹出"添加打印机"向导，该向导会按以下步骤完成硬件驱动的安装：

（1）检测系统硬件，列出已安装的硬件列表，如图 2-45 所示。

图 2-45 "添加打印机"对话框

（2）从列表中选择需安装驱动和硬件项，按向导指示继续安装。

（3）将相应的驱动程序存储介质安放入相应的存取设备上，系统会自动查找这个硬件的驱动程序，如果找到就可自动完成安装了。

（4）不少硬件设备要求安装完设备驱动程序后，重新启动后生效。

注意： 对计算机系统资源的管理还包括系统配置实用程序、计算机管理以及文件或文件夹的备份。

1. 系统配置实用程序

单击"开始"菜单，选择"附件"→"运行"命令，在"运行"对话框输入"MSCONFIG"，单击"确定"按钮后，就能打开如图 2-46 所示的"系统配置"实用程序对话框。

在此对话框中，可以选择系统的启动方式，当出现系统故障时，能够更好地进行系统的恢复。

在如图 2-47 所示的"引导"选项卡中，可以检查系统的启动路径，当安装的多个操作系统出现混乱时，能够较好地进行纠正与修复。对于每一个可启动的系统来讲，可以进一步控制其启动方式。

在这个实用程序中，还可以通过其"服务"选项卡禁用某些非关键性服务；通过"启动"选项卡可以停止某些应用程序随系统启动而自动运行的设置。

图 2-46　"系统配置"实用程序对话框　　　　图 2-47　"引导"选项卡

2．计算机管理

"计算机管理"是管理工具集，可以用于管理本机或远程计算机。它将几个管理实用程序合并到控制台树，并提供对管理属性和工具的快捷访问。可以使用"计算机管理"做下列操作：

- 监视系统事件，如登录时间和应用程序错误。
- 创建和管理共享资源。
- 启动和停止系统服务，如"任务计划"和"索引服务"。
- 设置存储设备的属性。
- 查看设备的配置以及添加新的设备驱动程序。
- 管理应用程序和服务。

要运行"计算机管理"，可单击"开始"按钮，选择"控制面板"→"管理工具"→"计算机管理"命令。在"计算机管理"窗口中，主要有系统工具、存储、服务和应用程序 3 种功能，其中"存储"下的"磁盘管理"功能如下：

"磁盘管理"管理单元是用于管理各自所包含的硬磁盘和卷，或者分区的系统实用程序。利用"磁盘管理"，可以初始化磁盘、创建卷、格式化卷以及创建具有容错能力的磁盘系统。

"磁盘管理"可以执行多数与磁盘有关的任务，而不需要关闭系统或中断用户，大多数配置更改将立即生效。"磁盘管理"的操作窗口如图 2-48 所示。

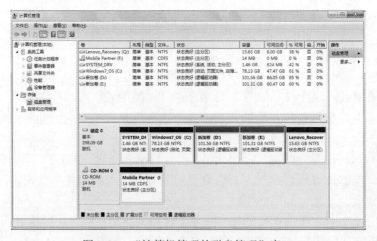

图 2-48　"计算机管理的磁盘管理"窗口

在此窗口中，可以查看每个物理盘的属性及每个磁盘分区的容量、分区格式等信息。在可用空间中创建新的分区，也可删除已建立的分区，还能使用 FAT、FAT32 或 NTFS 文件系统格式化分区。还能为移动存储卷指定逻辑驱动器符，解决因逻辑驱动器符冲突所导致的无法访问等故障。

3. 文件及文件夹的备份

为了预防因计算机系统遭受硬件或存储介质故障而导致数据遭受意外的损失，Windows 7 系统提供了文件或文件夹的备份功能。"备份"就是创建硬盘中数据的副本，然后将数据存储到其他存储设备中。当硬盘上的原始数据被意外删除或覆盖，或因为硬盘故障而不能访问该数据，那么就可以从存档副本中还原该数据。

"备份"可创建数据的卷影子副本以创建硬盘内容的准确时间点副本，包括任何打开的并由系统使用的文件。用户可以在备份工具运行时继续访问系统而不会损坏数据。

要进行文件及文件夹的"备份"，单击"开始"按钮，选择"控制面板"→"备份和还原"→"设置备份"命令。随即打开"备份或还原文件"向导，如图 2-49 所示。通过该向导的指示就可以方便地完成文件及文件夹的备份及恢复。

图 2-49　"备份或还原文件"向导

项目四　优化存储空间

【情境】

工作半年后，骆小梅发现计算机的运行速度很慢，查看 C 盘（系统盘）的属性后她发现 C 盘剩余空间十分小，因此她准备将 C 盘进行磁盘清理和碎片整理以释放更大空间来提高系统运行的速度。同时，公司也配备了一个 300G 的移动硬盘给她，供重要文档备份存储。使用前她对移动硬盘进行了分区及格式化，准备分区存储不同类型的文档以便于文件的查找。

任务 1　查看磁盘使用状况

因为计算机速度很慢，严重影响了客房部的工作，骆小梅首先对计算机系统盘的属性进行了查看，步骤如下：

（1）双击"计算机"图标，打开"计算机"对话框。

（2）右击要查看属性的磁盘图标，在弹出的快捷菜单中选择"属性"命令。

（3）在打开磁盘的"属性"对话框中，出现"常规"选项卡，如图 2-50 所示。

磁盘的属性通常包括磁盘的类型、文件系统、空间大小、卷标信息等常规信息，以及磁盘的查错、碎片整理等处理程序和磁盘的硬件信息等。

1．"常规"选项卡

磁盘的常规属性包括磁盘的类型、文件系统、空间大小、卷标信息等，查看磁盘的常规属性可执行以下操作：

在该选项卡中，可以在最上面的文本框中键入该磁盘的卷标；中部显示了该磁盘的类型、文件系统、打开方式、已用空间及可用空间等信息；下部显示了该磁盘的容量，并用饼图的形式显示了已用空间和可用空间的比例信息。

C 盘可用空间的容量过小，骆小梅单击"磁盘清理"按钮，启动了磁盘清理程序。磁盘清理就是将不再需要的文件空间回收，如清空回收站里的文件，删除上网时磁盘中暂存的一些网页、图片、音视频文件。对系统盘来讲还可释放一些系统安装过程中所占用的磁盘空间，如图 2-51 所示。

图 2-50 磁盘的"属性"对话框

图 2-51 "磁盘清理"对话框

2．"工具"选项卡

该选项卡中设置了 3 个功能按钮，可以分别调用磁盘的实用工具程序。

（1）查错：通过它可以修复文件系统，还可检查回收磁盘上的坏扇区。

（2）磁盘碎片整理：后续章节介绍。

（3）备份：通过它可以将系统的一些用户文件备份到其他存储设置，便于需要时进行还原。

3．"硬件"选项卡

通过该选项卡，可以查看磁盘的驱动器厂家名，还可通过其"属性"按钮打开的磁盘驱动器对话框来了解磁盘驱动器的情况，还可以启用其磁盘缓存功能来提高磁盘的性能。

4. "共享"选项卡

通过该选项卡，可以对该逻辑盘进行共享设置，其过程与设置文件夹的共享相同。

除此之外，还有"安全""以前的版本"和"配额"3个不常用的选项卡。

任务 2 硬盘碎片整理

在计算机使用过程中，不断进行着文件的创建、修改、删除等操作，由于文件的大小有差异，磁盘（尤其是硬盘）经过长时间的使用后，会出现很多零碎的存储空间，一个文件可能会被分别存放在不同的磁盘空间中，这样在访问该文件时系统就需要到不同的磁盘空间中去寻找该文件的不同部分，从而影响了文件存取的速度。

Windows 7 的磁盘碎片整理程序可以重新安排文件在磁盘中的存储位置，将同一文件的存储位置整理到连续的存储位置，同时也可将可用存储空间合并在连续位置，通过提高系统存取文件的效率，从而实现提高系统运行速度的目的。

磁盘碎片整理程序可以分析本地卷和合并碎片文件或文件夹，以便每个文件或文件夹都可以占用卷上单独而连续的磁盘空间。通过合并文件或文件夹，磁盘碎片整理程序还将合并卷上的可用空间，以减少新文件出现碎片的可能性。合并文件或文件夹碎片的过程称为碎片整理。

利用磁盘碎片整理程序进行磁盘碎片整理的具体操作如下：

（1）单击"开始"按钮，通过"开始"菜单，选择"所有程序"→"附件"→"系统工具"→"磁盘碎片整理程序"命令，打开"磁盘碎片整理程序"窗口，如图 2-52 所示。

图 2-52 "磁盘碎片整理程序"窗口

（2）选择分区。进入 Windows 7 系统的磁盘碎片整理程序后，在"当前状态"下能看到当前可以进行碎片整理的磁盘分区。如果插有 U 盘，还可以对 U 盘进行碎片检查和整理。

（3）分析磁盘和磁盘碎片整理。可以选择单个分区进行磁盘碎片整理，整理之前可以先单击"分析磁盘"按钮。Windows 7 完成磁盘分析后，可以在"上一次运行时间"列中看到磁盘上碎片的百分比，如果数字高于 10%，则应该对磁盘进行碎片整理。如果系统提示输入管理员密码，则还需要键入密码确认。

Windows 7 系统还支持多个分区同时进行碎片检查和整理，只需点选多个分区，然后单击"分析磁盘"或者"磁盘碎片整理"按钮，所选分区即可同时进行磁盘碎片检查和整理，并可以清楚地看到进度百分比显示，如图 2-53 所示，碎片整理过程中仍然可以使用计算机。

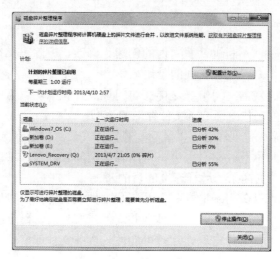

图 2-53　磁盘碎片整理的进度

注意：如果磁盘已经由其他程序独占使用，或者磁盘使用 NTFS 文件系统、FAT 或 FAT32 之外的文件系统格式化，则无法对该磁盘进行碎片整理。

根据磁盘碎片的严重程度不同，不同分区碎片整理的时间也不相同，和其他 Windows 系统相比，Windows 7 系统的碎片检查和整理速度都快很多。

（4）设置 Windows 7 系统磁盘碎片整理配置计划。Windows 7 系统中不但可以对磁盘碎片整理程序进行手动选择、分析和整理，也可以单击"配置计划"按钮，设定磁盘碎片整理的频率、日期、时间、具体磁盘分区等，设置好之后 Windows 7 系统就会按照配置计划按时自动运行磁盘碎片整理，如图 2-54 所示。

图 2-54　磁盘碎片整理程序计划配置

进行了这一系列的操作后，骆小梅再次查看 C 盘属性时，发现已经释放出 2GB 的磁盘空间，计算机速度也明显加快。

任务 3   对移动硬盘（U 盘）分区与格式化

使用移动硬盘之前，骆小梅准备将移动硬盘分成两个区，并进行格式化，以供备份重要资料使用。

1．移动硬盘（U 盘）分区

在此先介绍一下磁盘分区的概念，磁盘分区包括主磁盘分区、扩展磁盘分区、逻辑分区。它们之间的关系如图 2-55 所示。

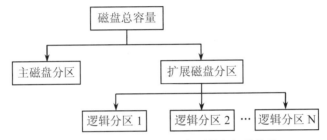

图 2-55   磁盘分区、扩展与逻辑之间的关系

（1）进入步骤："计算机"→"属性"→"管理"→"计算机管理"，如图 2-56 所示。

（2）在打开的"计算机管理"窗口中选择"磁盘管理"，如图 2-57 所示。

图 2-56   进入"计算机管理"的步骤　　　图 2-57　"计算机管理"窗口

（3）全新磁盘会跳出一个"初始化磁盘"的窗口，在磁盘 1 前的小框上打勾确认完成就行了。

（4）这时骆小梅看到一个 300G 的"磁盘 1"（未指派），即还没分区的硬盘，如图 2-58 所示。

图 2-58   移动硬盘基本信息

（5）在未指派的磁盘示意图上右击，选择"新建磁盘分区"命令，在弹出的窗口中单击"下一步"按钮，如图 2-59、2-60 所示。

图 2-59　新建磁盘分区步骤 1

（6）在"新建磁盘分区向导"第三步的图中选择"主磁盘分区"，单击"下一步"按钮，如图 2-61 所示。

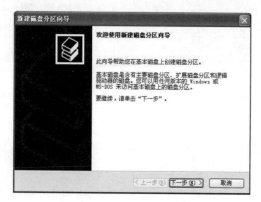

图 2-60　新建磁盘分区步骤 2

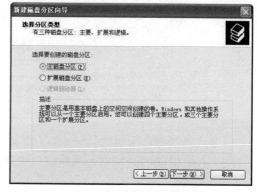

图 2-61　新建磁盘分区步骤 3

（7）主磁盘分区多大（也就是移动硬盘第一个分区多大），这个是可以任意指定的，如果骆小梅只准备把 300G 硬盘分一个区，那就把全部容量指定为主磁盘分区即可。骆小梅这里准备平分两个区，第一个区就分总容量一半（150000MB）左右了。单击"下一步"按钮，如图 2-62 所示。

（8）第五步不需改动直接单击"下一步"按钮就行了（如果在这选择第三项"不指派驱动器号或驱动器路径"，结果区是分好了，就是在"计算机"里看不到盘符，还错误以为移动硬盘有问题），单击"下一步"按钮，如图 2-63 所示。

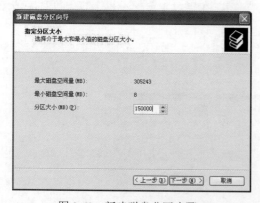

图 2-62　新建磁盘分区步骤 4

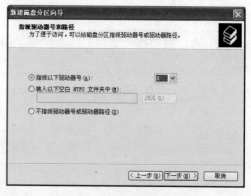

图 2-63　新建磁盘分区步骤 5

（9）"格式化分区"这步，可以选择 FAT32 或 NTFS 格式分区，但如果选择了 NTFS，Windows 98 和 Windows Me 的计算机是不支持的，就看不到移动硬盘；如果一个区容量大于32G，就只能选 NTFS 格式化。为尽快完成分区，建议选择"执行快速格式化"，不然要等较长时间，单击"下一步"按钮，如图 2-64 所示。

（10）确定完成，如图 2-65 所示。

图 2-64　新建磁盘分区步骤 6　　　　图 2-65　新建磁盘分区步骤 7

（11）格式化主分区，如图 2-66 所示。

图 2-66　格式化主分区

（12）主磁盘分区的格式化完成后，现在来分剩下的。在余下的黑条上右击，选择"新建磁盘分区"命令，如图 2-67 所示。

图 2-67　扩展分区步骤 1

（13）主磁盘分区刚才分过了，剩下的容量应该归扩展分区了，单击"下一步"按钮，如图 2-68 所示。

（14）这里不需要改动容量，因为除了已分掉的主磁盘分区，剩下的应该全归扩展分区。单击"下一步"按钮直到完成（扩展分区没有格式化），如图 2-69 所示。

（15）骆小梅看到扩展分区变成了绿条子，接着在扩展分区里来分逻辑分区。在扩展分区上右击，选择"新建逻辑驱动器"命令，如图 2-70 所示。

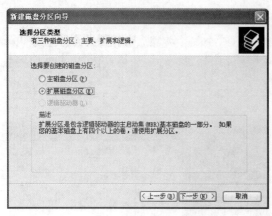

图 2-68　扩展分区步骤 2　　　　　　　　图 2-69　扩展分区步骤 3

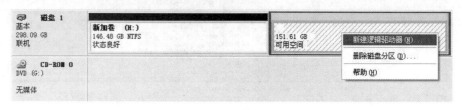

图 2-70　扩展分区步骤 4

（16）这里只能选择"逻辑驱动器"了。要把扩展分区的容量分几个逻辑分区，就重复这步建几次逻辑驱动器就行了。单击"下一步"按钮后跟前面介绍的基本磁盘分区一样格式化就可以了，如图 2-71 所示。

（17）逻辑驱动器是蓝颜色的条子，这是 300G 移动硬盘分成两个区后的样子。此时打开"计算机"就能看到盘符了，如图 2-72 所示。

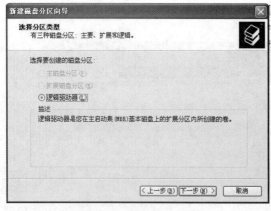

图 2-71　扩展分区步骤 5　　　　　　　　图 2-72　扩展分区步骤 6

2. 格式化硬（U）盘

磁盘的格式化就是在磁盘内进行存储介质的逻辑分割，形象描述就是以等间距同心圆划分磁道（硬盘则称为柱面），以等圆心角来划分扇区，并在其上作相应的位置标识，以便以后使用时存取信息。软盘的格式化可以直接进行（但应去除其写保护）。格式化硬盘又可分为高级格式化和低级格式化。高级格式化是指在操作系统下对硬盘的某一分区进行的格式化操作；低级格式化是指在对硬盘进行的分区之前进行的物理格式化（硬盘的低级格式化会影响硬盘的寿命，除非出现严重故障，否则原则上不进行低级格式化处理）。硬盘的格式化就是指硬盘的高级格式化。而 U 盘的格式化则是将存储芯片上的数据进行改写，其物理的实现过程与磁盘有区别，但其逻辑意义是相同的。

在 Windows 7 系统中，不论是 U 盘还是硬盘的格式化，其操作过程基本一致。下面合并介绍其具体操作步骤：

（1）打开 U 盘（软盘）的写保护，将 U 盘插入 USB 接口中（若为软盘则将其放入软盘驱动器中）。如果是硬盘则直接到第（2）步。

（2）单击"计算机"图标，打开"计算机"对话框。

（3）选择要进行格式化操作的磁盘，选择"文件"→"格式化"命令，或右击要进行格式化操作的磁盘，在打开的快捷菜单中选择"格式化"命令。

（4）打开"格式化"对话框，如图 2-73 所示的硬盘格式化对话框，如图 2-74 所示的 U 盘格式化对话框。

图 2-73　硬盘格式化对话框

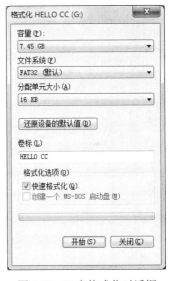

图 2-74　U 盘格式化对话框

对于小容量 U 盘，在此对话框中的参数项均使用其默认的设置，而大容量的 U 盘则可在"文件系统"中选择 FAT 或 FAT32 格式。对于硬盘，在"文件系统"下拉列表中可选择 NTFS 或 FAT32，若是选择 NTFS，可以设置"启用压缩"功能，启用压缩之后，能够存储更多的数据，但存取速度会降低，可以说是以时间换容量。

如果能够确认存储介质没有物理损坏，可以启用"快速格式化"选项，以缩短格式化的时间，并可减轻对磁盘的物理损耗。

（5）单击"开始"按钮，将弹出"格式化警告"对话框：格式化磁盘将删除磁盘上的所有信息。若确认要进行格式化，单击"确定"按钮即可开始进行格式化操作。在"格式化"对话框中的"进程"框中可看到格式化的进程。

（6）格式化完毕后，将出现"格式化完毕"对话框，单击"确定"按钮即可。

项目五　故障处理

【情境】

为了便于对新计算机进行管理，酒店对它的系统属性进行了登记，并修改了它的计算机名和工作组；几位办公室文员在工作中经常发现计算机会出现死机的情况，他们利用培训时所学的知识——任务管理器——来处理这种情况；但是死机次数频繁甚至进入不到系统，只有进入安全模式解决问题；为了避免将更多的时间花费在处理计算机故障上，他们还设置了系统还原点。

任务1　使用任务管理器查看运行情况

当按下组合键 Ctrl+Alt+Del 或 Ctrl+Shift+Esc 时，可以打开如图 2-75 所示的"Windows 任务管理器"窗口。

在此窗口中，可以查看计算机中应用程序的运行状况，可以选中某一项，单击"结束任务"按钮来强行关闭对应的应用程序，也可通过"新任务"按钮来启动某一应用程序。

在如图 2-76 所示的"进程"选项卡中，可以查看系统中的进程运行情况，通过观察对比，能够发现一些异常情况，比如一些木马程序、感染病毒的程序。对于异常的进程也可像结束应用程序一样关闭（一些系统自身的核心进程是不能结束的，否则会导致系统崩溃或重启，还有一些是无法关闭的）。

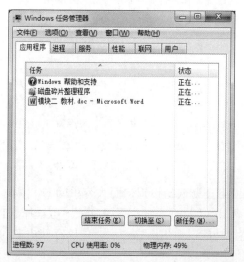

图 2-75　"Windows 任务管理器（应用程序）"窗口

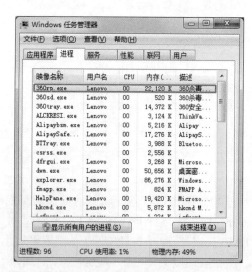

图 2-76　"Windows 任务管理器（进程）"窗口

通过任务管理器，不仅可以查看系统的运行情况，还能进行系统的关机、用户切换、重启动等操作。

任务2　查看和修改系统属性

利用"计算机"的属性打开如图 2-77 所示的"系统"窗口。在该窗口中，既可以查看计算机软、硬件信息，也可以完成一些管理操作。

（1）"查看有关计算机的基本信息"。

● Windows 版本：显示 Windows 版本。

● 系统：可以查看本机的软件的版本信息及主要的硬件性能指标参数，如 CPU 的主频、内存的容量等。

● 计算机名称、域和工作组设置：可以查看和修改计算机名及其所属的网络。

● Windows 激活：显示 Windows 是否激活和产品 ID。

（2）"设备管理器"选项卡：单击"设备管理器"按钮可打开如图 2-78 所示的"设备管理器"窗口。

图 2-77　"系统"窗口　　　　　　　　　　图 2-78　"设备管理器"窗口

在"设备管理器"窗口可以完成查看已安装的硬件设备及其工作状态，如列表中被禁用硬件的图标上有个红色的"×"（或硬件已被卸载）；未安装驱动程序的硬件前有个黄色的"？"；其他是已安装驱动的并能正常使用的硬件。还可以安装或更新相应设备的驱动程序。

（3）"远程设置"选项卡：可以设置"远程桌面"和"远程协助"。

（4）"系统保护"选项卡：可以使用此功能来撤消不需要的系统更改，还原以前版本。其中"系统还原"可以设置系统还原的开启与关闭，还可设置其还原范围。

（5）"高级系统设置"选项卡：可以设置系统相关的运行方式，如性能、用户配置、故障处理、运行环境等。

当修改系统属性时，要求当前用户具有"系统管理员"权限。

任务3　安全模式

一天，小王打开计算机后进入不了系统，反复几次都是如此。在这之前计算机感染了病毒，也用杀毒软件杀过毒，但当时发现有个顽固的病毒一直杀不了。最后他决定进入安全模式看看。他再一次启动计算机，BIOS 加载完之后，迅速按下 F8 键，出现"Windows 高级选项菜单"界面，如图 2-79 所示，他用方向键选择了"安全模式"。

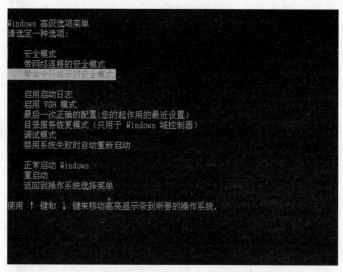

图 2-79   "Windows 高级选项菜单"界面

安全模式就是除了系统的自动程序，别的什么程序也不启动。安全模式是 Windows 操作系统中的一种特殊模式。在安全模式下用户可以轻松地修复系统的一些错误，起到非常好的效果。安全模式的工作原理是在不加载第三方设备驱动程序的情况下启动计算机，使计算机运行在系统最小模式，这样用户就可以方便地检测与修复计算机系统的错误。安全模式有以下的作用：

● 删除顽固软件或病毒木马。

● 解除组策略锁定。

● 解决驱动或软件导致的崩溃。

● 检测不兼容的硬件。

● 揪出恶意的自启动程序或服务。

进入安全模式后，小王启动杀毒软件，居然把以前不能杀掉的病毒给清除掉了。原来在 Windows 正常模式下有时候并不能干净彻底地清除病毒，这是因为它们极有可能会交叉感染，而一些杀毒程序又无法在 DOS 下运行。在安全模式下系统只加载最基本的驱动程序，这样杀起病毒来就更彻底、更干净了。

任务 4   设置系统还原点

"系统还原"是系统中的一个组件。利用该组件可以在计算机发生故障时恢复到以前的状态，而不会丢失用户的个人数据文件，如 Microsoft Word 文档、浏览器历史记录、绘图、收藏夹或者电子邮件等。"系统还原"可以监视系统以及某些应用程序文件的改变，并自动创建易于识别的还原点，也可以在任何时候创建并命名自己的还原点。通过还原点可以将系统恢复到以前的状态，并能够撤销系统当前的还原操作。因此，系统还原对计算机的任何改动都是可逆的。

在进行"系统还原"的操作前，必须在"系统属性"中开启系统还原功能。

要使用"系统还原"，可执行"开始"→"所有程序"→"附件"→"系统工具"→"系统还原"命令。随即出现"系统还原"向导，如图 2-80 所示。在该向导的指示下，可以方便地完成系统还原点的创建、还原、撤消还原操作。

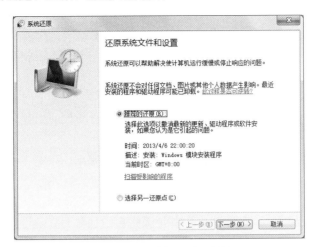

图 2-80　"系统还原"向导

在以前的 Windows 版本中使用系统还原具有很大的不确定性，根本无法告知系统去还原哪些应用程序。而 Windows 7 就不同了，右击"计算机"，选择"属性"→"系统保护"→"系统还原"，然后选择您想要的还原点，单击"扫描受影响的应用程序"，Windows 就会告知哪些应用程序将受到影响，通过选择还原点进行删除或者修复。

拓 展 知 识

1. 中文 Windows 7 的功能和特点

（1）中文 Windows 7 介绍。Windows 7 是由微软公司开发的具有革命性变化的操作系统。该系统旨在让人们的日常计算机操作更加简单和快捷，为人们提供高效易行的工作环境。2009 年 10 月 22 日微软公司于美国正式发布 Windows 7。Windows 7 包含 6 个版本，分别为 Windows 7 Starter（初级版）、Windows 7 Home Basic（家庭普通版）、Windows 7 Home Premium（家庭高级版）、Windows 7 Professional（专业版）、Windows 7 Enterprise（企业版）和 Windows 7 Ultimate（旗舰版）。

在这 6 个版本中，Windows 7 家庭高级版和 Windows 7 专业版是两大主力版本，前者面向家庭用户，后者针对商业用户。此外，32 位版本和 64 位版本没有外观或者功能上的区别，但 64 位版本支持 16GB（最高至 192GB）内存，而 32 位版本最大只能支持 4GB 内存。目前所有新的和较新的 CPU 都是 64 位兼容的，均可使用 64 位版本。

（2）中文 Windows 7 的功能和特点。Windows 7 是一个 32/64 位的多用户、多任务的图形化界面的微型机操作系统。它采用了 Windows NT6.1 的核心技术，该系统具有运行可靠、稳定而且速度快的特点，Windows 7 可供家庭及商业工作环境、笔记本电脑、平板电脑、多媒体中心等使用。在新的中文版 Windows 7 系统中增加了众多的新技术和新功能，使用户能轻松地在其环境下完成各种管理和操作。

Windows 7 的设计主要围绕 5 个重点——针对笔记本电脑的特有设计、基于应用服务的设计、用户的个性化、视听娱乐的优化、用户易用性的新引擎。

- 更易用。Windows 7 做了许多方便用户的设计，如快速最大化、窗口半屏显示、跳转列表，系统故障快速修复等，这些新功能令 Windows 7 成为最易用的 Windows 系统。

- 更快速。Windows 7 大幅缩减了 Windows 的启动时间，据实测，在 2008 年的中低端配置下运行，系统加载时间一般不超过 20 秒，这比 Windows Vista 的 40 余秒相比，是一个很大的进步。

- 更简单。Windows 7 将会让搜索和使用信息更加简单，包括本地、网络和互联网搜索功能，直观的用户体验将更加高级，还会整合自动化应用程序提交和交叉程序数据透明性。

- 更安全。Windows 7 包括了改进了的安全和功能合法性，还会把数据保护和管理扩展到外围设备。Windows 7 改进了基于角色的计算方案和用户账户管理，在数据保护和坚固协作的固有冲突之间搭建沟通桥梁，同时也会开启企业级的数据保护和权限许可。

- 更低的成本。Windows 7 可以帮助企业优化它们的桌面基础设施，具有无缝操作系统、应用程序和数据移植功能，并简化 PC 供应和升级，进一步朝着完整的应用程序更新和补丁方面努力。

- 更好的连接。Windows 7 进一步增强了移动工作能力，无论何时、何地、任何设备都能访问数据和应用程序，开启坚固的特别协作体验，无线连接、管理和安全功能会进一步扩展。这些令性能和当前功能以及新兴移动硬件得到优化，拓展了多设备同步、管理和数据保护功能。

2. 中文 Windows 7 的运行环境与安装

（1）Windows 7 的运行环境。由于 Windows 7 是一个 32/64 位的操作系统，其运行环境要求计算机硬件必须满足以下基本条件。

1）CPU：计算机使用时钟频率最低为 1GHz 32 位或 64 位处理器，推荐使用 2GHz 处理器。

2）内存：推荐使用 1G RAM 或更高。

3）硬盘：16GB 以上可用空间，推荐 40GB 的可用空间（实际需求会根据系统配置与选装的应用程序和功能有所不同）；主分区为 NTFS 格式。

4）显卡：推荐显卡支持 DirectX 9128M 及以上（开启 AERO 效果）。

5）显示器：要求分辨率在 1024×768 像素及以上（低于该分辨率则无法正常显示部分功能），或可支持触摸技术的显示设备。

6）光盘驱动器：CD-ROM、DVD R/RW 驱动器

7）其他：键盘和 Microsoft 鼠标或兼容的指针设备。

（2）Windows 7 的安装。根据计算机的现状及应用目标的不同，Windows 7 有多种安装模式：升级安装、全新安装、修复安装等。下面介绍全新安装模式的基本步骤：

1）进入 BIOS 设置程序，将 CD-ROM/DVD 设置为第一启动设备。

2）将 Windows 7 CD 插入 CD 或 DVD 驱动器，然后重新启动计算机。

3）看到 "Press any key to boot from CD" 消息后，按任意键从 Windows 7 CD 启动计算机。

4）在出现"安装程序正在启动"后，"要安装的语言"选择"中文（简体）"，"时间和货币格式"选择"中文（简体，中国）"，"键盘和输入方法"选择"中文（简体）-美式键盘"，单击"下一步"按钮，版本选择按照出厂随机系统版本的不同，此处可能略有不同，直接单

击"下一步"按钮即可。

5）阅读 "Microsoft 软件许可条款"。

6）按照屏幕上的说明创建分区，安装 Windows 7。

7）按照屏幕上的指示输入完成个人信息、产品序列号，设置时间，网络连接，管理员密码等项目，以完成 Windows 7 的安装。

3. 中文 Windows 7 的启动与退出

（1）Windows 7 的启动。一般情况下，应先打开外部设备电源，然后再打开计算机的电源，计算机就进入系统硬件自检，然后 Windows 7 就会以正常模式自行启动。如果是安装了多个操作系统或某些系统维护软件，就会出现一个系统选择菜单，要启动 Windows 7 就用光标键选择其中的 "Windows 7" 选项，并按下回车键。对于多账户的系统，系统将呈现用户登录界面，选择相应的用户名，并输入有效的密码后进入系统；对于只有一个账户的系统，输入有效密码后进入系统（若未设置密码则直接进入系统）。最后在显示器上出现 Windows 7 桌面。

在特殊情况下，可能要求系统以非正常模式启动。当系统硬件自检结束后，随即按下 F8 键，显示器上就会出现如图 2-81 所示的系统启动模式菜单，根据需要选择相应的系统启动模式。

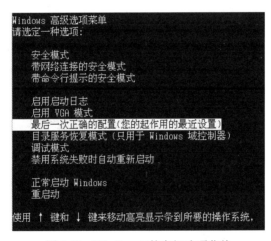

图 2-81　Windows 7 的高级选项菜单

（2）多用户间的切换。由于 Windows 7 是一个支持多用户的操作系统，各个用户可以进行个性化设置，并能实现私有信息的安全隔离而互不影响。为了便于以不同的用户快速登录来使用计算机，中文版 Windows 7 提供了注销的功能，该功能使用户不必重新启动计算机就可以实现不同的用户登录，还可以多个用户同时登录在一台计算机中（但某一时刻只能有一个用户与计算机进行的交互操作），这样既快捷方便，又减少了对硬件的损耗。

多用户间的切换是通过 Windows 7 的注销功能来实现的，其操作方式为：在"开始"菜单中"关机"按钮右侧下拉列表中分别单击"注销"按钮和"切换用户"按钮，会出现图 2-82 的画面，两者有区别，"切换用户"指在不注销当前登录用户的情况下而切换到另一个用户，当前用户正在执行的程序保持在后台运行状态，而当切换回该用户就可以继续原来的操作。"注销"将保存当前用户的设置，关闭当前登录用户所运行的所有程序。这两种切换方式都会转换到用户登录界面。

图 2-82　Windows 7 的注销和切换用户

（3）Windows 7 的退出。Windows 7 是一个采用虚拟存储技术的操作系统。采用虚拟存储技术的操作系统在运行过程中，会将一部分外存空间当作内存来使用，以便临时存储某些系统信息，以降低系统对实际物理内存的需求，当系统被正常关闭时，系统会自动回收相应的存储空间。因此，在关闭计算机时，应该按正常的方式退出 Windows 7，而不能直接关闭计算机的电源来瞬时停止计算机的运行，否则就可能会造成部分应用程序的数据丢失，导致外存里的数据遭受破坏，严重时可能会导致系统崩溃。

具体的操作过程如下：

1）关闭所有正在运行的应用程序及其使用的文件。

2）单击"开始"按钮，选择"关机"命令。

3）关闭计算机电源（多数情况下，系统会自动关闭计算机电源），然后关闭其他设备的电源。

图 2-83　Windows 7 的关闭

在"关机"按钮右侧的命令中有 4 个图标，如图 2-83 所示，代表不同的关闭方式。

● 睡眠：一种节能状态，当希望再次开始工作时，可使计算机快速恢复全功率工作（通常在几秒钟之内）。让计算机进入睡眠状态就像暂停 DVD 播放机一样，计算机会立即停止工作，并做好继续工作的准备。

● 休眠：一种主要为便携式计算机设计的电源节能状态。睡眠通常会将工作和设置保存在内存中并消耗少量的电量，而休眠则将打开的文档和程序保存到硬盘中，然后关闭计算机。在 Windows 使用的所有节能状态中，休眠使用的电量最少。对于便携式计算机，如果知道将有很长一段时间不使用它，并且在那段时间不可能给电池充电，则应使用休眠模式。

- 锁定：当离开计算机的时间短而又不想让别人碰计算机的时候就可以设置锁定，那么必须输入账户密码才可以进入系统，所以起到一定的防护作用，类似挂机功能。
- 重新启动：此选项将关闭系统运行，紧接着重新启动计算机。

除了使用"开始"菜单来关闭计算机之外，还可以重复使用 Alt+F4 组合键关闭所有的程序，直至出现"关闭计算机"的操作界面。也可以使用 Ctrl+Alt+Del 组合键或 Ctrl+Shift+Esc 组合键来打开"Windows 任务管理器"应用程序，选择其"关机"中的功能项来进行操作。

4. 中文 Windows 7 的窗口与对话框

在 Windows 7 中，所有操作都是在可视的图形界面中完成的。Windows 7 的图形界面除桌面以外，还有窗口和对话框。

（1）窗口的组成。为了便于进行系统管理和信息处理，一般的 Windows 系统工具及其他软件在运行时都会显示一个窗口。下面以"计算机"窗口来简要介绍窗口的组成情况，如图 2-84 所示。

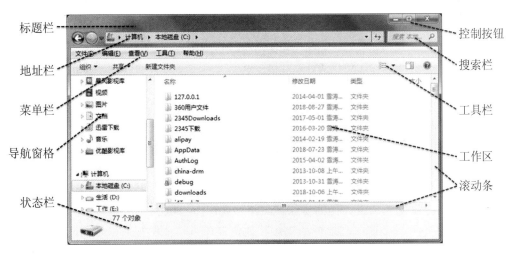

图 2-84　"计算机"窗口

窗口具有统一的设计风格，基本都包含标题栏、菜单栏、工具栏、工作区、状态栏等对象，每一种对象都有明确的功能。

- 标题栏：显示窗口标题，Windows 7 中部分窗口标题栏为空。
- 控制按钮：最小化、最大化（或还原，当窗口处于最大化时）、关闭按钮，通过它可以完成窗口的管理。
- 菜单栏：提供许多的菜单项以便进行各种功能操作。
- 工具栏：提供了操作中最常用的功能图标，如"计算机"的工具栏有"后退""前进""视图""显示/隐藏预览窗格"及"帮助"等工具。
- 工作区：显示文件、文件夹等信息。
- 滚动条：若显示内容超出工作区范围则会出现水平或垂直滚动条，用户可以拖动滚动条来查看整个信息。

- 地址栏：地址栏出现在窗口的顶部，将当前的位置显示为以箭头分隔的一系列链接。可以通过键入位置路径来导航到其他位置。
- 导航窗格：可以使用导航窗格（左窗格）来查找文件和文件夹。还可以在导航窗格中将项目直接移动或复制到目标位置。
- 状态栏：显示应用程序当前所处运行状态，常常提示当前已完成的操作或提示应当进行的下一步操作。

（2）窗口的操作。窗口操作主要涉及打开窗口、移动窗口、改变窗口大小、最小化和最大化窗口以及关闭窗口等操作，下面对窗口操作进行简要介绍。

1）打开窗口。一个窗口常常代表一个应用程序，找开窗口就是运行一个应用程序。在Windows 7 系统中有多种方法可以运行应用程序，其中最常用的有两种方法：第一种是双击应用程序图标；第二种是通过"开始"菜单选择相应的应用程序。例如：要打开"计算机"，可以双击桌面上的"计算机"图标，也可在"开始"菜单右窗格中选择"计算机"。

2）移动窗口。打开 Windows 7 的窗口之后，用户还可以根据需要利用鼠标与键盘的操作移动窗口。使用鼠标进行窗口移动操作时，可单击 Windows 7 中窗口的标题，用鼠标将其拖动至目标处，释放鼠标即将窗口移动至新的位置。

使用键盘来移动窗口的操作步骤：打开窗口的控制菜单（按[Alt+空格]组合键）→选择移动功能（按键盘上的 M 键）→移动到指定位置（按键盘上的方向键）→确认（按回车键）。

3）改变窗口大小。打开 Windows 7 的窗口之后，用户还可以根据需要利用鼠标与键盘的操作改变窗口大小。使用鼠标进行改变窗口大小的操作时，将鼠标移动到窗口的边缘，当鼠标图标变为双箭头形状，按住鼠标左键拖动即可。使用键盘来实现的步骤同移动窗口相似。

4）窗口的最大化与最小化。当使用某一应用程序工作时，常需要用尽可能大的显示区域来呈现相关的信息，就可以将对应的窗口最大化。其操作方法是：单击该窗口右上角的"最大化"按钮，或者单击窗口左上角的控制菜单，选择其中的"最大化"命令。如果用户要在切换窗口时最大化窗口，在任务栏上右击代表窗口的图标按钮，从弹出菜单中选择"最大化"命令即可。使用键盘使窗口最大化的操作步骤与移动窗口相似。

当暂时不想使用某个窗口，以免影响对其他窗口或者桌面的操作时，可将其最小化。当窗口最小化时，应用程序则转入后台执行。其操作方法是：用鼠标单击该窗口右上角的最小化按钮，或者单击该窗口左上角的控制菜单，选择"最小化"命令即可。

Windows 7 的另一个新功能就是智能排列窗口，当你把一个窗口拖拽到屏幕顶部时，它会自动最大化。

5）关闭窗口。在桌面的使用过程中，如果不再使用某个程序窗口，可关闭它。关闭窗口的方法有多种：

- 按[Alt+F4]组合键。
- 单击程序窗口右上角的"关闭"按钮。
- 打开应用程序窗口的"文件"菜单，选择其中的"关闭/退出"命令。

如果应用程序正在处理的信息需要保存，关闭窗口时，系统会弹出一个信息提示框，询问是否需要保存内容，之后才能关闭窗口。

6）多窗口操作。Windows 7 是一个多任务操作系统，在计算机的使用过程中，可以打开多个窗口。在多个窗口中系统只允许其中一个为活动窗口，活动窗口呈深蓝色，其他窗口呈灰蓝色，通过鼠标单击相应窗口的区域可以进行应用程序的切换或单击任务栏上的窗口图标按钮来切换窗口，最后一次选择的窗口成为活动窗口。

通过任务栏的右键菜单，还能对系统中运行的窗口程序在桌面上的位置进行排列，排列方式有 3 种：层叠窗口、堆叠显示窗口和并排显示窗口。

（3）对话框。在 Windows 7 中，执行某些具体操作时，会出现一个对话框。对话框的大小、形式、外观等各不相同，但大部分对话框的组成基本相似，主要由选项卡、文本框、列表框、单选按钮、复选框、命令按钮等组成，如图 2-85 所示。

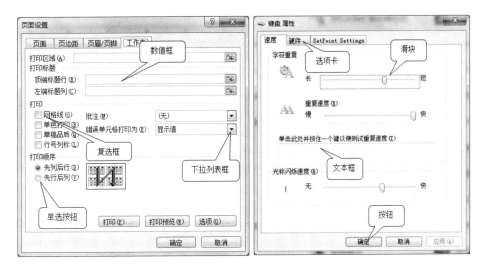

图 2-85　对话框

- 选项卡。当一个对话框下的命令有多组可供选择的参数时，系统把所有相关的功能放在一张选项卡上，多张选项卡合并在一个对话框中。单击某个选项卡，对话框就显示该选项卡对应的选项。
- 文本框。用于输入字符信息。
- 下拉列表框。以方框形式出现，其右边有一个向下"黑三角"标志按钮，单击该按钮，会出现一个具有多项选择的列表，用户可以从中选择其一，这类列表称为列表框。
- 单选按钮。系统提供单项选择，用户只能从中选择一项，被选中项目前面的圆圈内，将打上"●"，这些选择框称为单选按钮。
- 复选框。系统提供多项选择，用户可以从中选择一项或多项，被选中项目前面的方框内，将打上"√"，这些选择框称为复选框。
- 按钮。用户单击该按钮时，系统就执行相应的操作。
- 数值框。单击数值框右边的箭头，可以调整其数值，多数情况也可直接输入其值。
- 滑块。用鼠标拖动其中的小标块，就能设置其值的大小。

对话框与窗口在外形上有许多相似之处，一般来讲，对话框依附于某一具体的窗口，它的大小是不能改变的（没有最大化和最小化按钮），也没有菜单栏。当某一窗口打开了对话框之后，窗口的其他部分是无法操作的。

（4）菜单。应用程序的窗口都有一个菜单栏，菜单栏中有"文件""编辑""帮助"等菜单，这种菜单被称为应用程序菜单。应用程序菜单显示在窗口的菜单栏上，每个菜单对应的下拉菜单提供一组命令列表。当鼠标指向某一对象时，右击也会出现一个菜单，这种菜单称为右键菜单（也称快捷菜单）。菜单中通过一些特殊的符号和一些显示效果来指示各菜单的状态，如图 2-86 和图 2-87 所示。

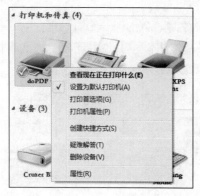

图 2-86　快捷菜单

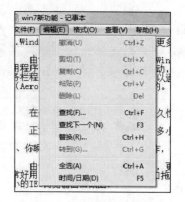

图 2-87　应用程序菜单

在菜单的选项有不同样式的菜单项，不同的样式代表不同的意义：

- 完成相关任务的命令成组放置，命令组之间用一条横线分隔。
- 灰色显示的命令表示这个命令当前处于不可用状态。
- 带省略号的命令表示选择这个命令菜单项后，会出现一个对话框，要求输入更多的信息。
- 命令后带三角形"►"，表示该命令带有下级菜单。
- 命令前带的复选"√"标记，表示这个菜单选项是一个逻辑开关，并处于被选中的状态。
- 命令组中某一命令前有"●"标记，表示该组菜单有且只有一项能被设置为当前项。有"●"标记的菜单项为当前项。
- 一些命令右边列出了组合键，表示可以直接按组合键执行该命令（同一组合键在不同的应用程序中可能代表不同的功能）。
- 应用程序菜单项左边有图标，表明该项功能会出现在某一工具栏，也就是可以通过工具栏上的工具按钮来调用该菜单功能。

虽然不同应用程序的菜单或对象的快捷菜单在结构上有些差别，但菜单的形式是一致的，执行菜单命令的方法也相同。当需要执行某一菜单功能时，可以单击对应的菜单项；也可在菜单打开时，在键盘按菜单项中有下划线的字母；还可以直接按相应的组合键。

（5）选项卡。在 Office 2010 版的菜单中，引入了选项卡的概念，如图 2-88 所示。

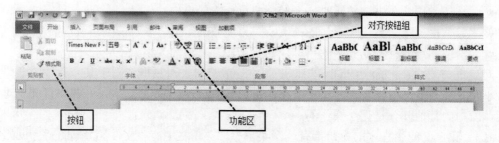

图 2-88　选项卡

1）功能区。选择不同的选项卡，会出现此选项卡对应的功能区。如将功能区最小化，单击选项卡右边的"^"按钮。

2）按钮组。在功能区中出现的一组功能相似的按钮。

3）按钮。功能区中的选项。选中需要编辑的文字或其他对象，单击不同的按钮可以对文字或其他对象进行相应的设置。如"B"按钮可以对选定的文本加粗。

5. 中文 Windows 7 的帮助系统

Windows 7 组织了大量的信息来解释和说明系统所提供的功能及其使用方法，通过系统所提供的帮助功能，可以快捷、高效地使用 Windows 7 系统。获取 Windows 7 帮助的途径主要有两种：帮助和支持中心、程序所自带的帮助信息。

（1）帮助和支持中心。Windows 7 中引入了全新的帮助系统，当打开"帮助支持中心"窗口时可以看到一系列常用主题和多种任务的选项，其中的内容以超级链接的形式显示，结构更加合理，而且用户使用起来更加方便。

通过"开始"菜单中的"帮助和支持"菜单项就可以打开如图 2-89 所示的"Windows 帮助和支持"窗口，还可以在桌面上直接按 F1 键来启动"Windows 帮助和支持"窗口。

可以使用"搜索""索引"功能在帮助系统中查找所需要的内容，如果计算机是连入 Internet 的，可以通过列表中的内容获得 Microsoft 公司的在线支持，还可以和其他的中文版 Windows 7 使用者进行信息交流，或者向微软新闻组中的专家求助，也可以启动远程协助向在线的朋友或者专业人士寻求问题的解决方案。

（2）应用软件的帮助功能。在 Windows 中的应用软件基本都提供了"帮助"功能，复杂的应用软件还提供了一组帮助功能。应用软件的帮助信息用于说明本软件的功能、使用方法及有关的专用术语。

一般来讲，应用软件的帮助功能通过其菜单栏中的"帮助"菜单来打开，也可按 F1 键来启动。应用软件的帮助界面如图 2-90 所示，因 Windows 应用软件都按规定的模式来组织它的帮助信息，几乎所有应用程序的帮助界面都一样。

图 2-89　"Windows 7 帮助和支持"窗口

图 2-90　应用软件的帮助界面

6. 中文 Windows 7 的附件的应用

Windows 7 中提供了简单文档的处理能力。"记事本"是进行纯文本文档处理的实用工具，通过它可以完成无格式文档的创建、编辑及打印等操作。"写字板"则是一个具有较强文字处理能力的实用软件，通过它可以实现基本文档格式设置及嵌入对象的功能。

（1）记事本。记事本具有纯文本文档的浏览、编辑、打印等功能，适于处理一些内容较少的文件。由于它使用方便、快捷，常用来阅读一些程序的功能介绍、版权声明等文档，还可用来浏览、修改高级语言的源程序及系统自身的一些纯文本格式的配置文件。记事本应用程序窗口如图 2-91 所示。

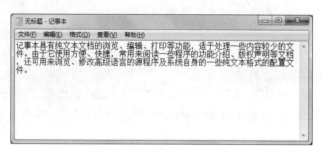

图 2-91 记事本应用程序窗口

记事本保存文档的扩展名默认为（.txt），也可改为其他任意的扩展名，但文档的内容始终是以纯文本的格式存储的。

（2）写字板。写字板不但可以创建和编辑包括普通文本、格式文本和图形的文档，还可以将其他文档的信息链接或嵌入到写字板文档中。写字板应用程序窗口如图 2-92 所示。

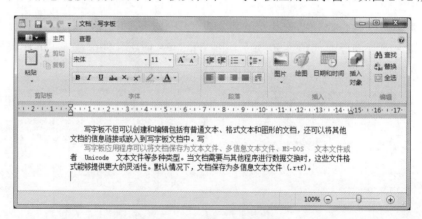

图 2-92 写字板应用程序窗口

写字板应用程序可以将文档保存为文本文件、多信息文本文件、MS-DOS 文本文件或者 Unicode 文本文件等多种类型。当文档需要与其他程序进行数据交换时，这些文件格式能够提供更大的灵活性。默认情况下，文档保存为多信息文本文件（.rtf）。

在实际工作中，写字板程序使用很少，更多是使用 Office 中的 Word 来进行文档处理，除此之外，国产的文档处理软件还有方正排版和 WPS。

当计算机安装了声卡及音箱，并安装了声卡驱动程序时，在 Windows 7 中就能实现多媒体功能。通过相应的应用程序可以播放音乐、视频，还可以进行录音。

（3）音量控制。通过音量控制可以控制音量的输入/输出。双击任务栏通知区域中的"音量"图标 ，打开"音量合成器-扬声器"对话框，如图 2-93 所示。

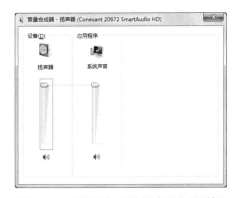

图 2-93　"音量合成器-扬声器"对话框　　　　图 2-94　"录音机"应用程序

（4）录音机。使用"录音机"可以完成声音的录制、混合、播放和编辑等操作。

在桌面上单击"开始"按钮，在打开的"开始"菜单中执行"所有程序"→"附件"→"录音机"命令，这时就可以打开"录音机"应用程序，如图 2-94 所示。

在"录音机"中可以调整声音的音质，但声音最终只能被保存为波形（.wav）文件。

（5）"画图"程序。"画图"是个画图工具，可以用它创建简单或者精美的黑白或彩色的图画，并且可以通过打印输出。这些图画以位图格式保存为文件，它可作为桌面背景，或者粘贴到另一个文档中，甚至还可以用"画图"程序查看和编辑扫描好的照片。

单击"开始"按钮，选择"更多程序"→"附件"→"画图"命令，打开"画图"窗口，如图 2-95 所示。

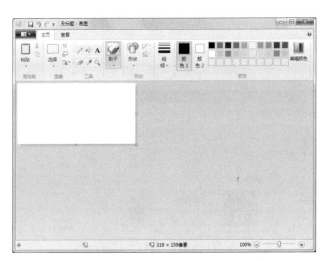

图 2-95　"画图"窗口

当绘制完一幅图后，可将其按多种图像格式进行保存，例如 .jpg、.gif 或 .bmp 等格式，默认是以 24 位的.bmp 格式来存储。

在实际工作中，图形、图像的处理一般不使用"画图"程序，而是利用相应的专业软件，例如：绘制工程图纸使用 AutoCAD，绘制基本图形使用 CorelDRAW，绘制三维立体图使用

Photoshop，制作动画使用 Flash，编辑视频使用 Adobe Premiere。

（6）MS-DOS 环境应用。随着微机系统的快速发展，Windows 操作系统的应用越来越广泛，MS-DOS 已逐步退出普通用户的视线。但它运行安全、稳定，并容易完成批处理的工作，深受传统用户喜爱，所以一般 Windows 的各种版本都与其兼容，用户可以在 Windows 系统下运行 DOS 的命令文件，中文版 Windows 7 中的"命令提示符"进一步提高了与 DOS 下操作命令的兼容性，可以在命令提示符下直接输入命令（命令不区分大小写），并支持长文件名。

当需要使用 DOS 模式工作时，可以在桌面上单击"开始"按钮，选择"所有程序"→"附件"→"命令提示符"命令，即可将系统切换到 MS-DOS 模式的命令提示符状态，如图 2-96 所示。

图 2-96　"命令提示符"窗口

从 Windows 进行 MS-DOS 时，系统是以窗口程序方式运行的，如果需要以 DOS 的全屏方式运行，可以使用 Alt+Enter 组合键在二者间进行切换；当需要从"命令提示符"返回 Windows 时，应执行"EXIT"命令。

（7）Windows Media Player。使用 Windows Media Player 可以播放、编辑和嵌入多种多媒体文件，包括视频、音频和动画文件，不仅可以播放本地的多媒体文件，还可以播放来自 Internet 的流式媒体文件。

单击"开始"按钮，选择"所有程序"→"Windows Media Player"命令，打开"Windows Media Player"窗口，如图 2-97 所示。

图 2-97　"Windows Media Player"窗口

多媒体播放器软件除了 Windows 7 系统内置的 Windows Media Player 之外，目前人们使用较多的还有 RealOne、RealPlay、暴风影音、Kmplayer 等播放器。一般来说常见格式的多媒体文件均可在绝大多数媒体播放器中使用，只有少数的多媒体格式文件需要用特定的播放器来播放。

注意：在 Windows XP 中，Windows Media Player 属于附件中的一个程序。在 Windows 7 中它成为常用的软件。

习　　题

一、单选题

1．Windows 7 操作系统的"桌面"指的是（　　）。
A．整个屏幕　　　　　　　　　　B．全部窗口
C．某个窗口　　　　　　　　　　D．活动窗口

2．Windows 7 任务栏上的内容为（　　）。
A．当前窗口中图标　　　　　　　B．已启动并正在执行的程序名
C．所有已打开的窗口的图标　　　D．已经打开的文件名

3．当一个应用程序窗口被最小化后，该应用程序将（　　）。
A．被终止执行　　　　　　　　　B．继续在前台执行
C．被暂停执行　　　　　　　　　D．被转入后台执行

4．在 Windows 7 中，单击"最小化"按钮后（　　）。
A．当前窗口将消失　　　　　　　B．当前窗口被关闭
C．当前窗口缩小为图标　　　　　D．打开控制菜单

5．对 Windows 7 操作系统，下列叙述中正确的是（　　）。
A．Windows 7 的操作只能用鼠标
B．Windows 7 为每一个任务自动建立一个显示窗口，其位置和大小不能改变
C．在不同的磁盘空间不能用鼠标拖动文件名的方法实现文件的移动
D．在 Windows 7 中打开的多个窗口，既可堆叠，也可层叠，还可以并排显示。

6．在 Windows 7 中，下列操作可运行一个应用程序的是（　　）。
A．用"开始"菜单中的文档命令　　B．右击该应用程序名
C．双击该应用程序名　　　　　　D．单击该应用程序名

7．下列关于文档窗口的说法中正确的是（　　）。
A．只能打开一个文档窗口
B．可以同时打开多个文档窗口，被打开的窗口都是活动窗口
C．可以同时打开多个文档窗口，但其中只有一个是活动窗口
D．可以同时打开多个文档窗口，但在屏幕上只能见到一个文档的窗口

8．Windows 7 中关闭程序的方法有多种，下列叙述中不正确的是（　　）。
A．单击程序屏幕右上角的"关闭"按钮
B．在键盘上，按下 Alt + F4 组合键

C．打开程序的"文件"菜单，选择"退出"命令

D．按下键盘上的 Esc 键

9．在 Windows 7 中，下列叙述中正确的是（　　）。

A．系统支持长文件名可达 256 个字符

B．大多数程序允许打开任意多的文档

C．打开的文档仅可在它自己的窗口里显示，但不可以作为程序窗口的一部分来显示

D．如果误操作将一个文件删除了，则无法恢复它

10．在 Windows 7 中，关于文件的剪切和删除的叙述中，正确的是（　　）。

A．剪切和删除的本质相同

B．不管是剪切，还是删除，执行后，选定的文件都会从原来的位置消失

C．文件被剪切后，可以在多处进行粘贴

D．文件被删除后，一定会被移入回收站中

11．在 Windows 7 中，打印方法有多种，其中错误的是（　　）。

A．选择"文件"菜单，选择"打印"命令

B．按 Ctrl+P 组合键

C．回到控制面板中，双击"打印机"按钮

12．Windows 7 的任务栏中包括（　　）。

A．字体颜色　　　　　　　　　　B．开始按钮

C．时间　　　　　　　　　　　　D．B 和 C

13．Windows 7 的任务栏可以放在（　　）。

A．桌面底部　　　　　　　　　　B．桌面顶部

C．桌面左边　　　　　　　　　　D．桌面四周

14．下面关于 Windows 7 的窗口的描述中，错误的是（　　）。

A．窗口是 Windows 7 应用程序的用户界面

B．Windows 7 的桌面也是 Windows 窗口

C．用户可以改变窗口的大小和在屏幕上移动窗口

D．窗口主要由边框、标题栏、菜单栏、工作区、状态栏、滚动条等组成

15．资源管理器左窗口文件夹前的"▷"表示（　　）。

A．此文件夹含有子文件夹

B．此文件夹含有一层子文件夹

C．此文件夹含有两层子文件夹

D．此文件夹不含子文件夹

16．把 Windows 7 当前活动窗口的信息复制到剪贴板，应按下的键为（　　）。

A．Alt + PrintScreen　　　　　　B．Ctrl + PrintScreen

C．Shift + PrintScreen　　　　　 D．PrintScreen

17．"Windows 7 是一个多任务操作系统"指的是（　　）。

A．Windows 可运行多种类型各异的应用程序

B．Windows 可同时运行多个应用程序

C．Windows 可供多个用户同时使用

D．Windows 可同时管理多种资源

18．在 Windows 7 中，下列关于输入法切换组合键设置的叙述中，错误的是（　　）。

    A．可将其设置为 Ctrl + Shift   B．可将其设置为 Alt + Shift

    C．可将其设置为 Tab + Shift   D．可不做组合键设置

19．不用鼠标，执行 Windows 7 资源管理器"编辑（E）"下拉菜单中的"复制 C."命令的方法是（　　）。

    A．按 Alt + E，然后按 Alt + C   B．按 Alt + E，然后按 C

    C．按 Alt + C   D．只按 Alt + E

20．下列关于 Windows 7 文件和文件夹的说法中，正确的是（　　）。

    A．在一个文件夹中可以有两个同名文件

    B．在一个文件夹中可以有两个同名文件夹

    C．在一个文件夹中可以有一个文件与一个文件夹同名

    D．在不同文件夹中可以有两个同名文件

21．在删除硬盘上的文件时，如果不打算将被删除的文件放入"回收站"，应在选定文件后（　　）。

    A．直接按键盘上的 Delete 键

    B．按住 Ctrl 键的同时按住 Delete 键

    C．按住 Ctrl 键的同时将选定文件拖放到回收站中

    D．按住 Shift 键的同时按住 Delete 键

22．在 Windows 7 环境下，通常无任何作用的鼠标操作是（　　）。

    A．左键双击   B．右键双击

    C．左键拖放   D．右键拖放

23．在 Windows 7 环境下，下列快捷键中与剪贴板操作无关的是（　　）。

    A．Ctrl + P   B．Ctrl + C

    C．Ctrl + X   D．Ctrl + V

二、填空题

1．Windows 7 是一种＿＿＿＿＿任务、＿＿＿＿＿用户的操作系统。

2．在 Windows 7 中可以打开多个应用程序窗口，可以在桌面上按＿＿＿＿＿、＿＿＿＿＿、＿＿＿＿＿方式来排列这些窗口。

3．在 Windows 7 中，要卸载或更改已安装的组件，可从"控制面板"中运行"＿＿＿＿＿"，打开"卸载或更改程序"窗口。

4．Windows 7 的退出不能像 MS-DOS 一样直接关机，而要单击＿＿＿＿＿菜单，再单击其中的＿＿＿＿＿菜单项。

5．"回收站"里面存放着用户从硬盘上删除的文件。如果想再用这些文件，可以从"回收站"中＿＿＿＿＿，如果不再需要这些文件，可以＿＿＿＿＿"回收站"。

6、用鼠标左键按住窗口标题栏不放，移动鼠标可以＿＿＿＿＿整个窗口，双击标题栏可以使窗口＿＿＿＿＿，双击处于最大状态的窗口的标题栏可以把窗口＿＿＿＿＿。

7．最大化窗口的标题栏右边有三个按钮，分别是：＿＿＿＿＿、＿＿＿＿＿、＿＿＿＿＿。

8．文件有四种属性，即_____、_____、_____、_____。

9．在 Windows 7 中，文件和文件夹的排序方式有 4 种，包括_____、_____、_____、_____，可以在_____菜单命令中的_____选项中选择。

10．将应用程序信息移到剪切板，可执行的操作是_____或_____，将剪切板的信息移动到应用程序的操作是_____。

三、判断题（正确的请在题后括号中填写 T，错误的请填写 F）

1．剪贴板上存放的内容在关机后是不会消失的。　　　　　　　　　　　　　（　　）

2．在 Windows 7 中，通常用 Ctrl + Shift 组合键实现各种输入法的快速切换。（　　）

3．在 Windows 7 中，可以用鼠标右键拖动某个文件夹来实现对该文件夹的复制操作。

　　　　　　　　　　　　　　　　　　　　　　　　　　　　　　　　　　（　　）

4．在 Windows 7 中，双击快捷方式可直接运行程序或打开文件夹。　　　　（　　）

5．Windows 支持长文件名或文件夹名，且其中可以包含空格符。　　　　　（　　）

6．如果路径中的第一个符号为"\"，则表示从根目录开始，即该路径为相对路径。

　　　　　　　　　　　　　　　　　　　　　　　　　　　　　　　　　　（　　）

7．对话框也可以任意调节大小或缩小成图标。　　　　　　　　　　　　　（　　）

8．在进行剪切、复制操作时，必须要启动"剪切板"查看程序。　　　　　（　　）

9．在 Windows 各类管理操作中，选定对象是一切管理操作的前提条件。　（　　）

10．用"写字板"编写的文本不包含格式信息，用"记事本"编写的文本包含格式信息。

　　　　　　　　　　　　　　　　　　　　　　　　　　　　　　　　　　（　　）

四、简答题

1．Windows 窗口由哪几个部分组成？什么是当前窗口？

2．什么是文件和文件夹？简述它们的命名规则。

3．什么是绝对路径和相对路径？

4．如何选择单个、多个连续、多个不连续的对象？

5．对文件的操作有哪些？可用几种不同的方法实现？

6．如何使用键盘对菜单进行操作？

模块三　文字处理软件 Word 2010

【学习目标】

1. 掌握文档的创建与编辑。
2. 掌握文档的排版。
3. 掌握文档中的表格处理。
4. 学会页面设置及文档打印。

【重点难点】

1. 文档排版。
2. 文档高级应用。

Word 2010 是 Microsoft 公司开发的 Office 2010 办公组件之一，主要用于文字处理工作。它秉承了 Windows 友好的窗口界面、风格和操作方法，提供了一整套齐全的功能、灵活方便的操作方式；用户可以用它处理日常的办公文档、排版、处理数据、制作表格、创建简单的网页。

Word 2010 提供了最上乘的文档格式设置工具，利用它可轻松、高效地组织和编写文档，可以更加轻松地与他人协同工作并可在任何地点访问文件。

项目一　制作会议资料

【情境】

林芳，大学毕业后进入鼎新软件开发公司但任办公室文员一职。某日，接到上级通知，公司将在 2018 年 3 月 6 日召开新产品发布准备会议，要求林芳制作并打印会议通知，分发到各部门，并在会议结束后整理会议记录。

任务 1　制作会议通知

林芳接到的会议内容为：2018 年 3 月 6 日上午 9 点，新产品发布准备会议，公司 6 楼会议室。

请按照以上内容，并参照图 3-1，使用 Word 软件制作会议通知。

会议通知

公司所属各部门：

经研究决定，定于 2018 年 3 月 6 日上午召开新产品发布准备会议，现将有关事项通知如下：

时间：2018 年 3 月 6 日上午 9:00；地点：公司六楼会议室；参会人员：公司领导班子成员、各职能部门负责人。

请相关同志提前安排好工作，准时出席会议。

鼎新软件开发公司

2018 年 3 月 2 日

图 3-1　会议通知

一、启动 Word 2010，并新建一个空文档

1. 启动 Word 2010

（1）利用"开始"菜单。选择"开始"菜单中的"程序"命令，打开其下级菜单中的 Microsoft Office Word 2010，启动 Word 2010。

（2）利用快捷图标 W。双击桌面上的 Word 快捷图标，启动 Word 2010。

（3）利用现有的 Word 文档。双击任何 Word 文档或 Word 文档的快捷方式，启动 Word 2010。

2. 退出 Word 2010

（1）单击窗口"关闭"按钮。

（2）选择"文件"选项卡中的"退出"命令。

（3）使用快捷键 Alt+F4。

3. 创建空文档

（1）启动 Word 2010 时将自动建立一个空白文档"文档 1"，Word 文档的扩展名为 .docx。

（2）选择"文件"选项卡中的"新建"命令，双击"空白文档"按钮创建一个新文档，如图 3-2 所示。

图 3-2　"文件"选项卡

该选项卡中包含了大量格式规范的文档模板，用户可通过这些模板创建文档，快速获得具有固定文字和格式的规范文档。

二、按照图 3-1 输入通知内容

1. 输入文本

输入文本是 Word 2010 最基本的操作，文本是文字、符号、图形等内容的总称。

（1）输入文字。文档编辑区中光标闪烁处称为插入点，表明当前输入位置。输入文本时，自动从左向右输入，当到达页面最右端时会自动换行。一个段落输入完毕后，按回车键作为段落结束，系统将插入一个"段落标记"并换行。一页输入满时系统将自动换页。

Word 2010 有"插入和改写"两种输入状态。默认是插入状态，输入文字时，光标处原来的文字将依次向右移动。改写状态下，输入的文字将依次代替光标后的文字。可以使用 Insert 键或双击状态栏上的"改写"按钮切换两种输入状态，当"改写"按钮成灰色时，为插入状态，"改写"按钮成黑色时为改写状态。

（2）插入特殊符号。如果在文档中遇到一些不能直接从键盘上输入的符号，可以选择"插入"功能区中的"符号"命令，打开如图 3-3 和图 3-4 所示的对话框，选择所需符号。

图 3-3 "符号"菜单

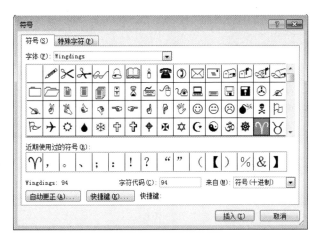

图 3-4 "符号"对话框

除了"符号"对话框中提供的符号之外，还可以通过"加载项"功能区中的"特殊符号"命令，插入特殊符号，如图 3-5 所示。

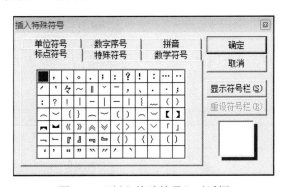

图 3-5 "插入特殊符号"对话框

（3）插入日期和时间。用户可通过"插入"功能区中的"日期和时间"按钮在文档中插入当前日期和时间。在"语言"栏中选择"中文"或"英文"，"可用格式"栏中选择一种日期和时间格式，如图 3-6 所示。

图 3-6 "日期和时间"对话框

2. 选定文本

在 Word 2010 中如果要对文档的内容进行编辑，需要先选定文本。我们可以通过使用鼠标和键盘来选取文本，被选定的文本呈反白显示。

（1）使用鼠标选取文本。使用鼠标定位插入点，按住左键拖动鼠标即可选取所需要的文本。按住 Ctrl 键可选择不连续的文本块。在要选取文本的开始位置单击鼠标，然后按住 Shift 键，在要结束选取的位置单击鼠标，即可选择之间的文本，见表 3-1。

表 3-1 使用鼠标选取文本

方法	作用
双击词语	选定这个词语
结合 Ctrl 键单击句中任意位置	可选定这一句
在文档左侧空白处（选定条）单击	选定所指的一行
在选定条上按住左键拖动	选定连续的多行
连续三次单击段落中任意位置或者双击选定条	选定整段
双击选定条并拖动鼠标	选定多段
结合 Ctrl 键单击任意位置的选定条或者连续三次单击选定条	选定整篇文档
结合 Alt 键拖动鼠标	选定一个文本区域

（2）使用键盘选取文本。使用键盘选取文本可以通过 Shift 键和 Ctrl 键结合方向键来实现，见表 3-2。

表 3-2 使用键盘选取文本

方法	作用
Shift+↑	从光标所在处向上选择一行
Shift+↓	从光标所在处向下选择一行

方法	作用
Shift+←	从光标所在处向左选择一个字符
Shift+→	从光标所在处向右选择一个字符
Shift+Ctrl+↑	从光标所在处选择文本至该段开头
Shift+Ctrl+↓	从光标所在处选择文本至该段结尾
Shift+Ctrl+←	从光标所在处向左选择一个词语
Shift+Ctrl+→	从光标所在处向右选择一个词语
Shift+Home	从光标所在处选择文本至该行开头
Shift+End	从光标所在处选择文本至该行结尾
Shift+Ctrl+ Home	从光标所在处选择文本至文档开头
Shift+Ctrl+ End	从光标所在处选择文本至文档结尾

3. 删除文本

文本输入过程中，若需删除单个字符，可使用 Backspace 键删除光标前面的字符，使用 Delete 键删除光标后面的字符。

若需删除文本，可先选取要删除的文本区域，按 Backspace 键或 Delete 键，或选择"编辑"菜单中"清除"命令，即可完成删除。

三、格式排版

（一）设置字符格式

使用"开始"功能区中的"字体"命令组/"字体"对话框设置字符格式。

1. "字体"命令组

"字体"命令组中有字体、字号下拉列表框和粗体字、斜体字、下划线等按钮，如图3-7所示。

图 3-7 "字体"命令组

2. "字体"对话框

单击"字体"对话框启动器，打开"字体"对话框。其中有"字体""高级"两个选项卡。

（1）"字体"选项卡（图3-8）。

● 中文字体：选择要设置的中文字体，该格式只对中文有效。

● 西文字体：选择要设置的西文字体，该格式只对西文有效。

● 字形：选择要设置的字形，如常规、倾斜、加粗、加粗倾斜。

- 字号：选择要设置的字体大小，如小四、四号、12 磅、14 磅等。在 Word 2010 中可利用"号"和"磅"两种单位来度量字体大小，当以"号"为单位时，数值越小，字体越大，当以"磅"为单位时，数值越小，字体越小。
- 字体颜色：选择要设置的字体颜色。
- 下划线线型：选择要设置的下划线线型。
- 着重号：将所选择的文本着重提示。
- 效果：将文字设置为上标、下标、阴影、空心、阳文等效果。
- 预览：预览目前所设置的字体样式。

（2）"高级"选项卡（图 3-9）。

- 缩放：通过缩放将文字在水平方向上缩小或放大。
- 间距：调整文字之间的距离，有"标准""加宽"和"紧缩"三种类型。
- 位置：调整文字在垂直方向上的位置，有"标准""提升"和"降低"三种类型。

图 3-8 "字体"选项卡

图 3-9 "高级"选项卡

3. 设置中文版式

中文版式集中了一些对文档中的字符做特殊处理的命令，用来生成特殊的格式，包括带圈字符、拼音指南等功能。

通过"字体"命令组的"拼音指南"按钮 、"带圈字符"按钮 和"段落"命令组的"中文版式"按钮 进行设置，见表 3-3。

表 3-3 中文版式效果

效果名称	效果
（1）拼音指南	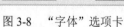
（2）带圈字符	⑩ ㉃ 田 △ ◈ ◇

效果名称	效果
（3）纵横混排	设置中文版式
（4）合并字符	设置中文版式
（5）双行合一	四川省××××学校联欢晚会

（二）设置段落格式

段落是以回车键结束的一段文字，它包含任意数量的文本、图形、图像或其他对象。段落格式可帮助用户设置文档的整体外观。

1. 段落对齐

Word 2010 提供了五种对齐方式：左对齐、居中对齐、右对齐、两端对齐、分散对齐，如图 3-10 所示。

（1）"段落"命令组：将光标定位到段落中或选中段落，单击"段落"命令组中的对应按钮进行设置。

（2）"段落"对话框：将光标定位到段落中或选中段落，单击"段落"对话框启动器 □，在"段落"对话框中单击"对齐方式"下拉列表框选择需要的对齐方式，如图 3-11 所示。

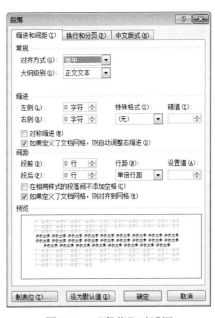

图 3-10　对齐方式工具按钮　　　　　图 3-11　"段落"对话框

2. 段落缩进

段落缩进可改变段落文本与页边距之间的距离。Word 2010 提供了 4 种缩进：首行缩进、悬挂缩进、左缩进、右缩进。

● 首行缩进：段落的第一行向右移动。

- 悬挂缩进：段落中除第一行以外的所有行向右移动。
- 左缩进：段落中的所有行向右移动。
- 右缩进：段落中的所有行向左移动。

（1）"标尺"设置（图 3-12）。

单击垂直滚动条上方的"标尺"按钮，显示标尺。将光标定位到段落中或选中段落，用鼠标拖动对应的滑块，完成缩进设置。

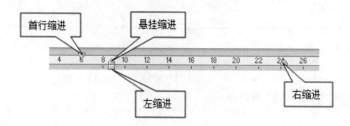

图 3-12　标尺上的缩进滑块

（2）"段落"对话框设置。

- 设置段落间距和行距。段落间距是指相邻段落间的间隔。段落间距设置通过"格式"菜单下的"段落"命令，在弹出的"段落"对话框中单击"缩进和间距"选项卡的"间距"项进行。分为段前、段后、行距三个选项，用于设置段落前、后间距以及段落中的行间距。行距有固定值、单倍行距、1.5 倍行距、2 倍行距、最小值、多倍行距等多种。选择最小值、多倍行距后，还要在"设置值"文本框中确定具体值。
- 换行与分页。换行与分页是指段落与页的位置关系。换行与分页在"段落"对话框"换行与分页"选项卡中进行设置。

四、将该文档以"会议通知"命名，保存并关闭文档

1. 文档的保存

文档的保存分为对新建文档的保存和对已有文档的保存。

（1）保存新建的 Word 文档。

选择"文件"选项卡中的"保存"或"另存为"命令，也可单击快速访问工具栏上的"保存"按钮或使用快捷键 Ctrl+S，将打开如图 3-13 所示的"另存为"对话框。

- "保存位置"下拉列表框：选择文件保存的驱动器和具体目录，默认将保存在 My Documents 文件夹中。
- "文件名"下拉列表框：输入要保存文件的名称。
- "保存类型"下拉列表框：选择要保存的文件类型，默认类型为 word 文档。

单击"保存"按钮即可将文档按指定名称和类型保存在指定位置。

（2）保存已有的文档。

- 文档保存后，若再对其进行操作，操作结束后需再次保存该文档，可直接单击"保存"按钮或使用快捷键 Ctrl+S。
- 将文档更改名字、类型或位置保存，可单击"文件"菜单中的"另存为"命令，另外设置保存参数。

图 3-13 "另存为"对话框

2．文档的打开

（1）选择"文件"选项卡中的"打开"命令或使用快捷键 Ctrl+O 通过"打开"对话框打开指定的文档，操作与保存操作类似，如图 3-14 所示。

图 3-14 "打开"对话框

（2）打开最近使用过的文档。Word 2010 会在"文件"选项卡的"最近使用文件"命令中列出最近所使用的文档，可以直接选择将其打开。

单击"文件"选项卡的"选项"命令，打开"Word 选项"对话框，选择"高级"命令，在"显示此数目的'最近使用的文档'"选项中设置可以显示的文件数目，如图 3-15 所示。

图 3-15　"Word 选项"对话框

3．文档的关闭

Word 2010 有三种方法可以关闭当前文档，它们是：

（1）单击文档窗口右上角的关闭按钮 ⊠ 。

（2）单击"文件"菜单中的"退出"命令。

（3）使用快捷键 Alt+F4。

如果关闭文档时还没有对该文档进行保存操作，Word 2010 会弹出如下询问框提示用户保存该文档，如图 3-16 所示。

图 3-16　关闭文档询问框

任务 2　打印通知

林芳制作完通知后，需要将通知打印若干份，并分发到各部门。

一、为节省纸张，可在一张 A4 纸上打印两份通知

1．移动文本

（1）鼠标移动：选定要移动的文本，用鼠标拖到新位置处，完成所选定文本的移动。

（2）剪贴板移动。

1）选定要移动的文本，在"开始"功能区的"剪贴板"命令组中单击"剪切"按钮 ✂ 剪切，（或右击，在弹出的快捷菜单中选择"剪切"命令，或使用快捷键 Ctrl+X），被剪切的内容即保存在剪贴板中。

2）将光标定位到文档中需要粘贴的位置，在"开始"功能区的"剪贴板"命令组中单击"粘贴"按钮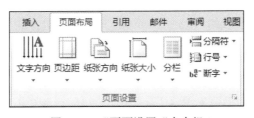（或右击，在弹出的快捷菜单中选择"粘贴选项"命令，或使用快捷键Ctrl+V），将出现"保留源格式""合并格式"或"仅保留文本"三个命令，选择相应命令完成文本的移动。

- "保留源格式"命令：被粘贴内容保留原始内容的格式。
- "合并格式"命令：被粘贴内容保留原始内容的格式，并且合并应用目标位置的格式。
- "仅保留文本"命令：被粘贴内容清除原始内容和目标位置的所有格式，仅保留文本。

2. 复制文本

（1）鼠标复制：选定要复制的文本，按住 Ctrl 键的同时用鼠标拖到新位置处，完成所选定文本的复制。

（2）剪贴板复制。

1）选定要移动的文本，在"开始"功能区的"剪贴板"命令组中单击"复制"按钮，（或右击，在弹出的快捷菜单中选择"复制"命令，或使用快捷键Ctrl+C），被复制的内容即保存在剪贴板中。

2）将光标定位到文档中需要粘贴的位置，在"开始"功能区的"剪贴板"命令组中单击"粘贴"按钮（或右击，在弹出的快捷菜单中选择"粘贴选项"命令，或使用快捷键Ctrl+V），将出现"保留源格式""合并格式"或"仅保留文本"三个命令，选择相应命令完成文本的复制。

3. 撤消与重复操作

（1）撤消一次或多次操作。当执行了错误的编辑等操作时，可以单击"快速访问工具栏"中的"撤消"按钮，（或使用快捷键Ctrl+Z），恢复此前被错误操作的内容。

（2）重复操作。当要重复进行此前的同一操作时，可以单击"快速访问工具栏"中的"重复"按钮 或按功能键F4键，或使用快捷键Ctrl+Y进行。

二、打印前设置及打印通知

（一）页面设置

页面设置包括文档的页边距、纸张方向、纸张大小等。可使用"页面布局"功能区的"页面设置"命令组或"页面设置"对话框进行设置。

1. "页面设置"命令组（图3-17）

图 3-17　"页面设置"命令组

2. "页面设置"对话框

单击"页面设置"对话框启动器，打开"页面设置"对话框。其中有"页边距""纸张""版式""文档网格"四个选项卡。

（1）页边距。页边距是指页面四周的空白区域，即页面边线到文字的距离，如图 3-18 所示。

- 页边距：设置上、下、左、右边距的数值。
- 纸张方向：设置页面的方向，分为"横向"和"纵向"。
- 页码范围：包含对称页边距、拼页、普通、书籍折页、反向书籍折页等选项。
- 应用于：确定页面设置的范围，有"整篇文档""插入点之后""所选文字"等选项。

（2）纸张。设置文档打印的纸张大小。默认的纸张大小是"A4"，页面方向是"纵向"，如图 3-19 所示。

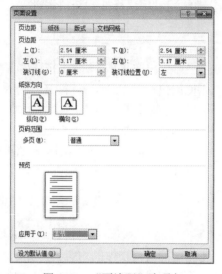

图 3-18 "页边距"选项卡

图 3-19 "纸张"选项卡

（3）版式。设置"节的起始位置""垂直对齐方式"等，如图 3-20 所示。

（4）文档网格。固定设置每行的字符数或每页的行数，如图 3-21 所示。

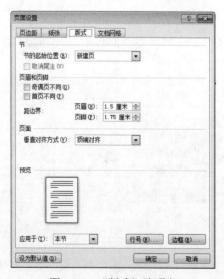

图 3-20 "版式"选项卡

图 3-21 "文档网格"选项卡

（二）打印预览与打印

1. 打印预览

在文档打印之前，通常要进行打印预览（屏幕模拟显示实际打印效果），体现了"所见即所得"的特点。

选择"文件"选项卡中的"打印"命令，屏幕将显示打印预览窗口。可以使用滚动条进行翻页显示，如图 3-22 所示。

图 3-22 "打印"窗口

2. 打印文档

在"打印"窗口中，可以设置打印份数、选择打印机、设置打印页面范围（全部、当前页、自定义范围）等。单击"打印"按钮，开始打印。

任务 3 整理会议记录

会议开始前，林芳制作会议记录模板。

一、录入会议记录模板内容

会议记录模板内容如图 3-23 所示。

二、设置格式

（一）添加页眉页脚

在实际工作中，常常希望在每页的顶部或底部显示页码及一些其他信息，如文章标题、作者姓名、日期或某些标志。这些信息若在页的顶部，称为页眉，若在页的底部，称为页脚。

1. 插入页眉和页脚

选择"插入"功能区，在"页眉和页脚"命令组中选择"页眉"按钮或"页脚"按钮，在打开的"页眉"菜单或"页脚"菜单中选择所需样式，如图 3-24 和图 3-25 所示。

图 3-23　会议记录

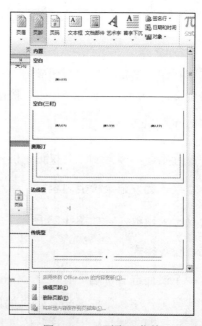

图 3-24　"页眉"菜单　　　　　　　　图 3-25　"页脚"菜单

　　页面显示虚线的页眉编辑区和页脚编辑区，用户可以在其中进行输入文字、插入图片、插入页码等操作，如图 3-26 和图 3-27 所示。

图 3-26 "页眉"编辑区

图 3-27 "页脚"编辑区

2. 设置页眉/页脚

在页眉和页脚编辑状态下,选择"页眉和页脚工具"选项卡,进入功能区进行相应设置,如图 3-28 所示。

图 3-28 "页眉和页脚工具"选项卡

（1）插入日期和时间。"页眉和页脚工具"功能区中的"日期和时间"按钮可插入日期和时间到页眉（脚）中。

（2）插入页码。单击"页眉和页脚工具"功能区中"页码"按钮,在展开的菜单中可选择插入页码的位置及格式,如图 3-29 所示。

图 3-29 "页码"菜单

在本任务中为会议记录设置页眉页脚。页眉设置为"鼎新软件开发公司 会议记录",并居中对齐,在页脚中插入页码,并居中对齐。其操作步骤如下:

- 单击"插入"功能区中的"页眉"按钮,选择"空白"样式。
- 在页眉编辑区中输入文字"鼎新软件开发公司 会议记录"。
- 单击"页眉和页脚工具"功能区中"转至页脚"按钮,切换到页脚编辑区。

- 单击"页码"按钮，选择"页面底端"命令，在下拉菜单中选择"X/Y"格式并输入页码和页数。
- 设置完成后，单击"关闭页眉和页脚"按钮返回正文。

设置如图 3-30 和图 3-31 所示。

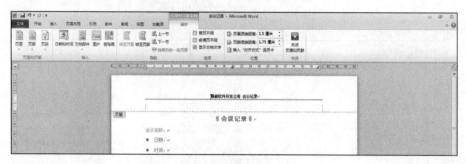

图 3-30　设置页眉

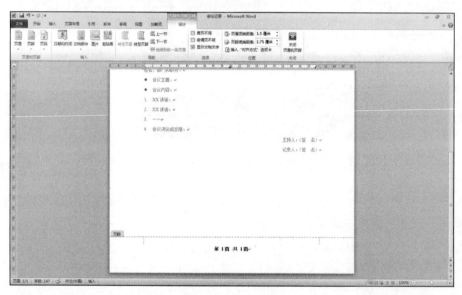

图 3-31　设置页脚

3. 删除页眉和页脚

进入页眉和页脚编辑状态，选择所有页眉（脚）文本，按 Del 键或选择"剪切"命令。

（二）添加项目符号和编号

为了准确清楚地表达文档内容之间的并列关系、顺序关系等，可给选取的段落添加项目符号和编号。

（1）在输入时创建。

输入"*"和"空格键"可创建项目符号；输入带有点号或顿号的数字可创建编号。

（2）使用"开始"功能区"段落"命令组的"项目符号"按钮和"项目编号"按钮。

1）选择需要添加项目符号或编号的段落。

2）单击"项目符号"或"项目编号"按钮，弹出相应菜单，如图 3-32 和图 3-33 所示。

图 3-32 "项目符号"菜单　　　　　　　图 3-33 "项目编号"菜单

3）选择需要的符号或编号样式。

4）还可选择"定义新项目符号"或"定义新编号格式"命令，设置用户需要的符号或编号格式，如图 3-34 和图 3-35 所示。

5）多级符号可清晰表明段落各层次之间的关系，如图 3-36 所示。

 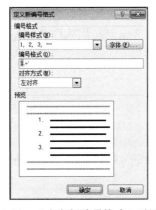 

图 3-34 "定义新项目符号"对话框　　图 3-35 "定义新编号格式"对话框　　图 3-36 "多级列表"对话框

项目二 制作招聘资料

【情境】

蓝宇，鼎新软件开发公司人事部文员。公司将招聘两名软件测试人员，人事部要求蓝宇制作招聘启事和应聘人员的岗位申请表，并绘制出招聘流程。

任务1 制作招聘启事

编写招聘启事内容，描述招聘岗位及其要求等内容，编辑文档并发布，如图 3-37 所示。

图 3-37 招聘启事

按要求录入招聘启事内容，并编辑文档的样式和格式。

任务2 编制岗位申请表格

岗位申请表格如图 3-38 所示。

一、创建表格

"插入"功能区"表格"命令组提供了多种创建表格的方法，如图 3-39 所示。

1. "插入表格"菜单

（1）将光标定位在插入表格的位置。

（2）在"插入表格"菜单下，拖动鼠标以选择需要的行数和列数，如图 3-40 所示。

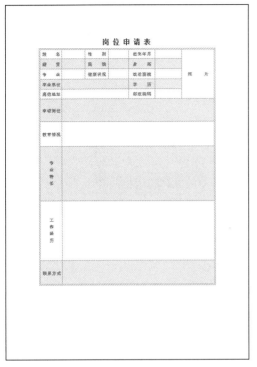

图 3-38　岗位申请表

图 3-39　"表格"命令组

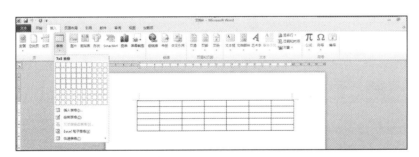

图 3-40　使用"插入表格"菜单创建表格

2. "插入表格"命令

（1）将光标定位在要插入表格的位置。

（2）选择"插入表格"命令，弹出"插入表格"对话框，如图 3-41 所示。

图 3-41　"插入表格"对话框

（3）在"表格尺寸"区域设置行、列数。

（4）"'自动调整'操作"区域可设置以下参数：

● "固定列宽"：在右侧的数值框中自定义列的宽度。

● "根据内容调整表格"：根据每一列中的内容自动调整列宽。

● "根据窗口调整表格"：表格宽度与正文区域宽度相等。

3. 绘制表格

（1）将光标定位在要插入表格的位置。

（2）选择"绘制表格"命令，光标会变成铅笔状，按下拖动即可绘制表格。

（3）要擦除表格线，在"表格工具"的"设计"选项卡"绘制边框"命令组中，单击"擦除"按钮。

4. 快速表格

（1）将光标定位在要插入表格的位置。

（2）选择"快速表格"命令，选择所需的表格模板。

（3）使用所需的数据替换模板中的数据。

二、编辑与修改表格

Word 2010 的表格由水平的行和垂直的列组成，行与列相交的方框称为单元格。在单元格中，用户可以输入及处理有关的文字符号、数字以及图形、图片等。

建立表格之后，使用"表格工具"选项卡对表格进行适当的调整，如设置表格格式，调整列宽、行高，增加或删除行列等，如图 3-42 和图 3-43 所示。

图 3-42　"表格工具-设计"选项卡

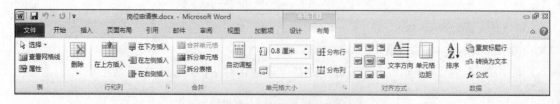

图 3-43　"表格工具-布局"选项卡

1. 选定表格

对表格进行处理应选定操作对象，操作对象包括单元格、行、列或整个表格。

（1）选定单个单元格。

● 单击"表格工具-布局"选项卡中"选择"按钮，可选择单元格，如图 3-44 所示。

● 鼠标位于单元格左侧，呈现右上的黑色箭头，单击，可选择该单元格。

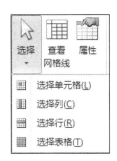

图 3-44   "选择"菜单

（2）选定多个单元格。

● 在单元格中单击并拖动鼠标可选定多个单元格。

● 按住 Ctrl 键，单击所需单元格，可选择不连续的多个单元格；按住 Shift 键，单击所需的单元格，可选择连续的多个单元格。

（3）选定单行、单列。

● 单击"表格工具-布局"选项卡 "选择"按钮，可选择单元格所在行/列。

● 鼠标移动到行左侧，呈现白色的右上箭头，单击，可选择该行。

● 鼠标移动到列上方，呈现黑色的向下箭头，单击，可选择该列。

（4）选定多行、多列。

在选定单行、单列的基础上，按住鼠标左键拖动可选择多行、多列。

（5）选定整个表格。

● 光标定位在表格内，表格左上角出现十字方框时，单击该十字方框可选定整个表格。

● 光标定位在表格内，单击"表格工具-布局"选项卡中的"选择"按钮，在弹出菜单中可选择整个表格。

2. 定位单元格

● 使用鼠标单击定位。

● 使用键盘定位，见表 3-4。

表 3-4   使用键盘定位

方法	效果
↑	向上移动一行
↓	向下移动一行
←	向左移动一个字符
→	向右移动一个字符
Alt+PageDown	移动到该列的最后一个单元格
Alt+PageUp	移动到该列的第一个单元格
Alt+Home	移动到该行的第一个单元格
Alt+End	移动到该行的最后一个单元格
Tab	移动到下一个单元格
Shift+ Tab	移动到前一个单元格

3. 插入、删除行、列和单元格

（1）插入或删除行/列。

- 选择"表格工具-布局"选项卡中"行和列"命令组的相应按钮可插入或删除行/列，如图 3-45 所示。
- 选定一行/列，在右键菜单中可插入或删除行/列。

（2）插入或删除单元格。

- 单击"行和列"命令组"插入单元格"启动器，打开"插入单元格"对话框，如图 3-46 所示。

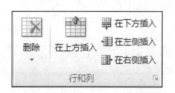

图 3-45　"行和列"命令组　　　　　图 3-46　"插入单元格"对话框

"活动单元格右移"：在该单元格的左侧插入新单元格。

"活动单元格下移"：在该单元格的上方插入新单元格。

"整行插入"：在该单元格所在行的上方插入新行。

"整列插入"：在该单元格所在列的左侧插入新列。

- 删除单元格和插入单元格的操作方法类似。

4. 调整行高和列宽

（1）鼠标调整。鼠标移动到行或列的边框线上，指针变为黑色的双向箭头，上下拖动鼠标改变行高，左右拖动鼠标改变列宽。

（2）"单元格大小"命令组，如图 3-47 所示。

- "单元格大小"命令组"高度"或"宽度"数值框，可调整所选行高或列宽。
- "分布行"按钮表示平均分布表格中各行的高度。
- "分布列"按钮表示平均分布表格中选定的列的宽度。

（3）"表格属性"对话框。单击"单元格大小"命令组"表格属性"启动器，打开"表格属性"对话框，如图 3-48 所示。

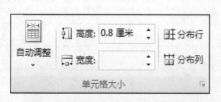

图 3-47　"单元格大小"命令组　　　　　图 3-48　"表格属性"对话框

- "尺寸"区域：设置行的具体高度值。
- "允许跨行断页"选项：可将行高过高的行位于两页上。
- "在各页顶端以标题行形式重复出现"选项：可在每页开头设置重复的行。

5. 合并和拆分单元格

（1）合并单元格：将选择的多个单元格合并为一个单元格，如图 3-49 所示。

（2）拆分单元格：把一个单元格拆分成多个单元格，如图 3-50 所示。

图 3-49　"合并"命令组　　　　　　　　图 3-50　"拆分单元格"对话框

（3）拆分表格 ：将一个表格从所选行处上下拆分为两个表格。

三、美化表格

1. 表格样式

Word 2010 可使用"表格工具"选项卡中的"表格样式"命令组快速设置表格的样式。

2. 设置表格中的文本

在表格中文本格式的设置与在文档中设置文本格式一样，可设置字体、颜色等效果。但是表格中的文本还可设置多种对齐方式和更改文字的方向。

（1）文本的对齐。表格中文本的对齐方式有：垂直对齐（顶端对齐、居中或底端对齐）和水平对齐（左对齐、居中或右对齐）。

（2）文字方向。表格中文字有多种排列方向，默认情况下文字是横向排列的，特殊情况下可更改表格中文字的排列方向，其操作方法如下：

1）选择需要对齐的文本或单元格。

2）选择"表格工具"功能区"对齐方向"命令组，单击"文字方向"按钮 ![文字方向]。

3. 表格的边框和底纹

（1）"设计"选项卡中的"边框"按钮。

- "边框"下拉菜单：设置框线，如图 3-51 所示。
- "边框和底纹"对话框：设置边框和底纹，如图 3-52 所示。

图 3-51　"边框"下拉菜单

（2）"绘图边框"命令组（图 3-53）。

- 笔样式：设置边框线型。
- 笔画粗细：设置线条宽度。
- 笔颜色：设置线条颜色。

图 3-52   "边框和底纹"对话框

图 3-53   "绘图边框"命令组

4. 表格的对齐

在"表格属性"对话框中设置表格的尺寸、对齐方式和文字环绕，如图 3-54 所示。

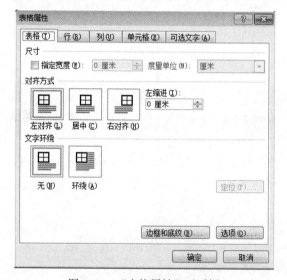

图 3-54   "表格属性"对话框

四、打印岗位申请表

打印编辑好的岗位申请表。

任务 3   绘制招聘流程

招聘流程样图如图 3-55 所示。

一、绘制流程图

1. 绘制图形

使用"插入"功能区"插图"命令组中的"形状"按钮 形状 绘制图形，如图 3-56 所示。

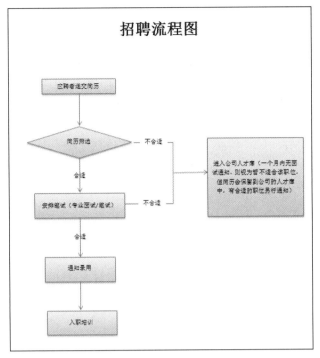

图 3-55　招聘流程样图

图 3-56　"绘图工具"选项卡

2. 编辑图形

（1）"插入形状"命令组。

● 插入形状：选择一个形状，单击文档中的任意位置。

● 更改形状：选择要更改的形状，单击"编辑形状"按钮，指向"更改形状"，然后选择其他形状。

（2）"形状样式"命令组。

● "形状样式"：将指针停留在某一样式上查看应用该样式时形状的外观，单击样式以应用。

● "形状填充"按钮：设置图形的填充颜色。

● "形状轮廓"按钮：设置边框颜色、线型、虚线线型和箭头样式。

● "形状效果"按钮：设置图形的阴影、映像、三维旋转等效果，如图 3-57 所示。

（3）"排列"命令组（图 3-58）。

● 设置叠放次序：每绘制一个图形，该图形就位于一个透明图层上，最先绘制的图形位于最底层，以后

图 3-57　"形状效果"下拉菜单

绘制的图形依次向上叠放，改变图层顺序就可以得到一些特殊的效果。单击"上移一层"或"下移一层"按钮，可设置形状的叠放次序。

- 对齐：将多个对象以水平方向或垂直方向进行对齐，或进行横向和纵向的均匀分布。
- 组合：将多个对象组合成一个整体，组合后的图形可整体改变属性。若要取消组合，单击"组合"按钮中"取消组合"即可。
- 旋转：将对象进行任意角度旋转，或水平/垂直翻转。

（4）"大小"命令组。在"高度"或"宽度"数值框中输入具体数值以调整所选择形状的大小，如图 3-59 所示。

图 3-58　"排列"命令组

图 3-59　"大小"命令组

二、在图形中添加文字

选中图形，在右键菜单中选择"添加文字"命令，在图形中输入文字。

三、组合图形

在 Word 中可以将绘制的多个图形组合成一个整体。组合后的图形可整体改变属性。操作方法如下：选中要组合的多个图形，选择"绘图工具"选项卡"排列"命令组中的"组合"命令，或右击，选择快捷菜单中的"组合"命令，即可组合多个图形。

若要取消组合，选择"绘图工具"选项卡"排列"命令组中的"取消组合"命令，或右击，选择快捷菜单中的"取消组合"命令。

项目三　制作公司报刊

【情境】

陈小来，鼎新软件开发公司广告部策划员，负责公司内部刊物的制作与印刷。目前按照公司要求，需要为公司制作一期介绍"公司企业文化"的月刊。

任务 1　设计报刊

陈小来的任务是设计月刊的版面，要求简洁、清新，并打印。

请参照图 3-60 设计报刊。

图 3-60　公司报刊

一、录入内容

录入所需编辑的文字内容。

二、使用"艺术字"，制作标题"鼎新月刊"

艺术字是进行艺术处理后的文字，作为图形对象插入到文档中，增强文档的视觉效果。

1. 插入艺术字

（1）单击"插入"功能区"文本"命令组中的"艺术字"按钮，在"艺术字"下拉菜单中选择一种艺术字样式，如图 3-61 所示。

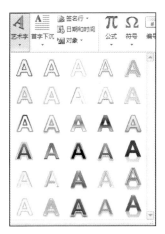

图 3-61　"艺术字"下拉菜单

（2）在"艺术字"输入框中输入文字内容，如图 3-62 所示。

2．编辑艺术字

（1）设置艺术字的字体字号：在"开始"功能区"字体"命令组中设置。

（2）"艺术字样式"命令组如图 3-63 所示。

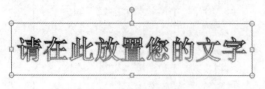

图 3-62　"艺术字"输入框　　　　　　　　图 3-63　"艺术字样式"命令组

- "艺术字样式"。将指针停留在某一样式上查看应用该样式时艺术字的外观，单击样式以应用。
- "文本填充"按钮。设置艺术字的填充颜色。
- "文本轮廓"按钮。设置艺术字边框颜色、线型或虚线线型。
- "文本效果"按钮。设置艺术字的阴影、映像、三维旋转、转换等效果。"转换"命令可设置艺术字的弯曲效果等，如图 3-64 所示。

三、使用"文本框"，制作"2013 年 4 月刊"

文本框用于将文字和其他图形、表格等对象在页面中独立于正文放置。

1．创建文本框

（1）单击"插入"功能区"文本"命令组中的"文本框"按钮，在"文本框"下拉菜单中可选择"内置"样式文本框或"绘制文本框"，如图 3-65 所示。

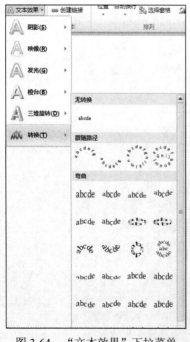

图 3-64　"文本效果"下拉菜单

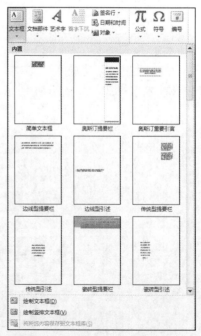

图 3-65　"文本框"下拉菜单

2. 设置文本框格式

文本框具有图形的属性，对其格式的设置与设置图形类似。可设置文本框的填充颜色、线型、线条颜色、环绕方式等。

3. 链接文本框

Word 2010 可以对多个文本框建立链接。当一个文本框中的内容无法完全显示时，可通过链接将内容自动移至下一个文本框。

（1）选择第一个文本框，在"绘图工具"选项卡"文本"命令组中单击"创建链接"按钮 ⊶ 创建链接 。

（2）光标变成直立的水杯形状，并移至要链接的第二个文本框上。

（3）光标变成倾斜的水杯形状，单击即可创建链接。需要注意的是，第二个文本框必须是空文本框。

四、文章"什么是企业文化"，使用艺术字制作标题，进行分栏排版，分为三栏，另插入图片

（一）分栏排版

在报刊和杂志中多使用分栏排版，便于阅读。只有在页面视图和打印预览方式下才能显示分栏效果。

1. 设置分栏

使用"分栏"按钮和"分栏"对话框设置分栏。

（1）"分栏"按钮。将光标定位到段落中或选中段落，单击"页面布局"功能区"页面设置"命令组中的"分栏"按钮 ，在下拉菜单中选择相应命令。

（2）"分栏"对话框。在"分栏"下拉菜单中选择"更多分栏"命令，打开"分栏"对话框，如图 3-66 所示。

图 3-66 "分栏"对话框

- "预设"区域：选择分栏方式。
- "栏数"数值框：设置分栏数目，最多可设置 11 栏。
- "宽度和间距"区域：设置栏宽和栏与栏之间的距离。

● "应用于"下拉列表框：选择分栏的应用范围，可应用于"整篇文档""所选文字"或"插入点之后"。

2. 分隔符

选择"页面布局"功能区"页面设置"命令组中的"分隔符"按钮 分隔符，弹出下拉菜单，如图 3-67 所示。

（1）分页符。

● 分页符。当文本或图形等内容填满一页时，Word 会自动开始新的一页。如果要在某个特定位置强制分页，可插入"分页符"。

● 分栏符。对文档（或某些段落）进行分栏后，若希望某一内容出现在下栏的顶部，则可插入分栏符。

● 自动换行符。文本到达页面右边距时，Word 将自动换行。插入"换行符"可在插入点位置强制断行（换行符显示为灰色"↓"形）。与直接按回车键不同，这种方法产生的新行仍将作为当前段的一部分。

（2）分节符。

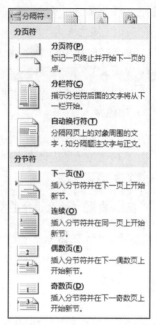

图 3-67 "分隔符"下拉菜单

节是文档的一部分。插入分节符之前，Word 将整篇文档视为一节。在需要改变行号、分栏数或页面页脚、页边距等特性时，需要创建新的节。

● 下一页：光标后的全部内容将移到下一页。

● 连续：Word 将在插入点位置添加一个分节符，新节从当前页开始。

● 偶数页：光标后的内容将转至下一个偶数页，Word 自动在偶数页之间空出一页。

● 奇数页：光标后的内容将转至下一个奇数页，Word 自动在奇数页之间空出一页。

（二）插入图片

1. 插入图片

Word 2010 中所插入的图片可以是剪贴画或图片，如图 3-68 所示。

图 3-68 "插图"命令组

（1）插入图片。单击"插入"功能区"插入"命令组中的"图片"按钮，弹出"插入图片"对话框，选择插入图片的位置、名称及类型，如图 3-69 所示。

（2）插入剪贴画。Word 2010 提供了一个剪辑管理器，收藏了系统自带的多种类型的剪贴画。

单击"插入"功能区"插入"命令组中的"剪贴画"按钮，弹出"剪贴画"任务窗格，在搜索到的结果中，选择一幅剪贴画，单击插入，如图 3-70 所示。

图 3-69 "插入图片"对话框   图 3-70 "剪贴画"任务窗格

2. 设置图片格式（图 3-71）

（1）"调整"命令组：调整图片的颜色、亮度、艺术效果等。

图 3-71 "图片工具"选项卡

（2）"图片样式"命令组。

● "图片版式"：将指针停留在某一样式上查看应用该样式时图片的外观，单击样式以应用。

● "图片边框"按钮：设置图片边框颜色、线型或虚线线型。

● "图片效果"按钮：设置图片的阴影、映像、发光、三维旋转等效果。

● 单击图片设置启动器，打开"设置图片格式"对话框，也可设置图片边框、效果等，如图 3-72 所示。

（3）"排列"命令组。

● "位置"按钮：设置图片在页面上的位置。

● "自动换行"按钮：更改所选图片周围的文字环绕方式。

● "对齐"和"旋转"与图形设置类似。

（4）"大小"命令组（图 3-73）。

● 裁剪：通过减少垂直或水平边缘来删除或屏蔽不希望显示的部分。

● 裁剪为形状：将图片按特定形状进行裁剪。

● 纵横比：将图片按一定的纵横比进行裁剪，在裁剪时查看图片比例。

图 3-72　"设置图片格式"对话框

图 3-73　"裁剪"下拉菜单

- 填充和调整：用图片来填充形状或调整删除图片的某个部分。
- 高度和宽度：通过设置高度和宽度精确裁剪图片。
- 单击大小设置启动器，打开"布局"对话框，也可设置图片位置、文字环绕、大小，如图 3-74 所示。

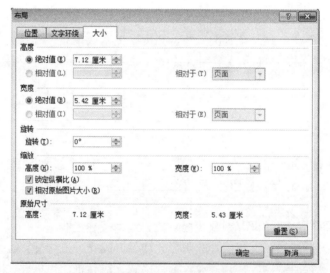

图 3-74　"布局"对话框

五、文章"企业文化理论出现的必然性"，使用首字下沉

首字下沉可以使段落第一个字放大数倍，以增强文章的可读性，是出版物中流行的设计方式。

1. "首字下沉"按钮

单击"插入"功能区"文本"命令组中的"首字下沉"按钮，在下拉菜单中选择相应命令。

2."首字下沉"对话框

在"首字下沉"下拉菜单中选择"首字下沉选项"命令，打开"首字下沉"对话框，如图 3-75 所示。

图 3-75　"首字下沉"对话框

（1）选择"首字下沉"的位置方式。

- "无"：不进行首字下沉，若该段落已设置首字下沉则取消首字下沉效果。
- "下沉"：首字后的文字围绕在首字的右下方。
- "悬挂"：首字下面不排文字。

（2）在"选项"栏中设置首字的字体、下沉行数以及距正文的距离。

六、文章"企业文化的功能"，对指定文字添加底纹颜色，并为整个刊物添加页面边框

Word 2010 可以为文本或段落添加边框和底纹，为整页或整篇文档添加页面边框，用来突出显示或美化文档。

（1）添加边框。单击"页面布局"功能区"页面背景"命令组中的"页面边框"按钮，弹出对话框，选择"边框"选项卡，如图 3-76 所示。

图 3-76　"边框"选项卡

1）"设置"区域：选择边框类型。
2）"样式""颜色""宽度"列表：分别设置边框的线型、颜色和宽度。

3）"应用于"列表框：选择边框的应用范围。

"文字"：应用于文字则为选中文本的每一行都添加边框，如图 3-77 所示。

"段落"：应用于段落则为整个段落添加边框，如图 3-78 所示。

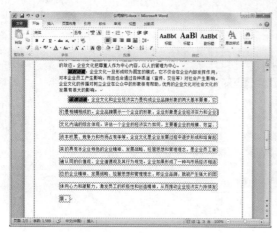 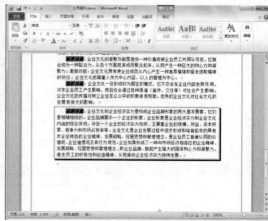

图 3-77　为文字添加边框的效果　　　　　　图 3-78　为段落添加边框的效果

4）"预览"框中有"上框线""下框线""左框线""右框线"四个按钮，可独立设置段落的上、下、左、右边框线，但只对"应用于段落"有效。

（2）添加底纹。单击"页面布局"功能区"页面背景"命令组中的"页面边框"按钮，弹出对话框，选择"底纹"选项卡，如图 3-79 所示。

图 3-79　"底纹"选项卡

1）"填充"列表：选择所需的颜色。

2）"图案"列表：设置底纹的样式。

3）"应用于"列表：选择底纹的应用范围。

"文字"：应用于文字则为选中文本的每一行都添加底纹。

"段落"：应用于段落则为整个段落添加底纹。

（3）添加"页面边框"。单击"页面布局"功能区"页面背景"命令组中的"页面边框"按钮，弹出对话框，选择"页面边框"选项卡，如图 3-80 所示。

图 3-80   "页面边框"选项卡

1）"设置"区域：选择边框类型。

2）"样式""颜色""宽度"列表：分别设置边框的线型、颜色和宽度，还可设置艺术型边框效果。

3）"应用于"列表：选择边框的应用范围，如"整篇文档""本节""本节-只有首页""本节-除首页外的所有页"。

七、制作页眉和页脚

页眉插入"公司徽标"，页脚插入页码和页数。

任务 2   打印报刊

为公司报刊设置适合的页面布局，并打印。

项目四   制作新品发布会活动策划书

【情境】

鼎新软件开发公司刚开发测试好一款新的音乐软件。作为新的音乐软件，上市很可能触及其他音乐软件的利益，可能与各种音乐软件进行竞争。公司决定在新产品投入市场之前做一次新产品的发布会。韩梅梅，市场部的一名工作人员，被安排负责该次新品发布会。

任务 1   编制规划书

规划书样式如图 3-81 所示。

步骤 1   输入规划书内容。

步骤 2   设置样式和格式。

1．修改"标题 1"样式。

2．设置标题"鼎新软件开发公司鼎新音乐软件发布会"为"标题 1"样式。

3．为正文内容添加相应的项目编号与符号。

图 3-81 规划书

任务 2 制作产品介绍书

产品介绍书样式如图 3-82 所示。

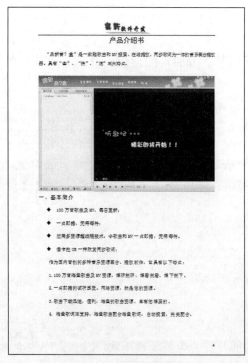

图 3-82 产品介绍书

步骤 1 输入介绍书书内容。

步骤 2 设置样式和格式。

步骤 3 插入图片。

任务 3　制定会议流程

会议流程样表如图 3-83 所示。

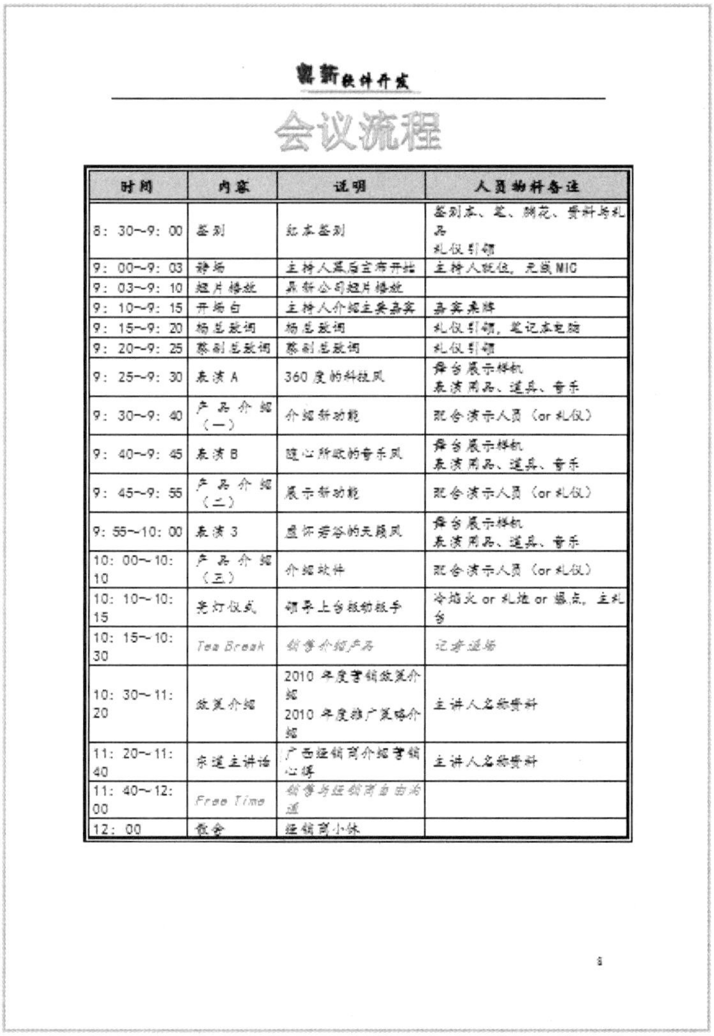

鼎新软件开发

会议流程

时间	内容	说明	人员物料备注
8：30~9：00	签到	纪本签到	签到本、笔、胸花、资料与礼品 礼仪引领
9：00~9：03	静场	主持人幕后宣布开始	主持人就位，无线 MIC
9：03~9：10	短片播放	鼎新公司短片播放	
9：10~9：15	开场白	主持人介绍主要嘉宾	嘉宾桌牌
9：15~9：20	杨总致词	杨总致词	礼仪引领，笔记本电脑
9：20~9：25	蔡副总致词	蔡副总致词	礼仪引领
9：25~9：30	表演 A	360 度的科技风	舞台展示样机 表演用品、道具、音乐
9：30~9：40	产品介绍（一）	介绍新功能	配合演示人员（or 礼仪）
9：40~9：45	表演 B	随心所欲的音乐风	舞台展示样机 表演用品、道具、音乐
9：45~9：55	产品介绍（二）	展示新功能	配合演示人员（or 礼仪）
9：55~10：00	表演 3	虚怀若谷的无线风	舞台展示样机 表演用品、道具、音乐
10：00~10：10	产品介绍（三）	介绍软件	配合演示人员（or 礼仪）
10：10~10：15	亮灯仪式	领导上台启动扳手	冷焰火 or 礼炮 or 爆点，主礼台
10：15~10：30	Tea Break	销售介绍产品	记者退场
10：30~11：20	政策介绍	2010 年度营销政策介绍 2010 年度推广策略介绍	主讲人名称资料
11：20~11：40	末道主讲话	广西经销商介绍营销心得	主讲人名称资料
11：40~12：00	Free Time	销售与经销商自由沟通	
12：00	散会	经销商小休	

8

图 3-83　会议流程

步骤 1　创建表格。

步骤 2　录入表格内容。

步骤 3　格式化表格。

任务 4　绘制会场布局图

会场布局样图如图 3-84 所示。

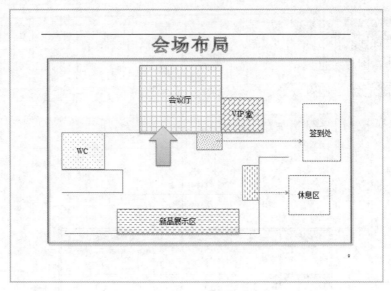

图 3-84　会场布局

步骤 1　设置页面。

1．使用分节符插入新页。

2．将该页设置为横向页面。

步骤 2　插入艺术字。

步骤 3　绘制会场布置图。

步骤 4　设置页眉页脚。

1．插入页眉页脚。

2．取消会场布局图所在页页眉。

拓 展 知 识

1．Word 2010 窗口

Word 从 2003 升级到 2007 再到 2010，其显著的变化就是使用"文件"按钮代替了 Word 2007 中的 Office 按钮，使用户更容易从 Word 2003 和 Word 2000 等旧版中转移。另外，Word 2010 同样取消了传统的菜单操作方式，而代之以各种功能区。在 Word 2010 窗口上方看起来像菜单的名称其实是功能区的名称，当单击这些名称时并不会打开菜单，而是切换到与之相对应的功能区面板。每个功能区根据功能的不同又分为若干个组，每个功能区所拥有的功能如下所述。

（1）快速访问工具栏。快速访问工具栏是一个可自定义的工具栏，包含一组独立于当前功能区上的命令。单击右侧下拉箭头，在弹出的菜单中自定义工具栏及设置工具栏的位置，如图 3-85 所示。

（2）文件选项卡。Microsoft Office 2010 中的一项新设计是"文件"选项卡取代了 Microsoft Office 2003 及早期版本中的"文件"菜单和 Microsoft Office 2007 版本中的"Office 按钮"。

图 3-85　快速访问工具栏

单击"文件"选项卡后，会显示一些基本命令，这些基本命令包括"打开""保存"和"打印"以及其他一些命令，如图 3-86 所示。

图 3-86　"文件"选项卡

（3）"开始"功能区。"开始"功能区中包括剪贴板、字体、段落、样式和编辑 5 个组，对应 Word 2003 的"编辑"和"段落"菜单部分命令。该功能区主要用于帮助用户对 Word 2010 文档进行文字编辑和格式设置，是用户最常用的功能，如图 3-87 所示。

图 3-87　"开始"功能区

（4）"插入"功能区。"插入"功能区包括页、表格、插图、链接、页眉和页脚、文本、符号和特殊符号几个组，对应 Word 2003 中"插入"菜单的部分命令，主要用于在 Word 2010 文档中插入各种元素，如图 3-88 所示。

图 3-88　"插入"功能区

（5）"页面布局"功能区。"页面布局"功能区包括主题、页面设置、稿纸、页面背景、段落、排列几个组，对应 Word 2003 的"页面设置"菜单命令和"段落"菜单中的部分命令，用于帮助用户设置 Word 2010 文档的页面样式，如图 3-89 所示。

图 3-89　"页面布局"功能区

（6）"引用"功能区。"引用"功能区包括目录、脚注、引文与书目、题注、索引和引文目录几个组，用于实现在 Word 2010 文档中插入目录等比较高级的功能，如图 3-90 所示。

图 3-90　"引用"功能区

（7）"邮件"功能区。"邮件"功能区包括创建、开始邮件合并、编写和插入域、预览结果和完成几个组，该功能区的作用比较专一，专门用于在 Word 2010 文档中进行邮件合并方面的操作，如图 3-91 所示。

图 3-91　"邮件"功能区

（8）"审阅"功能区。"审阅"功能区包括校对、语言、中文简繁转换、批注、修订、更改、比较和保护几个组，主要用于对 Word 2010 文档进行校对和修订等操作，适用于多人协作处理 Word 2010 长文档，如图 3-92 所示。

图 3-92　"审阅"功能区

（9）"视图"功能区。"视图"功能区包括文档视图、显示、显示比例、窗口和宏几个组，主要用于帮助用户设置 Word 2010 操作窗口的视图类型，以方便操作，如图 3-93 所示。

图 3-93 "视图"功能区

（10）"加载项"功能区。"加载项"功能区包括菜单命令一个分组，加载项是可以为 Word 2010 安装的附加属性，如自定义的工具栏或其他命令扩展。"加载项"功能区可以在 Word 2010 中添加或删除加载项，如图 3-94 所示。

图 3-94 "加载项"功能区

（11）编辑区。标尺下方的空白区域为 Word 2010 的编辑区，在编辑区中完成文档输入、排版等操作。

（12）滚动条。滚动条可以显示当前不可见的文档部分，分为垂直滚动条和水平滚动条，可移动滚动条的滑块或单击两端的箭头进行移动。

（13）标尺。单击垂直滚动条上方的"标尺"按钮，在编辑区上方显示标尺。标尺分为水平标尺和垂直标尺，标尺可以用来设置或查看段落缩进、制表位、页面边界和栏宽等信息。

（14）状态栏。状态栏位于窗口底部，显示当前光标所在位置和文档相关信息，如页数、总页数、插入/改写状态、视图方式、显示比例等，如图 3-95 所示。

图 3-95 状态栏

（15）视图方式。Word 2010 提供了"页面""阅读版式""Web 版式""大纲""草稿"等多种屏幕查看模式，以适应不同的工作场合。可以通过"视图"功能区"文档视图"命令组或状态栏上的"视图"按钮选择视图方式。

1）页面视图。页面视图，即"所见即所得"视图。用于显示整个页面的内容，包括文本、图片、表格、页眉页脚、页码、分栏等内容和效果。

2）阅读版式视图。在阅读版式视图中，文档中的字号变大了，每一行变得短些，阅读起来比较贴近于自然习惯，可以使人从疲劳的阅读习惯中解脱出来。虽然这种阅读的方式比较省力，但每次通过这种方式打开 Word 文档进行阅读都令人不是很习惯，最关键的是在"阅读版式"方式下，所有的排版格式都打乱了，所以只好又回到传统的页面视图中进行文档审读。

3）Web 版式视图。Web 版式视图用于模仿 Web 浏览器来显示文档。

4）大纲视图。大纲视图用于显示、修改或创建文档的大纲。如果文档中定义有不同层次的标题，可以将这些文档压缩起来，只看这些标题，也可以只看到某一特定层次以上的标题。

还可以十分容易地移动文档的各段，把一个整段压缩成一行，从而通过这一行的方式来看这一段的文本。

5）草稿视图。以草稿形式查看文档，以便快速编辑文本。在此视图中不会显示某些文档元素。

2．查找替换、自动更正、拼写检查

（1）查找替换。查找与替换是进行文字处理的基本技能和技巧之一。使用查找可以快速定位到指定字符处。替换以查找为前提，可以实现用一段文本替换文档中指定文本的功能。

1）查找。单击"开始"功能区"编辑"命令组中的"查找"按钮，打开下拉菜单，如图3-96所示。

● "查找"命令。

打开"导航"任务窗格，在搜索框中键入内容来搜索文档中的文本，如图3-97所示。

图3-96　"查找"下拉菜单

图3-97　"导航"任务窗格

● "高级查找"命令。

弹出"查找与替换"对话框，选择 "查找"选项卡，将光标定位到"查找内容"下拉列表框中，输入要查找的内容，单击"查找下一处"按钮即可快速查找到要查找的内容，如图3-98所示。

图3-98　"查找"选项卡

若要查找含有特定格式的文本，还可使用"查找"命令中的"更多"查找选项，如图3-99所示。

2）替换。单击"开始"功能区"编辑"命令组中的"替换"按钮，弹出"查找和替换"对话框，选择"替换"选项卡。

在"查找内容"列表框中输入需要查找的文本，在"替换为"列表框中，输入要替换的文本，单击"替换"或"全部替换"按钮即可完成替换，如图3-100所示。

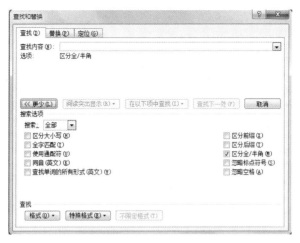

图 3-99　"高级查找"选项卡

图 3-100　"替换"选项卡

（2）自动更正。Word 中的自动更正功能可以更正一些常见的输入错误、拼写错误和语法错误，也可以插入文字、图形等。

选择"文件"选项卡"选项"命令，在"Word 选项"对话框中选择"校对"命令，单击"自动更正选项"按钮，弹出"自动更正"对话框，如图 3-101 所示。

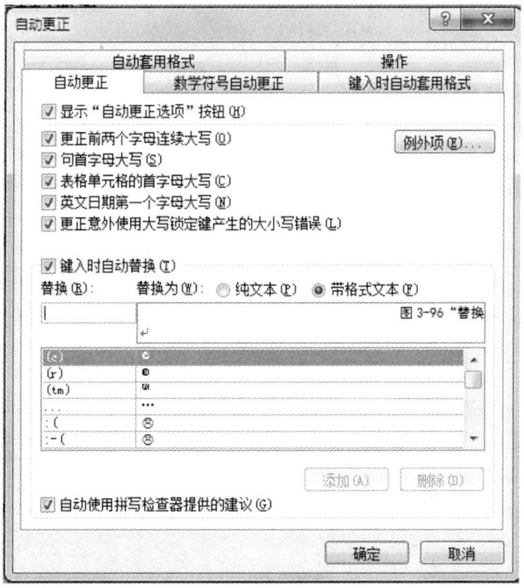

图 3-101　"自动更正"对话框

例如，更正"账户"为"账户"。

1）在"替换"文本框中输入"账户"。

2）单击"添加"按钮，即可将该词条添加到自动更正列表中。

3）当在替换为文本框中输入"账户"，回车即可用正确词语"账户"代替。

（3）拼写检查。Word 2010 可以在用户输入时自动检查拼写和语法错误。用红色波浪线标记拼写错误，用绿色波浪线标记语法错误。需要注意的是，它只能检查英文的拼写错误。

例如，为一段文字进行拼写和语法检查，操作如下：

1）单击"审阅"功能区"校对"命令组中"拼写和语法"按钮，如图 3-102 所示。

2）提示英文单词"Intenet"错误，并给出修改建议，修改后自动检查下一个错误。

3）提示词组"表格据数处理"错误，系统认为输入错误或特殊用法，用户可根据情况进行修改，如图 3-103 所示。

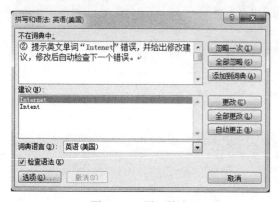
图 3-102　拼写检查

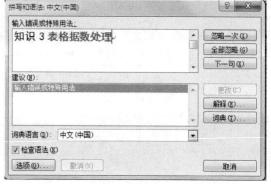
图 3-103　语法检查

3. 表格数据处理

（1）表格数据的计算。Word 2010 可以对表格数据进行简单的运算处理。

Word 2010 的表格中行号用阿拉伯数字 1、2、3……表示，列号用大写英文字母 A、B、C……表示，单元格用列号加行号表示，如 A3，表示第三行第一个单元格。

例 1：表 3-5 为"蓝天运输公司 2018 年 3 月工资表"，要求计算每位职工的应发工资，计算结果保留两位小数，并放入相应的单元格中。

表 3-5　蓝天运输公司 2018 年 3 月工资表

职工姓名	基本工资	奖金	岗位津贴	应发工资
张平	800	400	350	
李军	600	370	300	
朱君华	600	300	240	
王丽	750	350	380	

1）光标定位于 E2 单元格中。

2）单击"表格工具-布局"选项卡"公式"按钮 *fx* 公式，弹出"公式"对话框，如图 3-104 所示。

- 在"公式"文本框中输入"=SUM(B2:D2)"。
- 在"编号格式"下拉列表框中选择要保留两位小数"0.00"。
- 在"粘贴函数"下拉列表框中列出 Word 的函数种类。

3）单击"确定"按钮计算结果。

4）重复以上步骤可计算出每位职工的应发工资。

（2）表格数据的排序。Word 2010 可以对表格数据按照一定的顺序进行排列。

例 2．在上例计算完成后，对"应发工资"一列的数据进行降序排列。

1）选中"应发工资"列。

2）单击"表格工具-布局"选项卡"排序"按钮，弹出"排序"对话框，如图 3-105 所示。

图 3-104 "公式"对话框

图 3-105 "排序"对话框

3）在"主要关键字"一栏中选择"应发工资"。

如果该列（主要关键字）中有相同的数据，需要再根据另一列（次要关键字）进行排序。依次类推，Word 最多允许设置 3 个关键字。

4）选择排序类型为"降序"。

5）单击"确定"按钮，计算结果见表 3-6。

表 3-6 蓝天运输公司 2018 年 3 月工资表

职工姓名	基本工资	奖金	岗位津贴	应发工资
张平	800	400	350	1550
王丽	750	350	380	1480
李军	600	370	300	1270
朱君华	600	300	240	1140

4. 样式

样式是一组格式命令的集合,使用样式可以快速设置文档格式以提高工作效率。Word 2010 默认的几种样式有清除格式、标题 1、标题 2、标题 3、正文。

（1）应用样式。

1）光标定位于段落中或选中该段落。

2）在"开始"功能区"样式"命令组样式列表框中选择所需的样式。

（2）修改或删除样式。Word 2010 的样式可以修改或删除。修改后，文档中使用该样式的文本都将进行相应的改变。删除后，文档中使用该样式的文本将自动取消该样式。需要注意的是，Word 2010 中默认的样式不能删除。

在"样式"命令组中单击"样式"启动器，打开"样式"任务窗格，选择需要修改或删除的样式，单击右侧的下拉箭头，选择"修改"或"删除"命令，弹出相应的对话框，如图3-106 和图3-107 所示。

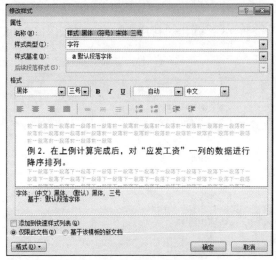

图 3-106 "修改样式"对话框

图 3-107 删除样式询问框

（3）创建新样式。

1）"新建样式"按钮。单击"样式"任务窗格"新建样式" 按钮，打开"根据格式设置创建新样式"对话框，如图3-108 所示。

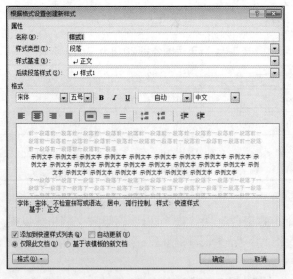

图 3-108 "根据格式设置创建新样式"对话框

- 在"名称"框中输入样式的名称。
- 在"样式类型"框中，选择"段落""字符"样式类型。"段落"样式应用到光标所在的段落；"字符"样式应用到选定的字符。
- 在"格式"区域中选择所需的选项，或者单击"格式"按钮以便设置更多的选项。

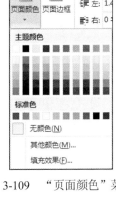

2）创建快速样式。选择包含格式的文本，在"样式"命令组"样式"列表框中选择"将所选内容保存为新快速样式"命令。

5. 页面颜色

为了增强文本的视觉效果，可以为文档添加页面颜色。单击"页面布局"功能区"页面背景"命令组的"页面颜色"按钮，如图 3-109 所示。

（1）设置背景颜色：在"主题颜色"中选择所需颜色，也可打开"其他颜色"对话框选择其他颜色。

图 3-109　"页面颜色"菜单

（2）设置填充效果：除了可为文档设置单一的背景颜色外，还可利用"填充效果"设置多种背景效果，如图 3-110 至图 3-113 所示。

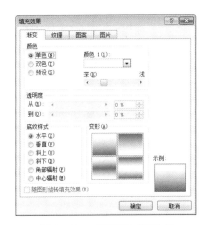

图 3-110　"渐变"选项卡

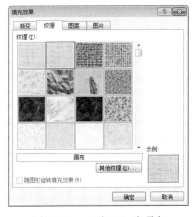

图 3-111　"纹理"选项卡

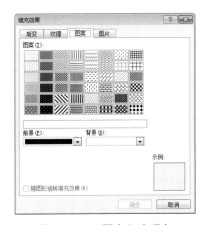

图 3-112　"图案"选项卡

图 3-113　"图片"选项卡

注："页面颜色"只能在页面视图、阅读版式视图和 Web 版式视图中可见，但无法打印。

（3）设置水印：水印是一种特殊的背景，分为"图片水印"和"文字水印"，如图 3-114 和 3-115 所示。

图 3-114　"水印"下拉菜单

图 3-115　"水印"对话框

6. 制表位

制表位是水平标尺上的位置，指定了文字缩进的距离或文字开始的位置。默认情况下，按一次 Tab 键，Word 将在文档中插入一个制表符，其间隔为 0.74 厘米。制表位的类型包括左对齐、居中对齐、右对齐、小数点对齐和竖线对齐，见表 3-7。

表 3-7　制表位类型

制表位	效果
左对齐制表符 ⌊	销售毛利 10000 元 税额 0.24
右对齐制表符 ⌋	销售毛利 10000 元 税额 0.24
居中对齐制表符 ⊥	销售毛利 10000 元 税额 0.24
小数点对齐制表符 ⊥	销售毛利 10000 元 税额 0.24
竖线对齐制表符 I	销售毛利 10000 元 ┃ 税额 0.24

（1）标尺设置。

1）开启标尺后，单击水平标尺左端制表符按钮选择所需的制表符类型。

2）在水平标尺上需要设置制表位的位置单击，则出现相应的制表符。

3）光标定位在需要对齐的文本左侧，按 Tab 键可使文本按制表符对齐。

4）按住左键将制表符拖出水平标尺即可删除制表符。

（2）"制表位"对话框。

1）在"段落"对话框中单击"制表位"命令，弹出对话框，如图 3-116 所示。

图 3-116　"制表位"对话框

2）"制表位位置"文本框：设置具体位置的值。

3）"对齐方式"区域：选择一种对齐方式。

4）"前导符"区域：选择前导符。

习　　题

一、判断题（正确的请在题后括号中填写 T，错误的请填写 F）

1. Word 中的样式是由多个格式排版命令组合而成的集合。Word 允许用户创建自己的样式。　　　　　　　　　　　　　　　　　　　　　　　　　　　　　（　　）

2. 在 Word 中，文本框可随键入内容的增加而自动扩展其大小。　　　　（　　）

3. 在 Word 中，要选中几块不连续的文字区域，可以在选择第一块文字区域的基础上结合 Ctrl 键来完成。　　　　　　　　　　　　　　　　　　　　　　　　（　　）

4. Word 可进行分栏排版，但最多可分两栏。　　　　　　　　　　　　（　　）

5. 在 Word 环境下，如果想使打印文件的大小改变，应该进行页面设置。　（　　）

二、单选题

1. 在 Word 的编辑状态下，为文档设置页码，可以使用（　　）。

　A."插入"功能区"插图"命令组中的命令

　B."页面布局"功能区中的命令

　C."开始"功能区"样式"命令组中的命令

　　　D．"插入"功能区"页眉和页脚"命令组中的命令

2．在 Word 中，不用打开文件对话框就能直接打开最近使用过的文件的方法是（　　　）。

　　A．使用"文件"选项卡中的"打开"命令

　　B．使用"开始"功能区中的命令

　　C．打开"文件"选项卡，选择"最近使用文件"命令

　　D．使用快捷键 Ctrl+O

3．在 Word 编辑过程中，使用（　　　）键盘命令可将插入点直接移到文章末尾。

　　A．<Shift>+<End>　　　　　　　　　　B．<Ctrl>+<End>

　　C．<Alt>+<End>　　　　　　　　　　　D．<End>

4．在使用 Word 编辑文本时，可以插入图片。以下方法中，（　　　）是不正确的。

　　A．利用绘图工具绘制图形

　　B．单击"插入"功能区"插图"命令组中的"图片"按钮

　　C．选择"文件"选项卡中的"打开"命令

　　D．利用剪贴板，将其他图形复制、粘贴到所需文档中

5．Word 中显示页码、页数、视图方式等信息的是（　　　）。

　　A．常用工具栏　　　B．菜单　　　　　　C．格式栏　　　　　D．状态栏

6．在使用 Word 编辑文本时，（　　　）可以在标尺上直接进行操作。

　　A．对文章分栏　　　　　　　　　　　　B．建立表格

　　C．嵌入图片　　　　　　　　　　　　　D．段落首行缩进

7．在 Word 中，使用"文件"选项卡中的"另存为"命令保存文件时，不可以（　　　）。

　　A．将新保存的文件覆盖原有的文件

　　B．修改文件原来的扩展名 DOC

　　C．将文件保存为无格式的文本文件

　　D．将文件存放到非当前驱动器中

8．在 Word 中，图片可以以多种环绕形式与文本混排，（　　　）不是它提供的环绕形式。

　　A．四周型　　　　　B．穿越型　　　　　C．上下型　　　　　D．左右型

9．下列有关 Word 格式刷的叙述中，（　　　）是正确的。

　　A．格式刷只能复制纯文本的内容

　　B．格式刷只能复制字体格式

　　C．格式刷只能复制段落格式

　　D．格式刷既可以复制字体格式也可以复制段落格式

10．在 Word 中，设定纸张的打印方向，应当使用的命令是（　　　）。

　　A．"页面布局"功能区中的"页面设置"命令组

　　B．"视图"功能区中的"窗口"命令组

　　C．"视图"功能区中的"显示"命令组

　　D．"页面布局"功能区中的"稿纸"命令组

三、填空题

1．Word 中的两个或两个以上的文本框，可以通过_____建立关联，即前一文本框中

装不下的内容，可以装到后面的文本框中。

2．Word 文档中的段落标记是在输入_____键之后产生的。

3．在 Word 中，若对选定栏进行鼠标三击左键，则表示_____。

4．在 Word 中，已插入一张多行多列的表格，现插入点位于表格中的某个单元格内，单击"表格工具-布局"选项卡中的"选择"按钮，在下拉菜单中选择"选择行"命令，再选择"选择列"命令，则表格中被选中的部分是_____。

5．Word 中，当输入文本满一页时，会自动插入一个分页符，这称为_____，除了这种方法外，也可以由用户根据需要在适当位置插入分页符，这称为_____。

四、简答题

1．Word 2010 的启动方式有哪几种？

2．简述"查找和替换"的步骤？

3．Word 2010 文档的视图方式有哪几种？它们的特点是什么？

模块四　电子表格软件 Excel 2010

【学习目标】

1. 了解 Excel 2010 软件基础操作、公式的计算、数据的排序。
2. 掌握数据的筛选、创建图表并进行图表分析。
3. 掌握人事清单数据的处理、工资的核定并计算、学生成绩表的处理以及销售数据的分析。

【重点难点】

1. 工资的核定并计算、学生成绩表的处理。
2. 各项公式与函数的使用及参数的含义、数据的筛选及图表分析。

Excel 2010 是 Office 中的一个重要组件，它是最优秀和最常用的电子表格软件之一，是个人及办公事物处理的理想工具。它具有强大的数据处理、数据分析能力，提供了丰富的财务分析函数、数据库管理函数及数据分析工具。财务管理人员可以用它进行财务分析、统计分析等；决策人员可以用它进行决策分析；管理人员可以用它进行各类销售及投资交易的图表分析；办公人员可以用它管理单位的各种人员档案，例如职工薪酬、业绩考评等。

Excel 2010 作为典型的创建和维护电子表格的应用软件，不仅提供了数据的录入、显示及各种格式的编辑处理，更为强大的是可以对数据进行更为复杂的分析处理，并打印出所需要的统计报表和统计图形。目前对办公及各类管理人员来说，Excel 2010 真可谓是集数据采集、数据编辑、数据图表化、数据管理和数据分析等处理功能于一身的得力助手。

本模块从实际出发，以具体项目应用为导向，依托于各项任务，详细介绍了 Excel 2010 的常用功能。

项目一　编制人事清单

【情境】

张琳需要利用 Excel 2010 来制作完成单位工作人员入职档案，首先对数据进行录入，在录入过程中对数据的格式进行设置，完成后进行页面的设置，再进行打印输出的处理并保存到指定位置。

任务 1　编辑人事清单数据表单

张琳在接到任务后，利用软件 Office Excel 2010 进行人事数据表单的处理。

1. 启动 Excel 2010

（1）利用"开始"菜单。选择"开始"菜单中的"所有程序"，打开其下级菜单中的 Microsoft Excel 2010，启动 Excel 2010。

（2）利用快捷图标。双击桌面上的 Excel 快捷图标，即可启动 Excel 2010。

（3）利用现有的 Excel 文档。双击任何 Excel 文档或 Excel 文档的快捷方式，即可启动 Excel 2010。

2. 退出 Excel 2010

（1）单击窗口"关闭"按钮。

（2）选择"文件"选项卡中的"关闭"命令。

（3）选择"文件"选项卡中的"退出"命令。

（4）可以直接按 Alt+F4 快捷键。

3. 创建空白工作簿

创建空白工作簿有多种方式，常用的有以下几种：

（1）启动 Excel 2010 时将自动建立一个空白工作簿"工作簿 1.xlsx"，Excel 文档的扩展名为.xlsx。

（2）单击"快速访问工具栏"的"新建文档"按钮，可创建一个空白工作簿。

（3）选择"文件"选项卡中的"新建"命令，如图 4-1 所示，选择"空白工作簿"。

图 4-1　新建空白工作簿

1）可用模板：包含"空白工作簿""最近打开的模板""样本模板""我的模板""根据现有内容新建"等几个选项，选择其中一种即可创建新工作簿。

2）Office.com 模板：包含"报表""表单表格""费用报表"等，选择一种模板类型，即可创建新工作簿。

"新建"命令中包含了大量格式规范的 Excel 文档模板，用户可通过这些模板创建 Excel 文档，快速获得具有固定规范格式的 Excel 文档。

4. 数据录入

按照图 4-2 在进行录入的过程中要注意选择相应的单元格，对单元格进行合并、移动、复制及自动填充，如有遇到录入出错的地方需要进行数据的清除或者选择 Excel 撤消与恢复操作。

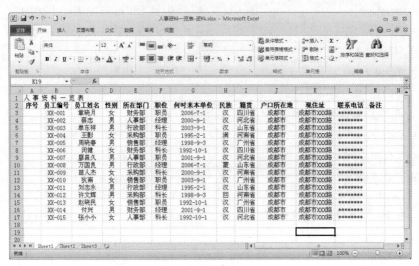

图 4-2　清单数据

（1）复制单元格数据。如果要将单元格复制或移动到同一个大工作表的其他位置、同一个工作簿的另一个工作表、另一个窗口或者另一个应用程序中，可以使用"开始"选项卡上"剪贴板"的"剪切""复制"和"粘贴"按钮或者快捷键。

（2）利用 Excel 提供的移动单元格命令，实现将单元格从一个位置搬移到一个新的位置。可以利用鼠标左键选中进行移动或者利用"剪贴""粘贴"按钮对数据进行操作。

（3）在 Excel 中，还提供了多步撤消操作，利用该操作能够"撤消"最近一次或多步的操作，而恢复到在执行该项操作前的系统状态。这一功能对发生误操作是十分有用的工具，使我们能够及时更正。

5. 对人事表单添加数据

张琳需要在录入好的表单中 E 列插入添加"身份证号"列，如图 4-3 所示。在进行身份证号录入时，有两种方法可以采用：一是在其前面添加英文状态下的单引号"'"；二是对该列单元格进行格式设置，设置单元格格式为文本型。

	序号	员工编号	员工姓名	性别	身份证号	所在部门	职位	何时来本单位	民族	籍贯	户口所在地	现住址	联系电话	备注
					人 事 资 料 一 览 表									
3	01	XX-001	章晓月	女	51390119810801413X	财务部	职员	2006-7-1	汉	四川省	成都市	成都市XXX路	********	
4	02	XX-002	蔡志	男	510722196910010426	人事部	经理	2000-9-1	汉	河北省	成都市	成都市XXX路	********	
5	03	XX-003	单东祥	男	510321197502284985	行政部	科长	2003-9-1	汉	山东省	成都市	成都市XXX路	********	
6	04	XX-004	王影	女	421087197210167324	采购部	职员	1995-2-1	满	河南省	成都市	成都市XXX路	********	
7	05	XX-005	周晓春	男	510682197306097123	销售部	经理	1998-9-3	汉	广州省	成都市	成都市XXX路	********	
8	06	XX-006	闵健	女	511324197109081192X	财务部	科员	1992-10-1	汉	四川省	成都市	成都市XXX路	********	
9	07	XX-007	廖昌久	男	513224197501051092	人事部	经理	2001-9-1	汉	河北省	成都市	成都市XXX路	********	
10	08	XX-008	万国良	男	513824198504203033	行政部	经理	2006-7-1	蒙	山东省	成都市	成都市XXX路	********	
11	09	XX-009	苗人杰	女	511022197312108025	采购部	职员	2009-9-1	汉	河南省	成都市	成都市XXX路	********	
12	10	XX-010	狄南	女	500227197505065228	销售部	职员	2003-9-1	汉	广州省	成都市	成都市XXX路	********	
13	11	XX-011	刘志永	男	510106197008276226	行政部	经理	1995-2-1	汉	山东省	成都市	成都市XXX路	********	
14	12	XX-012	许文辉	男	511521196908184062	采购部	科长	1998-9-3	回	河南省	成都市	成都市XXX路	********	
15	13	XX-013	赵晓民	男	510321196503288443	销售部	职员	1992-10-1	汉	广州省	成都市	成都市XXX路	********	
16	14	XX-014	付兴	男	510183197208155886	财务部	经理	2001-9-1	汉	四川省	成都市	成都市XXX路	********	
17	15	XX-015	张小小	女	510681196502125711	人事部	科长	1992-10-1	汉	河北省	成都市	成都市XXX路	********	

图 4-3　添加数据

对工作表中单元格的数据进行格式化。数据格式分类见表 4-1。

表 4-1　Excel 2010 数据格式分类

分类	举例	简单说明
常规	5700、23	默认的数字格式，数字以输入的形式出现
数值	5,700、23	可用作一般目的的数字，包括千位分隔用逗号，两个小数位
货币	￥5,700、23	用于一般的货币值，与数值格式一样，只是多了美元符
会计专用	￥5,700、23	与货币一样，只是小数或美元符是对齐的
日期	2018-4-21	显示日期数字
时间	15:37:02	显示时间格式
百分比	570023.00%	与数字格式一样，只是乘以 100，并有百分号
分数	5700 2/9	以分数显示
科学记数	5、70E+03	以科学记数表示
文本	57min00、23	在一个单元格中显示的文本和数字都作为文本
特殊	610000	用来在列表或数据中显示邮政编码、电话号码和账单号等
自定义	00、0%	用于创建自己的数字格式

任务 2　优化清单格式

张琳在编制完该公司各位工作人员的入职档案基础数据后，在基础数据导入后完成对数据清单格式的设置。

1. 设置表单的边框与底纹

在 Excel 中可以为选定的单元格区域加上框线，使之更加美观。

（1）选取要加上框线的单元格区域。

（2）在"开始"选项卡上的"字体"组中，打开"设置单元格格式"对话框，单击"边框"选项卡进行操作。

"外边框"是指选定范围的单元格区域的边框；左、右、上、下是指单元格的边框。例如，要为表格加上一个粗单虚线的边框，就可以先选定"外边框"，然后在"线条"中选定"粗单虚线"，在颜色列表框中指定"绿色"，最后单击"确定"按钮即可，设定后的表格可以参看边框图中的显示，也可为表格内的单元格指定需要的表格线，即先选定需要的线形，然后单击相应的按钮，如图 4-4 所示。

此外，在"开始"选项卡上的"字体"组中单击"边框" 旁边的箭头，然后单击边框样式。在需要的格式上单击后，就可以看到选定的部分采用了设定的格式。

（3）在"视图"选项卡的"显示"组中可以设置"网格线"。

2. 调整行高与列宽

目前需要对表单进行行高与列宽的调整，张琳在 Excel 2010 中可以使用两种方法来改变某列或者选定区域的行高。第一种方法是通过执行 Excel 中的功能区命令实现，利用该方法可以实现对行高的精确设定。第二种方法是直接使用鼠标操作来进行行高的调整。当鼠标指针变成一个两条黑色横线并且带有分别指向上下的箭头时，按住鼠标左键拖动鼠标，将行高调整到需要的高度，释放鼠标。

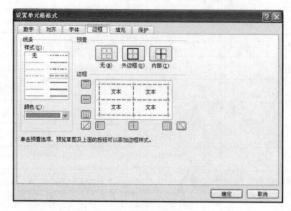

图 4-4　设置边框与底纹

张琳选择了适合的宽度与高度，如图 4-5 所示。

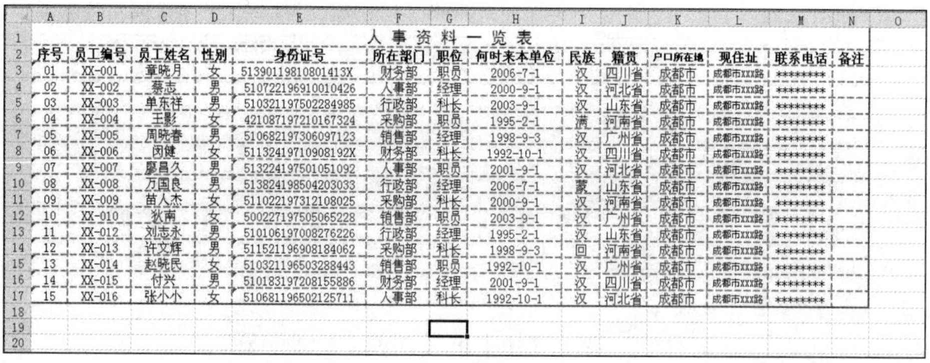

图 4-5　设置行高与列宽

（1）设置行高。第一种方法是执行选定区域操作，在"开始"选项卡上的 "单元格"组中，单击"格式"按钮，选择"行高"或"自动调整行高"命令来设置。

（2）设置列宽。如果输入的文字超过了默认的宽度，则单元格中的内容就会溢出到右边的单元格内。或者单元格的宽度如果太小，无法以所规定的格式将数字显示出来时，单元格会用#####号填满，此时只要将单元格的宽度加宽，就可使数字显示出来。可以通过调整该列的列宽，来达到不让字符串溢出到相邻的单元格内的目的，方法同行高设置。

任务 3　打印及页面设置

张琳需要对编辑好的表单进行打印处理，在打印前需对页面进行设置，并且对打印的输出边距进行调整。

在"打印"选项卡上，默认打印机的属性自动显示在第一部分中，工作簿的预览自动显示在第二部分中。

单击"文件"选项卡，然后单击"打印"，会出现打印设置和自动预览画面，如图 4-6 所示。

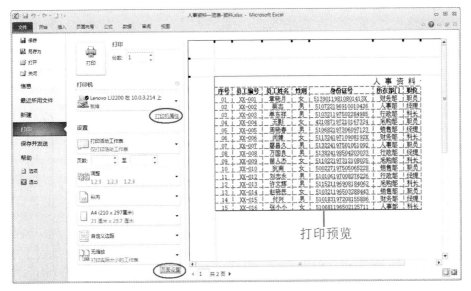

图 4-6　打印设置和自动预览

页面设置可以设置文档的页面、页边距、页眉/页脚、工作表等，如图 4-7 所示。

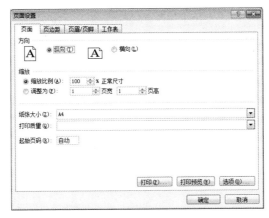

图 4-7　"页面设置"对话框

单击"页面布局"选择卡，在"页面设置"组中也可以很方便的设置页面属性，如图 4-8 所示。

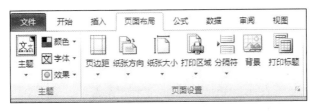

图 4-8　"页面设置"命令组

1. 设置页边距

在"打印预览"界面单击"显示边距"选项 ，进行页边距设置，即打印数据在所选纸张上、下、左、右留出的空白尺寸，如图 4-9 所示。

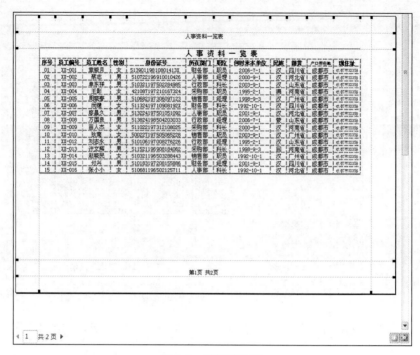

图 4-9　设置页边距

2. 设置页面缩放

由于表格太大，超出了打印页面，想要打印在同一页中很麻烦，现在只用选择如图 4-10 中所示的下拉框，就可以轻松调整页面的打印缩放。

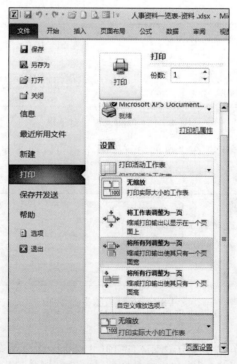

图 4-10　设置页面缩放

3. 设置页眉/页脚与标题

单击"页面设置"对话框中的"页眉/页脚"选项卡，Excel 在"页眉/页脚"选项卡中提供了许多定义的页眉、页脚格式，如图4-11所示。如果用户不满意，可单击"自定义页眉/页脚"按钮自行定义，在自定义"页眉"对话框中可输入位置为左对齐、居中、右对齐的 3 种页眉。标题设置类似于页眉与页脚。页眉/页脚的设置也可以使用显示按钮的"页面布局" 进行设置，如图4-12所示。

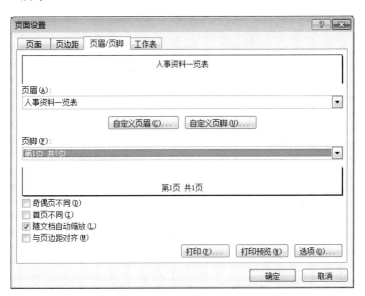

图 4-11　"设置页眉/页脚"方法一

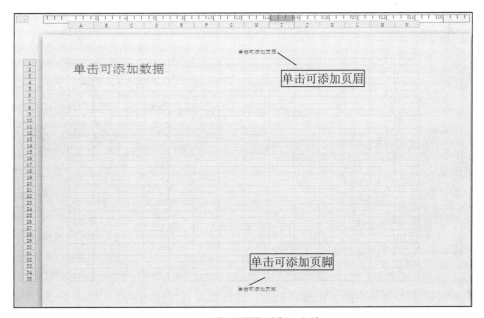

图 4-12　"设置页眉/页脚"方法二

最后，张琳完成了对人事清单的处理，并把打印输出的表单复印两份进行存档。

项目二　制作工资表

【情境】

李丽需要利用 Excel 2010 来完成单位每月的工资处理，首先对数据进行导入，在导入人事清单数据后，对数据进行处理，制作完工资表后进行简单的处理并保存。

任务 1　导入人事清单数据

李丽从人事部张琳处得到人事清单数据（图 4-13），并对人事清单数据进行编辑，选择需要的项目，调整工资表单。

序号	员工编号	员工姓名	性别	所在部门
01	XX-001	章晓月	女	财务部
02	XX-002	蔡志	男	人事部
03	XX-003	单东祥	男	行政部
04	XX-004	王影	女	采购部
05	XX-005	周晓春	男	销售部
06	XX-006	闵健	女	财务部
07	XX-007	廖昌久	男	人事部
08	XX-008	万国良	男	行政部
09	XX-009	苗人杰	女	采购部
10	XX-010	狄南	女	销售部
11	XX-011	刘志永	男	行政部
12	XX-012	许文辉	男	采购部
13	XX-013	赵晓民	女	销售部
14	XX-014	付兴	男	财务部
15	XX-015	张小小	女	人事部

图 4-13　工资表原始数据

李丽对工资表进行简单处理，添加相应字段，如图 4-14 所示。

工资表												
基本信息				应付工资			应付工资合计	应扣工资			应扣工资合计	实发工资
员工编号	员工姓名	所在部门	职位	固定工资	加班费	其他		养老保险	医疗保险	所得税		
XX-001	章晓月	财务部	职员									
XX-002	蔡志	人事部	经理									
XX-003	单东祥	行政部	科长									
XX-004	王影	采购部	职员									
XX-005	周晓春	销售部	经理									
XX-006	闵健	财务部	科长									
XX-007	廖昌久	人事部	职员									
XX-008	万国良	行政部	经理									
XX-009	苗人杰	采购部	科长									
XX-010	狄南	销售部	职员									
XX-011	刘志永	行政部	经理									
XX-012	许文辉	采购部	科长									
XX-013	赵晓民	销售部	职员									
XX-014	付兴	财务部	经理									
XX-015	张小小	人事部	科长									

图 4-14　添加工资表字段

在电子表格中本没有字段、记录等概念，这些都是数据库的概念。但在 Excel 中，由于可以进行简单的数据库管理，所以相应的也有了这些概念。字段相当于列，记录相当于行，数据类型相当于单元格格式。即在 Excel 中，若以数据库方式组织数据，列就是字段，行就是记录。而添加的具体项，称为某字段名。

任务 2 编辑各部门收支表

李丽需要根据各个部门的情况分开来完成工资的处理，按照部门进行排序后分至其他工作表中。

一、数据排序

在实际使用中，为了方便查询数据，往往要对数据按某一字段的升序或降序进行排序，从而不再保持输入时的顺序。排序的方法有两种：

（1）在"数据"选项卡的"排序和筛选"组中，执行下列操作之一：若要按字母或数字的升序排序，请单击 $\boxed{\substack{A \\ Z \downarrow}}$ "升序"按钮；若要按字母或数字的降序排序，请单击 $\boxed{\substack{Z \\ A \downarrow}}$ "降序"按钮。

（2）在"数据"选项卡的"排序和筛选"组中，单击"排序"按钮，如图 4-15 所示。

当某些数据要按一列或一行中的相同值进行分组，然后将对该组相等值中的另一列或另一行进行排序时，可能要按多个列或行进行排序。例如，有一个"所在部门"列和一个"职位"列。先按"所在部门"进行排序（将同一个部门中的所有人员组织在一起），然后按"职位"排序（将每个部门内的相同职位人员按字母顺序排列）。

1）选择"A4:M18"区域。

2）在"数据"选项卡的"排序和筛选"组中，单击"排序"按钮，将显示"排序"对话框。

3）在"列"下的"排序依据"框中，选择要排序的第一列。设置主要关键字"列 C"（所在部门），次要关键字"列 B"（员工姓名），如图 4-16 所示。

图 4-15 "排序和筛选"命令组

图 4-16 "排序"对话框

4）在"排序依据"下，选择排序类型。

5）在"次序"下，选择排序方式。

二、工作表的基本操作

排序完成后，李丽把各个部门的情况分别复制到其他工作表中去，并建立各部门信息表。

1．选定工作表

当需要在一本工作簿中选定一张或者多张工作表，并在其中输入数据、编辑或者设置格式时，通常只能对当前活动工作表进行操作，但是，通过选定多张工作表，则可以同时处理工作簿中的多张工作表，具体操作见表 4-2。

表 4-2　工作表基本操作

选取范围	操作
整个表格	单击工作表左上角行列交叉的按钮，或按快捷键 Ctrl+A
单个工作表	单击工作表标签
连续多个工作表	单击第一个工作表标签，然后按住 Shift 键，单击所要选择的最后一个工作表标签
不连续多个工作表	按住 Ctrl 键，分别单击所需选择的工作表标签

2. 工作表的移动、删除、复制

用户可以在一个或者多个工作簿中复制或移动工作表，如果在不同的工作簿中复制或移动工作表，这些工作簿都必须是打开的。

（1）使用功能区命令复制或移动工作表。操作步骤如下：

1）要将工作表移动或复制到另一个工作簿中，请确保在 Excel 2010 中打开该工作簿。

2）在要移动或复制的工作表所在的工作簿中，选择所需的工作表。

提示：在选定多张工作表时，将在工作表顶部的标题栏中显示"[工作组]"字样。要取消选择工作簿中的多张工作表，请单击任意未选定的工作表。如果看不到未选定的工作表，请右击选定工作表的标签，然后选择快捷菜单上的"取消组合工作表"命令。

3）在"开始"选项卡上的"单元格"组中，单击"格式"按钮，然后在"组织工作表"下选择"移动或复制工作表"命令，如图 4-17 所示。

图 4-17　"移动或复制工作表"命令

提示：也可以右击选定的工作表标签，然后选择快捷菜单上的"移动或复制工作表"命令。

4）在"工作簿"下拉列表框选择要移至或复制到的工作簿。

5）在"下列选定工作表之前"列表框中选择希望把工作表插在目标工作簿的哪个工作表之前。

6）如果是复制操作，请选择"建立副本"复选框，否则执行的是移动操作，如图4-18所示。

图4-18 "移动或复制工作表"对话框

7）单击"确定"按钮。

（2）使用鼠标复制或移动工作表。

1）移动操作：单击需要移动的工作表标签，按住鼠标左键，拖到所希望的位置。

2）复制操作：复制操作与移动操作基本相同，只是在拖动的同时按住 Ctrl 键。如图4-19所示。

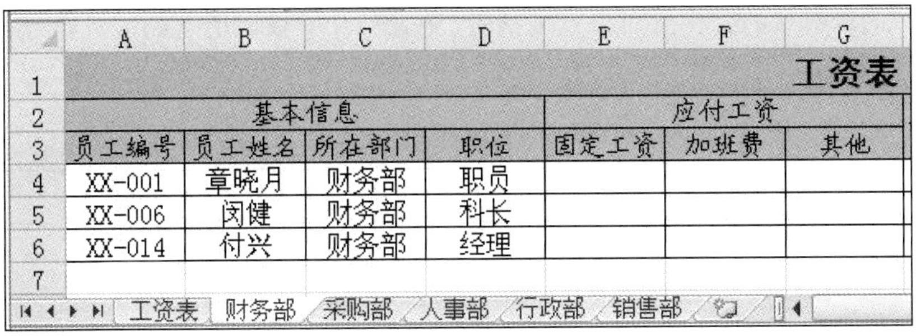

	A	B	C	D	E	F	G
1							工资表
2		基本信息			应付工资		
3	员工编号	员工姓名	所在部门	职位	固定工资	加班费	其他
4	XX-001	章晓月	财务部	职员			
5	XX-006	闵健	财务部	科长			
6	XX-014	付兴	财务部	经理			
7							

工资表 / 财务部 / 采购部 / 人事部 / 行政部 / 销售部

图4-19 复制信息

李丽对工作表标签进行双击，修改了工作表的名称，便于选择与查找，如图4-20所示。

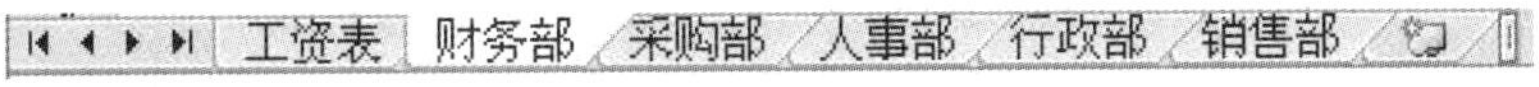

工资表 | 财务部 / 采购部 / 行政部 / 销售部

图4-20 工作表的移动与重命名

任务3 计算工资项目

完成简单设置修改后，李丽需要对工资表进行计算，其中部门涉及公式的使用，部门涉及使用函数来完成。

1. 工资表公式的计算

（1）公式。

1）公式的定义。公式是指以各种算术运算符将常量、变量、函数、单元格地址连接起来的具有意义的式子。在单元格中输入公式或者使用 Excel 提供的函数来完成数据的计算，进行多维引用，完成各种复杂的运算。例如，制作工程预算表并对其进行分析；或者对财务报表进行计算、分析等。

在输入一个公式的时候总是以一个等号"="作为开头，然后才是公式表达式。例如：

=100*22 常量运算

=A3*1200-B4 使用单元格地址（变量）

=SQRT（A5+C7）使用函数

当输入这些公式后，会看到工作表变成了如图 4-21 和图 4-22 所示。

图 4-21 输入公式 1 　　　　　　　　　图 4-22 输入公式 2

在输入公式的过程中，总是使用运算符号来分割公式中的项目，在公式中不能包含"空格"。如果要取消输入的公式，可以单击编辑栏中的"取消"按钮，使输入的公式作废。

2）运算符及优先级。在 Excel 环境中，不同的运算符号具有不同的优先级，见表 4-3。如果要改变这些运算符号的优先级可以使用括号，在 Excel 中规定所有的运算符号都遵从"由左到右"的次序来运算。

表 4-3 运算符号的次序表

运算符号	说明
-	负号
%	百分号
*和/	乘法与除法
+和-	加减法
&	连接符号
=、<、>、<=、>=、<>	比较符号

在公式中输入负数时，只需在数字前面添加"-"即可，而不能使用括号。

（2）单元格引用。单元格引用是指通过引用单元格的名称引用单元格中的数值。分为以下几种类型：

1）相对地址引用。所谓相对地址是指当把一个含有单元格地址的公式复制到一个新的位置或者用一个公式填入一个范围时，公式中的单元格地址会随着改变。

2）绝对地址引用。所谓绝对地址引用是指要把公式复制或者填入到新位置，并且使公式中的固定单元格地址保持不变。在 Excel 中是通过对单元格地址的"冻结"来达到此目的，也就是在列号和行号前面添加美元符号"＄"。

3）混合地址引用。所谓混合地址引用是指在一个单元格地址引用中，既有绝对地址引用，同时也包含相对单元格地址引用。例如，单元格地址"＄A5"就表明保持"列"不发生变化，但"行"会随着新的复制位置发生变化；同理，单元格地址"A＄5"表明保持"行"不发生变化，但"列"会随着新的复制位置发生变化。

李丽录入全部人员的"基本工资"，其中工资分配的情况见表 4-4，加班情况见表 4-5。

表 4-4　工资分配情况

职位	分配情况
经理	8800
科长	6200
职员	4500

表 4-5　加班情况记录表

员工姓名	加班费
章晓月	900
蔡志	150
单东祥	600
王影	600
周晓春	900
闵健	420
廖昌久	1200
万国良	1320
苗人杰	1680
狄南	300
刘志永	300
许文辉	600
赵晓民	900
付兴	300
张小小	600

完成后李丽进行其他项目的计算，其中编写公式如图 4-23 所示。

（3）自动填充。编写完后李丽思考是不是一定要依次去输入公式才能完成表单呢？其实不然，利用 Excel 2010 中的自动填充功能是可以完成的。

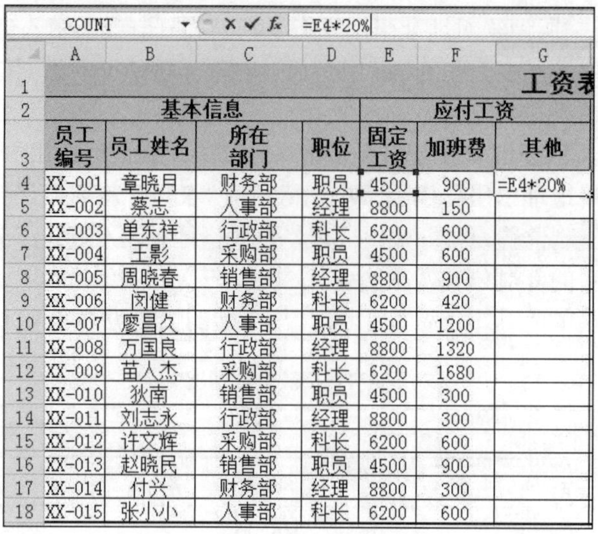

COUNT =E4*20%

员工编号	员工姓名	所在部门	职位	固定工资	加班费	其他
XX-001	章晓月	财务部	职员	4500	900	=E4*20%
XX-002	蔡志	人事部	经理	8800	150	
XX-003	单东祥	行政部	科长	6200	600	
XX-004	王影	采购部	职员	4500	600	
XX-005	周晓春	销售部	经理	8800	900	
XX-006	闵健	财务部	科长	6200	420	
XX-007	廖昌久	人事部	职员	4500	1200	
XX-008	万国良	行政部	经理	8800	1320	
XX-009	苗人杰	采购部	科长	6200	1680	
XX-010	狄南	销售部	职员	4500	300	
XX-011	刘志永	行政部	经理	8800	300	
XX-012	许文辉	采购部	科长	6200	600	
XX-013	赵晓民	销售部	职员	4500	900	
XX-014	付兴	财务部	经理	8800	300	
XX-015	张小小	人事部	科长	6200	600	

图 4-23　公式的编辑

自动填充是 Excel 2010 中一个比较常用的操作。选择单元格或区域，把鼠标移到单元格或区域格的右下角，鼠标箭头会变成黑色十字状，按住鼠标左键不放，往下拖就能填充了，如图 4-24 所示。其中可以填充复制的数据、序列、格式等。

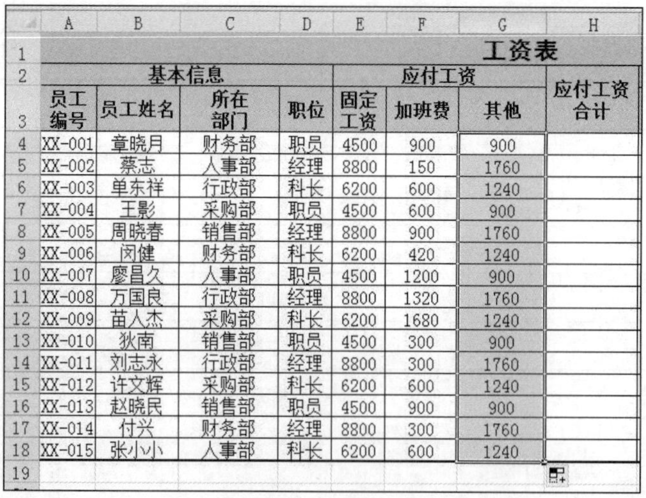

员工编号	员工姓名	所在部门	职位	固定工资	加班费	其他	应付工资合计
XX-001	章晓月	财务部	职员	4500	900	900	
XX-002	蔡志	人事部	经理	8800	150	1760	
XX-003	单东祥	行政部	科长	6200	600	1240	
XX-004	王影	采购部	职员	4500	600	900	
XX-005	周晓春	销售部	经理	8800	900	1760	
XX-006	闵健	财务部	科长	6200	420	1240	
XX-007	廖昌久	人事部	职员	4500	1200	900	
XX-008	万国良	行政部	经理	8800	1320	1760	
XX-009	苗人杰	采购部	科长	6200	1680	1240	
XX-010	狄南	销售部	职员	4500	300	900	
XX-011	刘志永	行政部	经理	8800	300	1760	
XX-012	许文辉	采购部	科长	6200	600	1240	
XX-013	赵晓民	销售部	职员	4500	900	900	
XX-014	付兴	财务部	经理	8800	300	1760	
XX-015	张小小	人事部	科长	6200	600	1240	

图 4-24　序列的填充

2. 函数的使用

李丽对应付工资合计项进行计算，有两种方法可以进行计算。

第一种是使用公式进行计算，“应付工资合计=固定工资+加班费+其他”；第二种方法是使用函数。

函数由函数名、括号和参数组成。函数名与括号之间没有空格，括号与参数之间也没有空格，参数与参数之间用逗号分隔。函数与公式一样，必须以“=”开头。

Excel 2010 提供了许多内置的函数，为用户对数据进行运算和分析带来了极大的方便，这些函数包括财务、逻辑、文本、日期和时间、查找与引用、数学与三角函数、统计、工程等。

1) 常用函数介绍见表 4-6。

表 4-6 常用函数

函数语法	功能	参数
SUM(number1,[number2],...])	返回某一单元格区域中所有数字之和	number1 必需：想要相加的第一个数值参数。number2,... 可选：想要相加的 2 到 255 个数值参数
AVERAGE(number1, [number2], ...)	返回参数的平均值（算术平均值）	Number1 必需：要计算平均值的第一个数字、单元格引用或单元格区域。Number2, ... 可选：要计算平均值的其他数字、单元格引用或单元格区域，最多可包含 255 个
COUNT(value1, [value2], ...)	计算包含数字的单元格以及参数列表中数字的个数	value1 必需：要计算其中数字的个数的第一个项、单元格引用或区域。value2, ... 可选：要计算其中数字的个数的其他项、单元格引用或区域，最多可包含 255 个
MAX(number1, [number2], ...)	返回一组值中的最大值	Number1, number2, ... Number1 是必需的，后续数值是可选的。这些是要从中找出最大值的 1 到 255 个数字参数
MIN(number1, [number2], ...)	返回一组值中的最小值	Number1, number2, ... Number1 是必需的，后续数值是可选的。这些是要从中查找最小值的 1 到 255 个数字
IF(logical_test, [value_if_true], [value_if_false])	如果指定条件的计算结果为 TRUE, IF 函数将返回某个值；如果该条件的计算结果为 FALSE, 则返回另一个值	logical_test 必需：计算结果可能为 TRUE 或 FALSE 的任意值或表达式。value_if_true 可选：logical_test 参数的计算结果为 TRUE 时所要返回的值。value_if_false 可选：logical_test 参数的计算结果为 FALSE 时所要返回的值

2) 插入函数。使用"插入函数"是我们经常用到的输入方法。图 4-25 是 SUM 函数的使用，利用该方法，可以指导我们一步一步地输入一个复杂的函数，避免在输入过程中产生键入错误。李丽需要复核基本信息后进行工资的计算。计算明细见表 4-7，计算结果如图 4-26 所示。

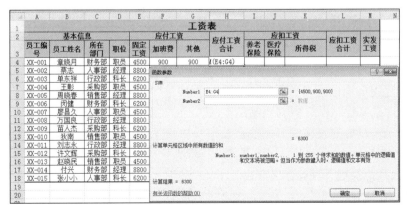

图 4-25 SUM 函数的使用

表 4-7 工资项目计算明细

养老保险	医疗保险	所得税
固定工资 8%	固定工资 2%	应付工资小于 5000，不扣所得税
		应付工资超出 5000 基数，扣 10%个人所得税（暂时不考虑其他级数和速算扣除数问题）

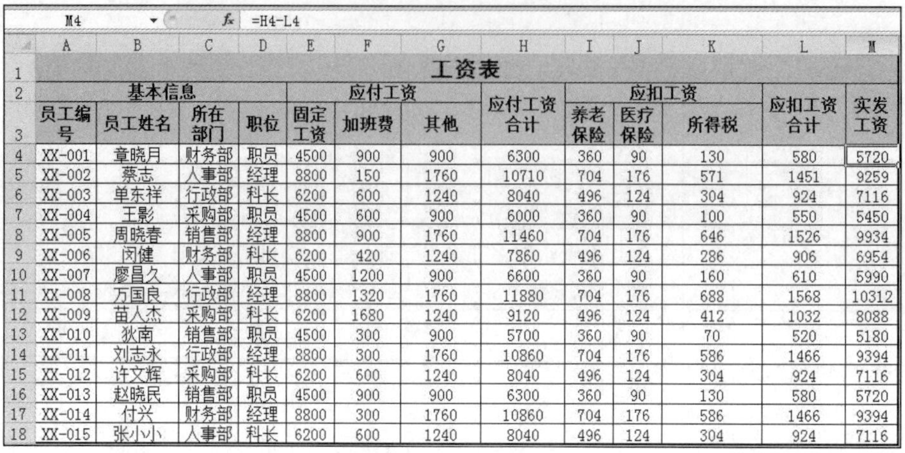

M4 =H4-L4

	A	B	C	D	E	F	G	H	I	J	K	L	M
1	工资表												
2	基本信息				应付工资			应付工资合计	应扣工资			应扣工资合计	实发工资
3	员工编号	员工姓名	所在部门	职位	固定工资	加班费	其他		养老保险	医疗保险	所得税		
4	XX-001	章晓月	财务部	职员	4500	900	900	6300	360	90	130	580	5720
5	XX-002	蔡志	人事部	经理	8800	150	1760	10710	704	176	571	1451	9259
6	XX-003	单东祥	行政部	科长	6200	600	1240	8040	496	124	304	924	7116
7	XX-004	王影	采购部	职员	4500	600	900	6000	360	90	100	550	5450
8	XX-005	周晓春	销售部	经理	8800	900	1760	11460	704	176	646	1526	9934
9	XX-006	闵健	财务部	科长	6200	420	1240	7860	496	124	286	906	6954
10	XX-007	廖昌久	人事部	职员	4500	1200	900	6600	360	90	160	610	5990
11	XX-008	万国良	行政部	经理	8800	1320	1760	11880	704	176	688	1568	10312
12	XX-009	苗人杰	采购部	科长	6200	1680	1240	9120	496	124	412	1032	8088
13	XX-010	狄南	销售部	职员	4500	300	900	5700	360	90	70	520	5180
14	XX-011	刘志永	行政部	经理	8800	300	1760	10860	704	176	586	1466	9394
15	XX-012	许文辉	采购部	科长	6200	600	1240	8040	496	124	304	924	7116
16	XX-013	赵晓民	销售部	职员	4500	900	900	6300	360	90	130	580	5720
17	XX-014	付兴	财务部	经理	8800	300	1760	10860	704	176	586	1466	9394
18	XX-015	张小小	人事部	科长	6200	600	1240	8040	496	124	304	924	7116

图 4-26 工资计算

李丽完成对工资的计算并对此进行各项的复核后，交给财务总监签字并记录时间。

任务 4 制作工资条

李丽需要对财务部的三位员工进行工资条的制作。

复制单元格数据，如果要将单元格复制或移动到同一个大工作表的其他位置、同一个工作簿的另一个工作表、另一个窗口或者另一个应用程序中，可以使用“剪切”“复制”和“粘贴”命令或者快捷键，如图 4-27 所示。

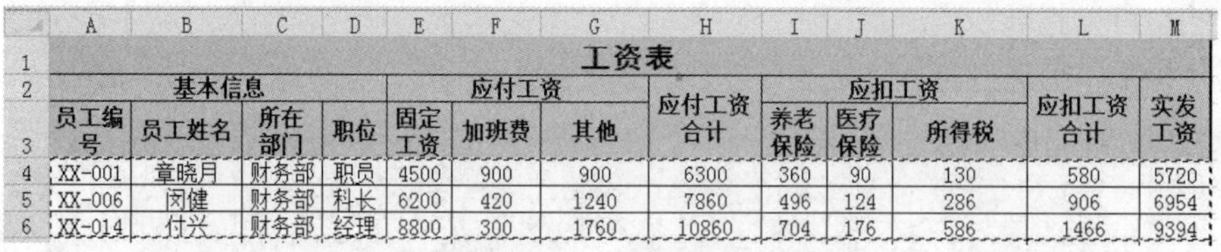

	A	B	C	D	E	F	G	H	I	J	K	L	M
1	工资表												
2	基本信息				应付工资			应付工资合计	应扣工资			应扣工资合计	实发工资
3	员工编号	员工姓名	所在部门	职位	固定工资	加班费	其他		养老保险	医疗保险	所得税		
4	XX-001	章晓月	财务部	职员	4500	900	900	6300	360	90	130	580	5720
5	XX-006	闵健	财务部	科长	6200	420	1240	7860	496	124	286	906	6954
6	XX-014	付兴	财务部	经理	8800	300	1760	10860	704	176	586	1466	9394

图 4-27 复制操作

李丽先排序财务部的人员，主要关键字按部门进行排序。因为含有公式，在进行复制操作时，可选择“选择性粘贴”中的“粘贴数值”，如图 4-28 所示。

对于一个已编辑好的表格，可能要在表中增加一行或者一列来容纳新的数据。

1. 插入行与列

（1）插入行，执行下列操作之一：

- 要插入单一行，请选择要在其上方插入新行的整行或该行中的一个单元格。例如，要在第 5 行上方插入一个新行，请单击第 5 行中的某个单元格。

图 4-28　粘贴操作

- 要插入多行，请选择要在其上方插入新行的那些行。所选的行数应与要插入的行数相同。例如，要插入 3 个新行，请选择 3 行。
- 要插入不相邻的行，请在按住 Ctrl 键的同时选择不相邻的行。

（2）在"开始"选项卡上的"单元格"组中，单击"插入"下方的箭头，然后选择"插入工作表行"命令，如图 4-29 所示。

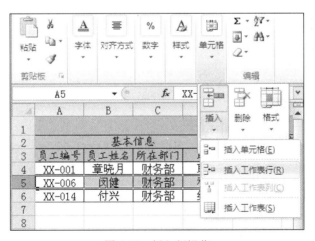

图 4-29　插入行操作

（3）可以右击所选的单元格，然后单击"插入"。

（4）插入列和插入行的操作类似。

2．删除单元格、行或列

（1）选择要删除的单元格、行或列。

（2）在"开始"选项卡上的"单元格"组中，单击"删除"下方的箭头，然后执行下列操作之一：

- 若要删除所选的单元格，请单击"删除单元格"按钮。
- 若要删除所选的行，请单击"删除工作表行"按钮。
- 若要删除所选的列，请单击"删除工作表列"按钮。

图 4-30　删除单元格或单元格区域操作

（3）如果要删除单元格或单元格区域，在"删除"对话框中，选择其中的"右侧单元格左移""下方单元格上移""整行"或"整列"单选按钮，如图 4-30 所示。如果删除行或列，其他的行或列会自动上移或左移。

最后再简单调整行高与列宽，打印输出全部人员的工资信息，最后完成如图 4-31 所示。

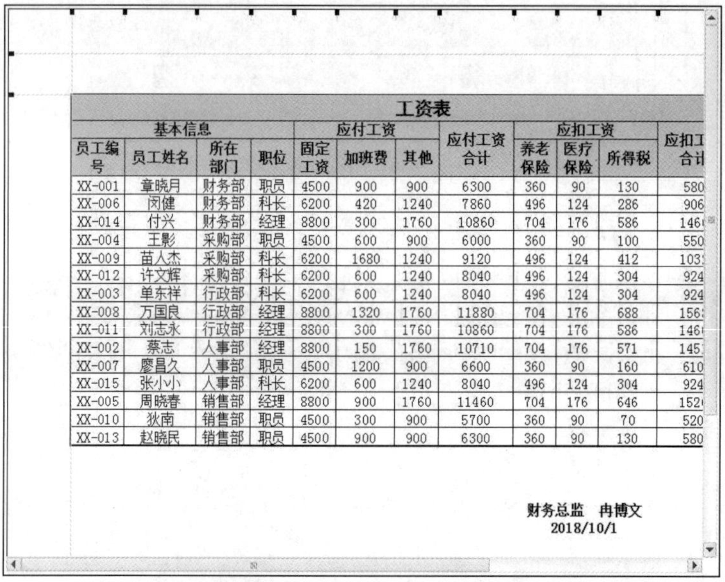

工资表

基本信息				应付工资				应扣工资			
员工编号	员工姓名	所在部门	职位	固定工资	加班费	其他	应付工资合计	养老保险	医疗保险	所得税	应扣工资合计
XX-001	章晓月	财务部	职员	4500	900	900	6300	360	90	130	580
XX-006	闵健	财务部	科长	6200	420	1240	7860	496	124	286	906
XX-014	付兴	财务部	经理	8800	300	1760	10860	704	176	586	1466
XX-004	王影	采购部	职员	4500	600	900	6000	360	90	100	550
XX-009	苗人杰	采购部	科长	6200	1680	1240	9120	496	124	412	1033
XX-012	许文辉	采购部	科长	6200	600	1240	8040	496	124	304	924
XX-003	单东祥	行政部	科长	6200	600	1240	8040	496	124	304	924
XX-008	万国良	行政部	经理	8800	1320	1760	11880	704	176	688	1568
XX-011	刘志永	行政部	经理	8800	300	1760	10860	704	176	586	1466
XX-002	蔡志	人事部	经理	8800	150	1760	10710	704	176	571	1451
XX-007	廖昌久	人事部	职员	4500	1200	900	6600	360	90	160	610
XX-015	张小小	人事部	科长	6200	600	1240	8040	496	124	304	924
XX-005	周晓春	销售部	经理	8800	900	1760	11460	704	176	646	1526
XX-010	狄南	销售部	职员	4500	300	900	5700	360	90	70	520
XX-013	赵晓民	销售部	职员	4500	900	900	6300	360	90	130	580

财务总监　冉博文
2018/10/1

图 4-31　打印工资信息

项目三　处理学生成绩表

【情境】

王明老师交给系学生干部王梅同学一张数据表单，让王梅同学对这些同学的成绩进行处理。王梅首先使用数据记录单进行数据添加，并计算平均分，完后成按照成绩的平均分进行排序。同时王梅需对各班级学生成绩进行分析，统计班级人数以及班级平均分，最后找出学生成绩表中的高分学生与不及格学生，以便王明老师重点关注。

任务 1　使用数据记录单

王梅需要对同学的成绩进行处理，添加每个同学的各门成绩。使用数据记录单来进行添加。Excel 中的数据管理都与数据清单或数据库有关，因为数据清单或数据库中的数据是严格按列或行的方式进行组织的，而排序、筛选及分类汇总等数据处理都与数据的行、列有关。

1. 数据清单

数据清单是 Excel 2010 工作表中单元格构成的矩形区域及一张二维表，也称为数据列表，比如，一张职工工资表，可以包含序号、姓名、基本工资、岗位工资、奖金、公积金等多列数据。

与工作表不同，数据清单具有如下特点：

（1）清单中的每一列为一个字段，存放相同类型的数据。

（2）每一列的列标题（即数据清单区域中的每一行）为字段名，如序号、姓名、基本工资、岗位工资、奖金、补贴等。

（3）每一行为一个记录，即由各字段值组成，存放相关的一组数据。

（4）数据记录与字段名这一行之间不能用空白行分开。

（5）在数据清单区域内，某个记录的某个字段值可以为空，但是不能出现空列或空行。

（6）一般情况下，一张工作表内，最好只建立一个数据清单。

数据清单的建立和编辑同一般的工作表的建立和编辑方法一样，也可以使用记录单建立。

2. 使用记录单管理数据

为了方便地编辑数据清单中的数据，Excel 2010 还提供了数据记录单的功能，利用数据记录单可以在数据清单中一次输入或显示一个完整的记录行，即一条记录的内容。还可以方便地查找、添加、修改及删除数据清单中的记录。利用记录单输入，不容易出错，而且省掉了来回切换光标的麻烦

（1）向快速访问工具栏添加"记录单"命令。

1）单击"自定义快速访问工具栏"的"其他命令"选项。

2）在弹出的"Excel 选项"设置窗口中找到"记录单"命令，然后单击"添加"按钮，将它添加到快速访问工具栏中，如图 4-32 所示。

图 4-32　自定义快速访问工具栏

（2）查找记录。

1）在要查找的数据表中单击任意单元格。

2）单击快速访问工具栏上的"记录单"命令，弹出"记录单"对话框，如图 4-33 所示。

3）在记录单对话框中单击"条件"按钮，在弹出的对话框中输入查找条件，如图 4-34 中所示。在查找过程中，条件表达式可以使用>、<、=、<=、>=、<>等运算符号。

4）按 Enter 键或单击"记录单"按钮，查找到一条记录，如图 4-35 所示。单击"上一条"按钮或"下一条"按钮继续查找满足条件的记录。

图 4-33 "记录单"对话框

图 4-34 "条件"对话框

（3）编辑记录。利用数据记录单能够编辑任意指定的记录，修改记录中的某些内容，还可以增加或删除记录。

1）增加记录。如果要在数据列表中增加一条记录，可单击"记录单"对话框中的"新建"按钮，对话框中出现一个空的记录单，在各字段的文本框中输入数据。在输入过程中按 Tab 键将光标插入点移到下一字段，按 Shift+Tab 组合键将光标插入点移到上一字段，单击"新建"按钮，继续增加新记录。

含有公式的记录，在按下回车键或单击"关闭"按钮或"新建"按钮之后，公式结果才计算出来。

2）删除记录。当要删除某条记录时，可先找到该记录，然后单击"删除"按钮。回答"警告"对话框，让用户进一步确认操作。

3）修改记录。如果要在记录单中修改记录，可先找到该记录，然后直接在文本框中修改。

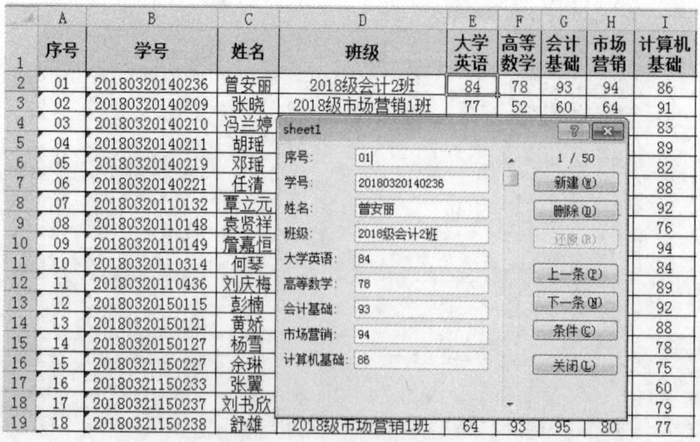

图 4-35 学生成绩数据清单

任务 2　计算班级排名

王梅需要对班里同学的本期成绩进行排名，计算每个同学的平均分后，有两种方法可以完成，第一种选用排序操作，再生成一个序列表。第二种方法是利用函数进行排名。对符合条件的数据进行条件格式的设定。以下为对学生成绩表的排序。

（1）当需要根据多个列的值进行排序时，可执行"数据"→"排序和筛选"→"排序"命令，在"排序"对话框中设置主要关键字与次要关键字排序，如图4-36所示"排序"对话框，在排序时，当前一个关键字中两个以上的字段值相同时，可按下一个关键字继续排序，最多可以设置3个排序关键字。

图4-36　"排序"对话框

王梅对班级进行主要关键字升序排序，次要关键字平均分进行降序排序。

（2）使用 RANK 函数计算成绩排名。RANK 函数用于返回一个数字在数字列表中的排位。语法格式为 RANK（number,ref, [order]），参数 Number 表示需要找到排位的数字；参数 Ref 表示数字列表数组或对数字列表的引用；参数 Order 指明数字排位的方式，如果 order 为 0（零）或省略，对数字的排位是基于 ref 为按照降序排列的列表，如果 order 不为零，对数字的排位是基于 ref 为按照升序排列的列表。具体参数设置如图4-37。

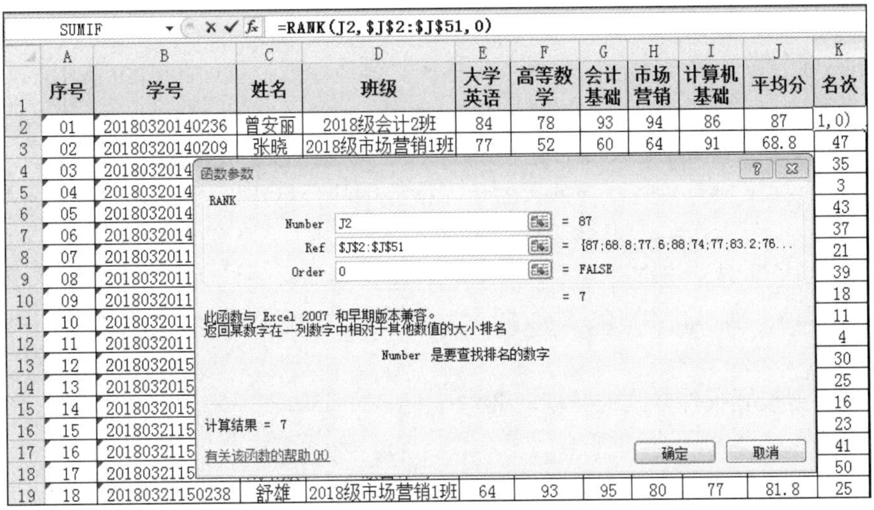

图4-37　RANK 函数

任务 3　统计班级成绩

接下来，王梅需要对本期成绩表按班级统计班级人数与班级平均分。

1．COUNTIF 函数统计各班级人数

COUNTIF 函数用于对区域中满足单个指定条件的单元格进行计数。语法格式为 COUNTIF（range, criteria），参数 range 表示要对其进行计数的一个或多个单元格，其中包括数字或名称、数组或包含数字的引用；参数 criteria 用于定义将对哪些单元格进行计数的数字、表达式、单元格引用或文本字符串。具体参数设置如图 4-38 所示。

图 4-38　COUNTIF 函数

2．AVERAGEIF 函数统计各班级平均分

AVERAGEIF 函数用于返回某个区域内满足给定条件的所有单元格的平均值（算术平均值）。语法格式为 AVERAGEIF（range, criteria, [average_range]），参数 range 表示要计算平均值的一个或多个单元格，其中包括数字或包含数字的名称、数组或引用；参数 criteria 表示数字、表达式、单元格引用或文本形式的条件，用于定义要对哪些单元格计算平均值；average_range 表示要计算平均值的实际单元格集。具体参数设置如图 4-39 所示。

3．条件格式标注高分学生与不及格学生

所谓条件格式是指当指定条件为真时，Excel 自动应用于单元格的格式，例如，单元格底纹或字体颜色。如果想为某些符合条件的单元格应用某种特殊格式，使用条件格式功能可以比较容易实现。

条件格式功能将显示出部分数据，并且这种格式是动态的，如果改变其中的数值，格式会自动调整。如某张工作表中有一些数据，为了突出显示部分满足条件值的数，可以利用条件格式得到显示。

（1）选择要设置条件格式的数据，$E$2:$I$51。

（2）应用条件格式。

1）在"开始"选项卡上的"样式"组中，单击"条件格式"旁边的箭头，然后单击"管理规则"，弹出"条件格式规则管理器"对话框，如图 4-40 所示。

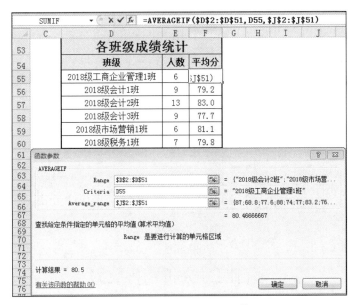

图 4-39　AVERAGEIF 函数

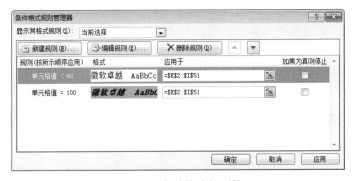

图 4-40　设置"条件格式规则管理器"

2）单击"新建规则"按钮，弹出"新建格式规则"对话框，如图 4-41 所示进行设置。

图 4-41　设置"新建格式规则"

王梅对最后的学生成绩表进行简单调整，最后处理如图 4-42 所示。

序号	学号	姓名	班级	大学英语	高等数学	会计基础	市场营销	计算机基础	平均分	名次
01	20180320140236	曾安丽	2018级会计2班	84	78	93	94	86	87	7
02	20180320140209	张晓	2018级市场营销1班	77	52	60	64	91	68.8	47
03	20180320140210	冯兰婷	2018级会计1班	83	78	84	60	83	77.6	35
04	20180320140211	胡瑶	2018级会计1班	89	95	100	67	89	88	3
05	20180320140219	邓瑶	2018级会计3班	26	82	100	80	82	74	43
06	20180320140221	任清	2018级会计1班	78	57	77	85	88	77	37
07	20180320110132	覃立元	2018级会计1班	61	85	95	83	92	83.2	21
08	20180320110148	袁贤祥	2018级工商企业管理1班	61	71	93	80	76	76.2	39
09	20180320110149	詹嘉恒	2018级会计2班	60	100	86	80	94	84	18
10	20180320110314	何琴	2018级工商企业管理1班	83	86	97	80	84	86	11
11	20180320110436	刘庆梅	2018级工商企业管理1班	75	100	100	75	89	87.8	4
12	20180320150115	彭楠	2018级会计1班	80	52	97	78	92	79.8	30
13	20180320150121	黄娇	2018级会计1班	72	96	86	67	88	81.8	25
14	20180320150127	杨雪	2018级会计2班	83	82	95	85	78	84.6	16
15	20180321150227	余琳	2018级会计1班	87	94	82	73	75	82.2	23
16	20180321150233	张翼	2018级会计1班	60	93	84	77	60	74.8	41
17	20180321150237	刘书欣	2018级会计1班	73	69	11	81	79	62.6	50
18	20180321150238	舒雄	2018级市场营销1班	64	93	95	80	77	81.8	25

图 4-42　条件格式结果

项目四　分析销售数据

【情境】

瑞其公司有一些销售数据，目前销售经理要求新聘用的王波对这些数据进行整理，并且根据数据选出本月的销售冠军，并完成区域的销售业绩对比图表。在其之上使用数据透视表进行数据的分析，得到公司该月的销售具体情况。

任务1　录入销售数据

王波需要将经理交给他的比较杂乱的文字或其他数据库数据编辑到 Excel 2010 中，王波使用简单录入。录入完数据后进行简单整理，优化表单，如图 4-43 所示。

序号	日期	车辆型号	销售员	市场价格/万	销售台次	销售金额/万
1	2018/10/4	红星SQR7160ES	王红梅	￥7.8	1	7.8
2	2018/10/4	红星SQR7160ET	罗小敏	￥8.2	1	8.2
3	2018/10/4	红星SQR7160ES	罗小敏	￥7.8	2	15.6
4	2018/10/4	红星SQR7160ES	赵亮	￥7.8	1	7.8
5	2018/10/5	红星SQR7110	赵亮	￥5.8	1	5.8
6	2018/10/5	红星SQR7160ES	王红梅	￥7.8	2	7.8
7	2018/10/5	红星SQR7160ET	王红梅	￥8.2	1	16.4
8	2018/10/6	红星SQR7080	赵亮	￥3.8	1	3.8
9	2018/10/6	红星SQR7110	罗小敏	￥5.8	1	11.6
10	2018/10/7	红星SQR7080	赵亮	￥3.8	1	3.8
11	2018/10/8	红星SQR7160ES	王红梅	￥7.8	1	7.8
12	2018/10/8	红星SQR7160ES	罗小敏	￥19.8	2	39.6
13	2018/10/9	红星SQR7200T	王红梅	￥7.8	1	7.8
14	2018/10/9	红星SQR7160ES	罗小敏	￥5.8	1	5.8
15	2018/10/10	红星SQR7110	赵亮	￥5.8	1	5.8
16	2018/10/10	红星SQR7080	王红梅	￥3.8	1	3.8
17	2018/10/11	红星SQR7160ET	赵亮	￥8.2	3	8.2
18	2018/10/12	红星SQR7110	赵亮	￥5.8	1	17.4
19	2018/10/12	红星SQR7080	赵亮	￥3.8	1	3.8
20	2018/10/13	红星SQR7110	王红梅	￥5.8	1	5.8
21	2018/10/13	红星SQR7160ET	王红梅	￥8.2	1	8.2
22	2018/10/14	红星SQR7200T	赵亮	￥19.8	1	19.8
23	2018/10/14	红星SQR7110	罗小敏	￥5.8	3	17.4
24	2018/10/14	红星SQR7080	罗小敏	￥3.8	2	7.6
25	2018/10/15	红星SQR7200T	赵亮	￥19.8	1	19.8

图 4-43　红星销售清单

任务2　处理销售业绩

王波需要筛选出各个销售人员的满足条件的销售情况，需要使用到 Excel 2010 的自动筛选与高级筛选。

筛选功能可以在数据清单中提炼出满足筛选条件的数据，不满足条件的数据不会被显示，只是暂时被隐藏起来，一旦筛选条件被撤消，被隐藏的数据会重新显示。Excel 2010 提供了两种筛选数据清单的命令。

1．自动筛选

自动筛选适用于简单条件筛选。

（1）选定要筛选的数据清单。

（2）在"数据"选项卡上的"排序和筛选"组中，单击"筛选"选项，系统将在列位旁边增加筛选条件下拉框，如图 4-44 所示。

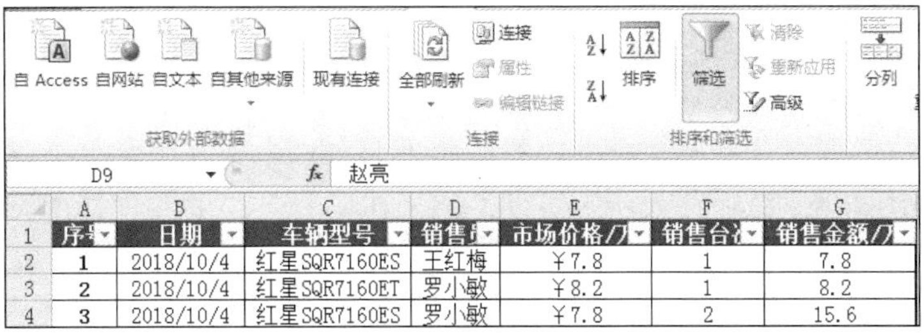

图 4-44　自动筛选

（3）在所需字段的下拉列表中通过选择值或搜索进行筛选，在启用了筛选功能的列中单击箭头时，该列中的所有值都会显示在列表中，如图 4-45 所示。使用"搜索"框输入要搜索的文本或数字；选中或清除用于显示从数据列中找到的值的复选框；使用高级条件查找满足特定条件的值。例如，若要在列中搜索文本，请在"搜索"框中输入文本或数字。还可以选择使用通配符，例如星号（*）或问号（?）。

图 4-45　设置自动筛选下拉列表

2．高级筛选

自动筛选适用于较简单的数据选择，在选择条件较复杂或筛选字段较多时，用自动筛选就太难完成了。而高级筛选就适用于复杂的条件筛选。

用户不但可以对指定的工作表执行查询和筛选操作，还可以根据条件区域定义的条件进行高级筛选。条件区域中的变量必须与工作表字段名相同，条件区域和数据区域之间至少要有一空行的间隔。

在进行高级筛选之前，必须为数据清单建立一个条件区域，条件区域用于定义筛选必须满足的条件，其首行必须包含与数据清单中完全相同的列表，可以只包含一个列标，也可以包含两个列标，甚至包含数据清单中的全部列标。高级筛选的难点在于条件区域的建立。

在 Excel 中，条件区域的构造规则是：同一列中的条件是或，即 OR；同一行中的条件是与，即 AND。

● 或条件：单列上具有多个条件，如果对于某一列具有两个或多个条件，那么可直接在各行中从上到下依次键入各个条件，同一列上的条件是逻辑或的关系，相当于 OR，如图 4-46 所示。

● 与条件：多列上具有单个条件，要在两列或多列中查找满足单个条件的数据，在条件区域中的同一行中输入所有条件，输入在同一行中的条件是逻辑与的关系。相当于 AND，如图 4-47 所示。

高级筛选或条件	
车辆型号	销售员
红星SQR7160ES	
	王红梅

图 4-46　或条件

高级筛选与条件	
车辆型号	销售员
红星SQR7160ES	王红梅

图 4-47　与条件

王波需要了解车辆型号为红星 SQR7160ES，或者销售人员为王红梅的销售情况。他分析后得知该条件是一个或条件，可以用高级筛选方法完成。步骤如下：

（1）单击区域 A2:G26 中的任意一个单元格。

（2）在"数据"选项卡上的"排序和筛选"组中，单击"高级"选项，弹出"高级筛选"对话框。

（3）通过将符合条件的数据行复制到工作表的其他位置来筛选列表区域，选择"将筛选结果复制到其他位置"单选按钮，然后在"复制到"框中单击，再单击要在该处粘贴行的区域的左上角，$I$5。

（4）在"条件区域"框中，输入条件区域的引用，$I$1:$J$3，如图 4-48 所示。

（5）高级筛选结果如图 4-49 所示。

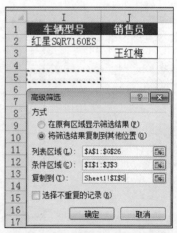

图 4-48　"高级筛选"对话框

	I	J	K	L	M	N	O
1	车辆型号	销售员					
2	红星SQR7160ES						
3		王红梅					
4							
5	序号	日期	车辆型号	销售员	市场价格/万	销售台次	销售金额/万
6	1	2018/10/4	红星SQR7160ES	王红梅	￥7.8	1	7.8
7	3	2018/10/4	红星SQR7160ES	罗小敏	￥7.8	2	15.6
8	4	2018/10/4	红星SQR7160ES	赵亮	￥7.8	1	7.8
9	6	2018/10/5	红星SQR7160ES	王红梅	￥7.8	2	7.8
10	7	2018/10/5	红星SQR7160ET	王红梅	￥8.2	1	16.4
11	11	2018/10/8	红星SQR7160ES	王红梅	￥7.8	1	7.8
12	12	2018/10/8	红星SQR7160ES	罗小敏	￥19.8	2	39.6
13	14	2018/10/9	红星SQR7160ES	罗小敏	￥5.8	1	5.8
14	16	2018/10/10	红星SQR7080	王红梅	￥3.8	1	3.8
15	20	2018/10/13	红星SQR7110	王红梅	￥5.8	1	5.8
16	21	2018/10/13	红星SQR7160ET	王红梅	￥8.2	1	8.2

图 4-49　高级筛选结果

任务 3　统计销售业绩

王波需要按照销售员统计销售总业绩，既可以使用 SUMIF 函数进行有条件求和，也可以使用分类汇总完成该任务。

1. SUMIF 函数统计销售总金额

SUMIF 函数用于对区域中符合指定条件的值求和。语法格式为 SUMIF（range, criteria, [sum_range]），参数 range 表示用于条件计算的单元格区域；参数 criteria 用于确定对哪些单元格求和的条件，其形式可以为数字、表达式、单元格引用、文本或函数；sum_range 表示要求和的实际单元格。具体参数设置如图 4-50 所示。

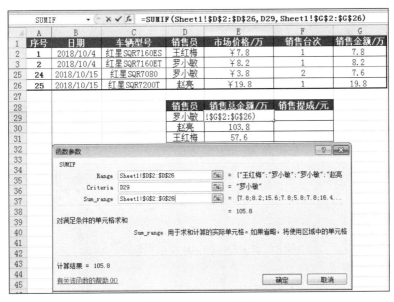

图 4-50　SUMIF 函数

2. IF 函数嵌套统计销售提成

IF 函数用于如果指定条件的计算结果为 TRUE，IF 函数将返回某个值；如果该条件的计算结果为 FALSE，则返回另一个值。语法格式为 IF(logical_test, [value_if_true], [value_if_false])，参数 logical_test 表示计算结果可能为 TRUE 或 FALSE 的任意值或表达式；参数 value_if_true

表示 logical_test 参数的计算结果为 TRUE 时所要返回的值；参数 value_if_false 表示 logical_test 参数的计算结果为 FALSE 时所要返回的值。

IF 函数嵌套表述为公式即：=IF（条件 1,返回结果 1,IF(条件 2,返回结果 2,IF(条件 3,返回结果 3,....)))。其原理就是先判断条件 1 是否成立，如果条件 1 成立则返回结果 1，否则进入条件 2 判断是否成立，如果成立就返回结果 2，否则进入条件 3 判断，……以此类推。具体公式如图 4-51 所示。

f_x	=IF(E29<50,E29*0.004,IF(E29<=100,E29*0.005,E29*0.006))*10000		
D	E	F	G
销售员	销售总金额/万	销售提成/元	
罗小敏	105.8	=IF(E29<50,E29*0.004	
赵亮	103.8	6228	
王红梅	57.6	2880	

计算业务提成：如果销售总金额小于50万，则提成为销售金额的4‰，如果销售金额在50万到100万之间，则业务提成为销售金额的5‰，如果销售金额大于100万，则业务提成为销售金额的6‰。

图 4-51　IF 函数嵌套

任务 4　制作销售业绩分类汇总表

在操作分类汇总前要进行排序的操作，这样才能使得分类汇总前数据能首先分类，再进行项目的汇总。

分类汇总就是对数据清单按某个字段进行分类，将字段值相同的连续记录作为一类，进行求和、平均、计算等汇总运算。针对同一个分类字段，还可进行多种汇总。需要特别提出注意的是：在分类汇总前，首先要对分类字段排序。

1. 简单汇总

简单汇总是指对数据清单的某个字段仅作一种方式的汇总。例如，统计同一种型号车辆的销售总金额，操作如下：

（1）选择数据清单区域 A2:G26，按照主要关键字"车辆型号"进行排序操作。

（2）在"数据"选项卡上的"分级显示"组中，单击"分类汇总"选项，打开"分类汇总"对话框。在"分类字段"框中，单击要分类汇总的列"车辆型号"；在"汇总方式"框中，单击要用来计算分类汇总的汇总方式，求和；在"选定汇总项"框中，对于包含要计算分类汇总的值的列"销售金额/万"，勾选其复选框，如图 4-52 所示。

（3）如果想按每个分类汇总自动分页，勾选"每组数据分页"复选框。

（4）若要指定汇总行位于明细行的下面，勾选"汇总结果显示在数据下方"复选框。简单分类汇总结果，按 2 级显示，如图 4-53 所示。

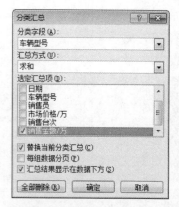

图 4-52　简单分类汇总

1 2 3		A	B	C	D	E	F	G
	1	序号	日期	车辆型号	销售员	市场价格/万	销售台次	销售金额/万
+	7			红星SQR7080 汇总				22.8
+	14			红星SQR7110 汇总				63.8
+	22			红星SQR7160ES 汇总				92.2
+	27			红星SQR7160ET 汇总				41.0
+	31			红星SQR7200T 汇总				47.4
−	32			总计				267.2
	33							

图 4-53　简单分类汇总结果

2. 多级分类汇总

例如，在统计出同一种型号车辆的销售总金额的基础上，再统计每个销售员的销售总台次。

（1）选择数据清单区域 A2:G26，按照主要关键字"车辆型号"，次要关键字"销售员"进行排序操作，如图 4-54 所示。

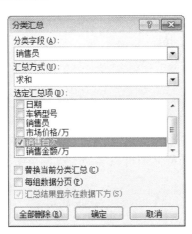

图 4-54　分类汇总前的排序

（2）重复简单分类汇总步骤（2）到步骤（4）。

（3）再次打开"分类汇总"对话框。在"分类字段"框中，单击要分类汇总的列"销售员"；在"汇总方式"框中，单击要用来计算分类汇总的汇总方式，求和；在"选定汇总项"框中，对于包含要计算分类汇总的值的列"销售台次"，勾选其复选框；并取消勾选"替换当前分类汇总"复选框，如图 4-55 所示。

图 4-55　再次设置分类汇总

（4）单击"确定"按钮。嵌套分类汇总结果，按 3 级显示，如图 4-56 所示。

	A	B	C	D	E	F	G
1	序号	日期	车辆型号	销售员	市场价格/万	销售台次	销售金额/万
3				罗小敏 汇总		2	
5				王红梅 汇总		1	
9				赵亮 汇总		4	
10			红星SQR7080 汇总				22.8
13				罗小敏 汇总		4	
15				王红梅 汇总		1	
19				赵亮 汇总		3	
20			红星SQR7110 汇总				63.8
24				罗小敏 汇总		5	
28				王红梅 汇总		4	
30				赵亮 汇总		1	
31			红星SQR7160ES 汇总				92.2
33				罗小敏 汇总		1	
36				王红梅 汇总		2	
38				赵亮 汇总		3	
39			红星SQR7160ET 汇总				41.0
43				赵亮 汇总		3	
44			红星SQR7200T 汇总				47.4
45				总计		34	
46			总计				267.2

图 4-56　多级分类汇总结果

若要取消分类汇总，在“分类汇总”对话框中单击“全部删除”按钮即可。

任务 5　生成销售业绩图表

Excel 2010 工作表具有强大的数据管理能力，可以轻松地完成各种复杂的数据处理工作，如计算、排序、筛选、汇总、各种预测等。但在很多情况下，大量的数据还不及一幅简图意义更为明确、直观、生动。某些场合下，一幅图表所表达的意思更胜过千言万语，表达更为清楚，具有更好地视觉效果。

王波通过该表可以看到本月销售人员的汇总情况，也可以看到车辆的汇总情况。在此基础上，要求利用数据完成一张二维柱状图表，并通过添加数据标志可以更直观地看出销售金额最高的车辆型号是哪一个。王波在接受该任务后，思考在 Excel 2010 中图表创建方法的实现。

具体操作步骤如下：

1. 创建基本图表

（1）选择包含要用于图表的数据单元格区域“$C$1,$C$10,$C$20,$C$31,$C$39,$C$44,$G$1,$G$10,$G$20,$G$31,$G$39,$G$44”，对于该图表，是一个不连续单元格的选择。

（2）在“插入”选项卡上的“图表”组中，单击“图表类型”选项，然后单击要使用的图表子类型，选择“二维柱形图”的“簇状柱形图”。

2. 更改图表的布局或样式

创建图表后，可以立即更改它的外观。可以快速向图表应用预定义布局和样式，而无需手动添加或更改图表元素或设置图表格式。Excel 2010 提供了多种有用的预定义布局和样式（或快速布局和快速样式）供选择；但可以手动更改各个图表元素的布局和格式，从而根据需要自定义布局或样式。

单击嵌入图表中的任意位置以将其激活。此时将显示“图表工具”，其上增加了“设计”“布局”和“格式”选项卡。

（1）应用预定义图表布局。在“设计”选项卡上的“图表布局”组中，单击要使用的图表布局，如图 4-57 所示。

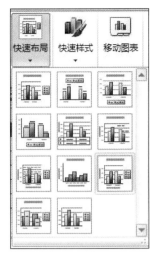

图 4-57　图表布局

（2）应用预定义图表样式。在"设计"选项卡上的"图表样式"组中，单击要使用的图表样式，如图 4-58 所示。

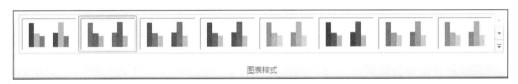

图 4-58　图表样式

（3）手动更改图表元素的布局。

1）单击要更改其布局的图表元素，在"格式"选项卡上的"当前所选内容"组中，单击"图表元素"框中的箭头，然后单击所需的图表元素。

2）在"布局"选项卡上的"标签""坐标轴"或"背景"组中，单击与所选图表元素相对应的图表元素按钮，然后单击所需的布局选项，如图 4-59 所示。

图 4-59　图表布局

3．添加或删除标题或数据标签

- 数据系列：在图表中绘制的相关数据点，这些数据源自数据表的行或列。图表中的每个数据系列具有唯一的颜色或图案并且在图表的图例中表示。可以在图表中绘制一个或多个数据系列。饼图只有一个数据系列。

- 数据点：在图表中绘制的单个值，这些值由条形、柱形、折线、饼图或圆环图的扇面、圆点和其他被称为数据标记的图形表示。相同颜色的数据标记组成一个数据系列。

- 数据标签：为数据标记提供附加信息的标签，数据标签代表源于数据表单元格的单个数据点或值。

　　为了使图表更易于理解，可以添加标题，如图表标题和坐标轴标题。坐标轴标题通常可用于能够在图表中显示的所有坐标轴，包括三维图表中的竖（系列）坐标轴。有些图表类型（如雷达图）有坐标轴，但不能显示坐标轴标题。没有坐标轴的图表类型（如饼图和圆环图）也不能显示坐标轴标题。

　　要快速标识图表中的数据系列，可以向图表的数据点添加数据标签。默认情况下，数据标签链接到工作表中的值，在对这些值进行更改时它们会自动更新。

　　（1）添加图表标题。

　　1）在"布局"选项卡上的"标签"组中，单击"图表标题"。

　　2）单击"居中覆盖标题"或"图表上方"。

　　3）在图表中显示的"图表标题"文本框中键入所需的文本，"瑞其公司 2018 年 10 月销售业绩分析图表"。

　　4）若要设置文本的格式，选择文本，然后在"浮动工具栏"上单击所需的格式选项。

　　（2）添加坐标轴标题。

　　1）在"布局"选项卡上的"标签"组中，单击"坐标轴标题"。

　　2）向主要横（分类）坐标轴添加标题，单击"主要横坐标轴标题"；向主要纵（值）坐标轴添加标题，单击"主要纵坐标轴标题"。

　　3）在图表中显示的"坐标轴标题"文本框中，键入所需的文本。x 轴标题"车辆型号"，y 轴标题"销售金额"。

　　（3）添加数据标签。在"布局"选项卡上的"标签"组中，单击"数据标签"，然后单击所需的显示选项。

　　4. 显示或隐藏图例

　　（1）在"布局"选项卡上的"标签"组中，单击"图例"。

　　（2）若要隐藏图例，单击"无"。若要显示图例，单击所需的显示选项，"在底部显示图例"。

　　5. 显示或隐藏图表坐标轴或网格线

　　（1）显示或隐藏主要坐标轴，在"布局"选项卡上的"坐标轴"组中，单击"坐标轴"，进行设置。

　　（2）显示或隐藏次要坐标轴，在"格式"选项卡上的"当前选择"组中，单击"图表元素"框中的箭头，然后单击要沿次要垂直轴绘制的数据系列进行设置。

　　（3）显示或隐藏网格线，在"布局"选项卡上的"坐标轴"组中，单击"网格线"进行设置。

　　6. 移动图表或调整图表的大小

　　（1）默认情况下，图表作为嵌入图表放在工作表上。如果要将图表放在单独的图表工作表中，则可以通过执行下列操作来更改其位置。

　　1）在"设计"选项卡上的"位置"组中，单击"移动图表"。

　　2）在"选择放置图表的位置"下，执行下列操作之一：

● 若要将图表显示在图表工作表中，单击"新工作表"。

● 若要将图表显示为工作表中的嵌入图表，请单击"对象位于"，然后在"对象位于"框中单击工作表。

（2）若要调整图表的大小，单击图表，然后拖动尺寸控点，将其调整为所需大小。或者，在"格式"选项卡上的"大小"组中，在"形状高度"和"形状宽度"框中输入尺寸。

王波对创建出来的图表进行自定义设置，让图表更加地丰富，如图4-60所示。

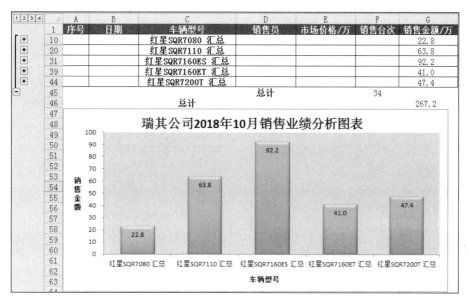

图4-60　车辆型号销售业绩分析图表

对此，经理对王波做的销售分析比较满意，希望他可以帮助完成一张数据透视图，这样在销售的月末对公司的销售情况能更加地了解。

任务6　使用数据透视表

王波对数据透视表操作不熟悉，通过网络，王波知道如何使用后，结合公司的情况，进行数据的透视及分析。

数据透视表是交互式报表，可快速合并和比较大量数据。可旋转其行和列以看到源数据的不同汇总，而且可显示感兴趣区域的明细数据。与分类汇总适用于按一个字段进行分类，数据透视表适用于按多个字段进行分类汇总，数据透视表主要用来分析不同字段数据之间的关系。

1．何时使用数据透视表

如果要分析相关的汇总值，尤其是在要合计较大的列表并对每个数字进行多种比较时，可以使用数据透视表。由于数据透视表是交互式的，因此，可以更改数据的视图以查看更多明细数据或计算不同的汇总额。

2．数据组织

在数据透视表中，源数据中的每列或字段都成为汇总多行信息的数据透视表字段。

3．创建数据透视表

（1）为数据透视表定义数据源。若要将工作表数据用作数据源，请单击包含该数据的单元格区域内的一个单元格。

（2）在"插入"选项卡上的"表"组中，单击"数据透视表"选项。

（3）在"创建数据透视表"对话框中，选择"选择一个表或区域"单选按钮，然后在"表/区域"框中验证单元格区域，如图 4-61 所示。

（4）若要将数据透视表放置在新工作表中，并以单元格 A1 为起始位置，选择"新工作表"单选按钮。若要将数据透视表放在现有工作表中的特定位置，选择"现有工作表"单选按钮，然后在"位置"框中指定放置数据透视表的单元格区域的第一个单元格。

（5）单击"确定"按钮，Excel 创建了一个空的数据透视表，如图 4-62 所示。

图 4-61　"创建数据透视表"对话框　　　　　　图 4-62　空数据透视表

（6）向数据透视表添加字段。若要将字段放置到布局部分的特定区域中，请在字段部分中右击相应的字段名称，然后选择"添加到报表筛选""添加到列标签""添加到行标签"或"添加到值"。若要将字段拖放到所需的区域，请在字段部分中单击并按住相应的字段名称，然后将它拖到布局部分中的所需区域中。

把报表字段中的"车辆型号"与"销售员"字段拖动到"行标签"，"销售金额"与"销售台次"字段拖动到"数值"，即可在统计同一种型号车辆销售总金额的基础上，再统计每个销售员的销售总台次，如图 4-63 所示。

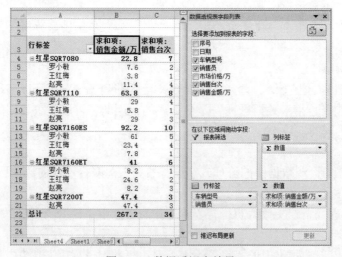

图 4-63　数据透视表结果

如果要改变汇总的方式双击"求和项"字段，则弹出"值字段设置"对话框，在对话框的"值字段汇总方式"下拉列表中选择数据汇总的具体方式，如图 4-64 所示。

王波从以下数据透视表可以看到车辆型号的销售情况以及销售人员销售情况的对比。王波还创建了一张利用日期来查询的数据透视表，将日期的数据拖动到报表筛选字段，如图 4-65 所示。通过数据透视表可以新创建数据透视图，数据透视图中的图表是动态图表，会随着选择的数据而进行变动，如图 4-66 所示。

图 4-64 "值字段设置"对话框

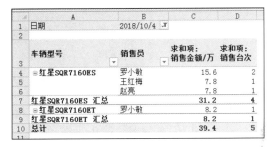

图 4-65 设置报表筛选字段

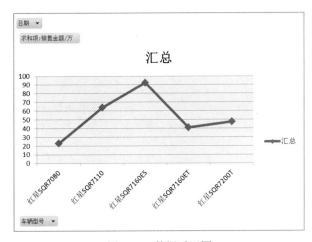

图 4-66 数据透视图

拓 展 知 识

一、窗口介绍

1. 窗口与功能区

（1）窗口界面如图 4-67 所示。

1）标题栏：窗口的最上端为标题栏，显示正在编辑的工作表的文件名以及应用程序名。在标题栏上双击会调整工作簿窗口的大小。在标题栏上右击显示包含还原、移动、大小、最小化、最大化、关闭等项目的快捷菜单。

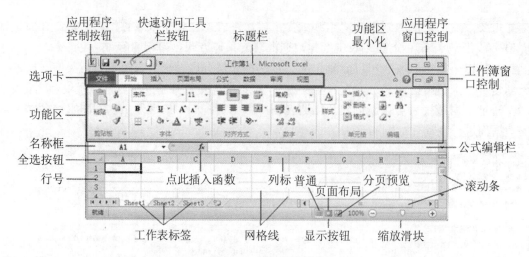

图 4-67　窗口详细介绍

2）快速访问工具栏：快速访问工具栏是一个可自定义的工具栏，包含一组独立于当前功能区上的命令。单击右侧下拉箭头，在弹出的菜单中自定义工具栏及设置工具栏的位置。

3）功能区：Excel 2010 中所有的功能操作分为 8 大功能区，包括文件、开始、插入、页面布局、公式、数据、审阅和视图。各功能区中收录相关的功能群组，方便使用者切换、选用。

4）命令组：操作时需要用到的命令位于此处。它与其他软件中的"菜单"或"工具栏"相同。

5）编辑栏：包括名称框、ƒx 及公式编辑栏。

其中，也可以在名称框中直接输入名称快速命名，可单击其右侧下拉箭头查看工作表中已命名的名称，也可单击任一名称快速选择该命名区域。在"定义名称"框中所定义的公式或常量不会显示在该命名框中。

单击 ƒx，显示出"插入函数"对话框，可以在所选单元格中输入函数。

右侧的公式编辑栏中，可以输入或编辑公式或文本。此外，在单元格中输入公式或文本时，显示在此处。

6）行号列号：行数范围共 2^{20} 行，列字母范围共 2^{14} 列。可以通过单击行或列标题选择整行或整列。

7）工作表区：工作表区是 Excel 窗口的主体，用于存放用户数据，由单元格组成，每个单元格由其地址来标识。一般缺省设置为 3 个工作表，可以在"文件"选项卡的"选项"中更改缺省的工作表数量。

工作表标签显示工作表及名称，在其上右击，会弹出快捷菜单，可以进行删除、移动、重命名、复制等操作。在工作表标签中双击也可重命名工作表。

8）显示按钮：用以根据需求更改正在编辑的工作表的显示模式。有"普通""页面布局"和"分页预览"三种模式。

9）滚动条：用以更改正在编辑的工作表的显示位置。

10）缩放滑块：用以更改正在编辑的工作表的缩放设置。

（2）窗口功能。与 Excel 2003 相比，Excel 2010 最明显的变化就是取消了传统的菜单操作方式，而代之于各种功能区。在 Excel 2010 窗口上方看起来像菜单的名称其实是功能区的名称，当单击这些名称时并不会打开菜单，而是切换到与之相对应的功能区。每个功能区根据功能的不同又分为若干个组，每个功能区所拥有的功能如下所述。

1）"文件"选项卡如图 4-68 所示。

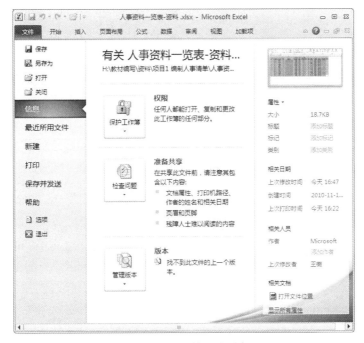

图 4-68　"文件"选项卡

2）"开始"功能区。"开始"功能区中包括剪贴板、字体、对齐方式、数字、样式、单元格和编辑几个组，对应 Excel 2003 的"编辑"和"格式"菜单部分命令。该功能区主要用于帮助用户对 Excel 2010 表格进行文字编辑和单元格的格式设置，是用户最常用的功能区，如图 4-69 所示。

图 4-69　"开始"功能区

3）"插入"功能区。"插入"功能区包括表格、插图、图表、筛选器、链接、文本和符号几个组，对应 Excel 2003 中"插入"菜单的部分命令，主要用于在 Excel 2010 表格中插入各种对象，如图 4-70 所示。

图 4-70　"插入"功能区

4）"页面布局"功能区。"页面布局"功能区包括主题、页面设置、调整为合适大小、工作表选项、排列几个组，对应 Excel 2003 的"页面设置"菜单命令和"格式"菜单中的部分命令，用于帮助用户设置 Excel 2010 表格页面样式，如图 4-71 所示。

图 4-71　"页面布局"功能区

5）"公式"功能区。"公式"功能区包括函数库、定义的名称、公式审核和计算几个组，用于实现在 Excel 2010 表格中进行各种数据计算，如图 4-72 所示。

图 4-72　"公式"功能区

6）"数据"功能区。"数据"功能区包括获取外部数据、连接、排序和筛选、数据工具和分级显示几个组，主要用于在 Excel 2010 表格中进行数据处理相关方面的操作，如图 4-73 所示。

图 4-73　"数据"功能区

7）"审阅"功能区。"审阅"功能区包括校对、语言、批注和更改几个组，主要用于对 Excel 2010 表格进行校对和修订等操作，适用于多人协作处理 Excel 2010 表格数据，如图 4-74 所示。

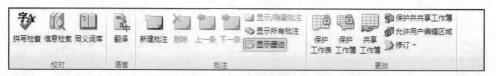

图 4-74　"审阅"功能区

8）"视图"功能区。"视图"功能区包括工作簿视图、显示、显示比例、窗口和宏几个组，主要用于帮助用户设置 Excel 2010 表格窗口的视图类型，以方便操作，如图 4-75 所示。

图 4-75　"视图"功能区

2. 基本概念

（1）单元格。每张工作表是由多个长方形的"存储单元"所构成的，这些长方形的"存储单元"被称为"单元格"。输入的任何数据都将保存在这些"单元格"中。这些数据可以是字符串、数字、公式或者图形、声音等。

（2）单元地址。对于每个单元格都有其固定的地址。比如"A1"，就代表了"A"列的第"1"行的单元格。同样，一个地址也唯一地表示一个单元格，例如："B5"指的是"B"列与第"5"行交叉位置上的单元格，并且在标明单元格时，先标明列号再标明行号。

由于一个工作簿文件可能会有多个工作表，为了区分不同工作表的单元格，要在地址前面增加工作表名称。例如：Sheet2！A6。就说明了该单元格是"Sheet2"工作表中的"A6"单元格。工作表名与单元格之间必须使用"！"号来分隔。

（3）活动单元格。单元格是组成工作表最小的单位。要输入单元格数据，首先要激活单元格，被激活的单元格称为活动单元格。活动单元格的边框为粗黑边框，这时输入的数据会被保存在该单元格中。在单元格右下角有一个黑色的矩形框，当鼠标移动到该处时，会呈现出实心黑色十字状，称为填充柄。

（4）区域。连续的多个单元格称为区域。标记为左上角单元格的地址和右下角单元格的地址。

（5）工作表。工作表是由若干个按行与列排列的单元格组成。Excel 默认的工作簿中建有三张新的工作表，分别为 Sheet1、Sheet2 和 Sheet3。标签可以进行重命名，如图 4-76 中第一张工作表标签为"登记表"。

图 4-76　工作表标签

（6）工作簿。一个工作簿是由多张工作表所组成的，在 Excel 2010 中，一个文件即为一个工作簿，在启动 Excel 2010 时，系统默认的一个新的工作簿名称为"工作簿 1.xlsx"。

二、数据编辑

对于单元格中的数据可以通过复制或者移动操作，将它们复制或者移动到同一个工作表上的其他地方、另一个工作表或者另一个应用程序中。在编辑数据前应该先选择相应的编辑区域。

1. 选择对象

（1）选择单个单元格。

● 单击要选择的单元格。

● 利用键盘上的"上、下、左、右"方向键进行选择。

（2）选择连续的多个单元格。

● 通过按鼠标左键进行拖动的方法选择单元格区域。

● 首先单击欲选定的区域的第一个单元格，再按住 Shift 键，单击该区域，沿第一个单元格对角线方向到最后一个单元格。

（3）选择不连续的多个单元格。

● 选定第一个单元格或单元格区域，然后按住 Ctrl 键，用鼠标再选取其他单元格或单元格区域。

（4）选定行与列。

● 选定整行：单击行号。

● 选定整列：单击列号。

（5）选定整个工作表。

● 使用"全选"按钮。

● 按 Ctrl+A 组合键选定所有单元格。

2. 移动或复制单元格数据

移动或复制单元格时，Excel 将移动或复制整个单元格，包括公式及其结果值、单元格格式和批注。

注意：在 Excel 2010 中，剪切板可保留多个复制的信息，以方便用户选择复制所需要的信息。

方法一：

（1）选择要移动或复制的单元格。

（2）在"开始"选项卡上的"剪贴板"组中，如图 4-77 所示，执行下列操作之一。

图 4-77　"剪贴板"命令组

1）若要移动单元格，请单击"剪切" ✂ 选项。键盘快捷方式也可以按组合键 Ctrl+X。

2）若要复制单元格，请单击"复制" 🔳 选项。键盘快捷方式也可以按组合键 Ctrl+C。

（3）选择位于粘贴区域左上角的单元格。

提示：若要将选定区域移动或复制到不同的工作表或工作簿，请单击另一个工作表选项卡或切换到另一个工作簿，然后选择位于粘贴区域左上角的单元格。

（4）在"开始"选项卡上的"剪贴板"组中，单击"粘贴" 🔳 选项。键盘快捷方式也可以按组合键 Ctrl+V。

方法二：

使用"拖放"操作来完成对单元格的移动。具体的操作过程是：将鼠标指针指向移动区域的边框线上，看到鼠标指针变成一个四向箭头，拖动选定内容到新的位置上后释放鼠标。移动过程中，按 Ctrl 键操作，可实现单元格的复制。

3. 选择性粘贴

在 Excel 中除了能够复制选定的单元格外，还能够有选择地复制单元格数据，数据复制时往往只需复制它的部分特性。"选择性粘贴"命令可用于将复制单元格中的公式或数值与粘贴区域单元格中的公式或数值合并。可在"运算"框中指定是否将复制单元格中的公式或数值与粘贴区域单元格的内容相加、相减、相乘或相除等。

使用"选择性粘贴"的另一个极重要的功能就是"转置"功能。所谓"转置"就是可以完成对行、列数据的位置转换。例如，把一行数据转换成工作表的一列数据，当粘贴数据改变其方位时，复制区域顶端行的数据出现在粘贴区域左列处；左列数据则出现在粘贴区域的顶端行上。

"选择性粘贴"选项的功能见表 4-8。

表 4-8   "选择性粘贴"选项的功能

选项	功能
全部	粘贴全部单元格内容和格式
公式	仅粘贴编辑栏中输入的公式
数值	仅粘贴单元格中显示的值
格式	仅粘贴单元格格式
批注	仅粘贴附加到单元格的批注
有效性验证	将复制的单元格的数据有效性规则粘贴到粘贴区域
所有使用源主题的单元	使用应用于源数据的主题粘贴所有单元格内容和格式
边框除外	粘贴应用到复制数据的文档主题格式中的全部单元格内容
列宽	将一列或一组列的宽度粘贴到另一列或一组列
公式和数字格式	仅粘贴选定单元格的公式和数字格式选项
值和数字格式	仅粘贴选定单元格的值和数字格式选项

使用"选择性粘贴"的操作步骤如下：

（1）先对选定区域执行复制操作并指定粘贴区域。

（2）执行"粘贴"命令中的"选择性粘贴"选项，屏幕上出现一个对话框，如图 4-78 所示。

（3）在"粘贴"复选框中设定所要的粘贴方式，单击"确定"按钮即可完成。

图 4-78   "选择性粘贴"对话框

4．单元格的插入与删除

可以在工作表中插入一个单元、一行、一列、多行或者多列，插入后工作表中原有数据要自动调整。同样，也能删除多余的行、列或单元，删除后工作表的后续数据要自动填补。

三、设置打印工作表

1．页面设置

页面设置可设置工作表页边距、方向、打印纸张、页眉页脚、标题等。单击"页面布局"选项卡的"页面设置"组，可打开"页面设置"对话框，共有 4 个选项卡，如图 4-79 所示。

"页面"选项卡中可设置页面方向、缩放比例、纸张大小等；"页边距"选项卡中可设置页边距上、下、左、右以及页眉/页脚距页面四周的数值等；"页眉/页脚"选项卡中可自定义页眉/页脚；"工作表"选项卡是 Excel 打印设置中比较重要的设置，如图 4-79 所示。

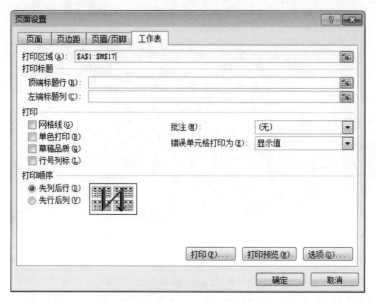

图 4-79　"工作表"选项卡

（1）设置打印区域。默认情况下，Excel 自动将只含有文字的矩形区域作为打印区域，在"页面设置"对话框的"工作表"选项卡中用户可以重新指定打印区域。

（2）设置打印标题。如果一张工作表需要打印在若干页上，而又希望在每一页上都有相同的行或列标题以使工作表的内容清楚易读，可以在"打印标题"选项区中进行设置。

● 顶端标题行：设置某行区域作为每一页水平方向的标题。

● 左端标题行：设置某列区域作为每一页垂直方向的标题。

（3）设置打印效果。在"打印"选项区中可以设置以下选项：

● 网格线：选中此项，打印时打印网格线。

● 单色打印：选中此项，打印时忽略其他颜色，只对工作表进行黑白处理。

● 草稿品质：选中此项可以缩短打印时间。打印时不打印网格线，同时图形以简化方式输出。

● 行号列标：选中此项，打印时打印行号列标。

● 批注：确定是否打印批注。默认方式为"无"。

（4）设置顺序。当一张工作表需要打印在若干页上时，可以在"打印顺序"选项区中进行设置，以控制页码的编排和打印的顺序

2．设置打印选项

选择"文件"→"打印"命令，如图 4-80 所示。

（1）在"份数"数值框中，设置打印的份数。

（2）在"打印机"选项区中，可以选择打印机的类型。

（3）在"页数"输入框中，输入工作表中要打印区域起始页码和终止页码。

图 4-80　设置打印选项

在打印选项中，还可直接进行页面方向、打印纸张、页边距、打印缩放等设置。

四、三维地址引用及函数

1. 三维地址引用

所谓三维地址引用是指在一个工作簿中从不同的工作表引用单元格。

三维引用的一般格式为：工作表名!：单元格地址。工作表名后的"!"是系统自动加上的。例如在第二张工作表的 A1 单元格输入公式 "=Sheet1!A1+Sheet1!A2"，则表明要引用工作表 Sheet1 中的单元格 A1 和工作表 Sheet2 中的单元格 A2 相加，结果放到工作表 Sheet2 中的 A1 单元格。

利用三维地址引用，可以一次性对一个工作簿中指定的工作表的特定单元格进行汇总。

2. 函数

函数由函数名、括号和参数组成。函数名与括号之间没有空格，括号与参数之间也没有空格，参数与参数之间用逗号分隔。函数与公式一样，必须以 "=" 开头。

Excel 2010 提供了许多内置的函数，为用户对数据进行运算和分析带来了极大的方便，这些函数包括财务、逻辑、文本、日期和时间、查找与引用、数学与三角函数、统计、工程等。

（1）常用函数介绍见表 4-9。

表4-9　常用函数

函数名	功能	简单公式示例
SUM	返回某一单元格区域中所有数字之和	=SUM(A2:A4)
AVERAGE	返回参数的平均值（算术平均值）	=AVERAGE(A2:A4)
MIN	返回一组值中的最小值	=MIN(A2:A4)
MAX	返回一组值中的最大值	=MAX(A2:A6)
COUNT	返回包含数字以及包含参数列表中的数字单元格个数	=COUNT(A2:A8)
IF	执行真假值判断，根据逻辑计算的真假值，返回不同结果	=IF(A2>=60,"及格","不及格")
INT	返回参数值中的整数部分	=INT(8.9)结果为 8
ROUND	返回参数的四舍五入值，可指定有效位个数	=ROUND(12.15,1)结果为 12.2

（2）插入函数。使用插入函数是我们经常用到的输入方法。利用该方法可以指导我们一步一步地输入一个复杂的函数，避免我们在输入过程中产生键入错误。其操作步骤如下：

选定要输入函数的单元格。执行"公式"选项卡上"函数库"组中的"插入函数"命令，或者单击编辑栏 f_x 上的"插入函数"按钮 f_x，单击编辑栏上的"插入函数"按钮 f_x 之后，系统在屏幕上出现一个"插入函数"对话框，如图 4-81 所示。

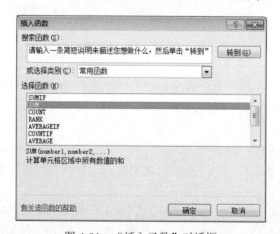

图 4-81　"插入函数"对话框

从函数分类列表框中选择要输入的函数分类；当选定函数分类后，再从"函数名"列表框中选择所需要的函数。单击"确定"按钮。

插入函数的步骤为：

1）选定欲填入公式的单元格。

2）单击编辑栏上的"插入函数"按钮，或选择"公式"选项卡上"函数库"组中的"插入函数"命令，打开"插入函数"对话框。

3）在"或选择类别"下拉列表框中，选择所需要的函数类别，如常用函数。

4）在"选择函数"下拉列表框中，选择所要的函数，如 SUM 函数求和。

5）双击所需函数，显示"函数参数"的对话框。

6）依据提示，输入函数的各个参数。

7）单击"确定"按钮，完成函数插入。

五、自动填充

自动填充功能是 Excel 中的一大特色。当表格中的行或列的部分数据形成了一个序列时（所谓序列，是指行或者列的数据有一个相同的变化趋势。例如：数字 2、4、6、8……，时间 1 月 1 日、2 月 1 日……），就可以使用 Excel 提供的自动填充功能来快速填充数据。

对于大多数序列，都可以使用自动填充功能来进行操作，在 Excel 中便是使用"填充句柄"来自动填充。所谓句柄，是位于当前活动单元格右下方的黑色方块，可以用鼠标拖动它进行自动填充。

1. 填充复杂序列

遇到复杂的数据，仅仅用鼠标拖动填充句柄是不可能完成填充的，这个时候，就要使用更复杂的填充功能。例如，使用复杂填充功能来填充一个等比数列"2、6、18、54、162"。

（1）在单元格 A1 中输入"2"。

（2）用鼠标选择单元格 A1～A5（切记，不是使用拖动填充句柄来选择）。

（3）执行"开始"→"编辑"→"填充"命令，弹出"序列"对话框。

（4）在序列对话框中设置"序列产生在"为"列"，"类型"为"等比序列"，"步长值"为"3"，如图 4-82 所示，最后单击"确定"按钮。

图 4-82　自动填充

执行完上面的操作以后，单元格区域 A1～A5 就填充了等比数列"2、6、18、54、162"。当然，也可以进行其他的设置而产生不同的复杂填充。

2. 自定义填充功能

每个人都有自己的需要，所以 Excel 的自动填充就不可能满足每个人的要求，幸而，Excel 还提供了自定义填充功能，这样，就可以根据自己的需要来定义填充内容。

（1）执行"文件"→"选项"→"高级"→"编辑自定义列表"命令，在弹出的对话框中选择"自定义序列"标签。

（2）在"自定义序列"标签界面中，在"输入序列"编辑框中输入新的序列，如图 4-83 所示。

（3）单击"添加"按钮，再单击"确定"按钮。

当然也可以在已经制好的工作表中导入该序列。方法为：在上面的步骤（2）中，执行"导入"命令，或者单击"导入序列所在单元格"按钮，最后用鼠标进行选择就可以了。

图 4-83 "自定义序列"对话框

习　　题

一、单项选择题

1. 在 Excel 中，关于"删除"和"清除"的正确叙述是（　　）。
  A. 删除指定区域是将该区域中的数据连同单元格一起从工作表中删除；清除指定区域仅清除该区域中的数据而单元格本身仍保留
  B. 删除的内容不可以恢复，清除的内容可以恢复
  C. 删除和清除均不移动单元格本身，但删除操作将原单元格清空；而清除操作将原单元格中内容变为 0
  D. Del 键的功能相当于删除命令

2. 某公式中引用了一组单元格：（C3:D7,A2,F1），该公式引用的单元格总数为（　　）。
  A. 4　　　　　　　　B. 8　　　　　　　　C. 12　　　　　　　　D. 16

3. 在单元格中输入公式时，输入的第一个符号是（　　）。
  A. =　　　　　　　　B. +　　　　　　　　C. −　　　　　　　　D. $

4. 对一含标题行的工作表进行排序，当在"排序"对话框的"数据包含标题"复选框中勾选时，该标题行（　　）。
  A. 将参加排序　　　　　　　　　　B. 将不参加排序
  C. 位置总在第一行　　　　　　　　D. 位置总在倒数第一行

5. 在 Microsoft Excel 中，当使用错误的参数或运算对象类型时，或者当自动更正公式功能不能更正公式时，将产生错误值（　　）。
  A. #####!　　　　B. #div/0!　　　　C. #Name?　　　　D. #VALUE!

6. 在 Excel 中，关于"筛选"的正确叙述是（　　）。
  A. 自动筛选和高级筛选都可以将结果筛选至另外的区域中
  B. 执行高级筛选前必须在另外的区域中给出筛选条件

C. 自动筛选的条件只能是一个，高级筛选的条件可以是多个

D. 如果所选条件出现在多列中，并且条件间有与的关系，必须使用高级筛选

7．在 Excel 中，函数 SUM(A1:A4)等价于（　　　）。

A. SUM(A1*A4)　　　　　　　　B. SUM(A1+A4)

C. SUM(A1,A4)　　　　　　　　D. SUM(A1+A2+A3+A4)

8．在 Excel 中，用 Shift 键或 Ctrl 键选择多个单元格后，活动单元格的数目是（　　　）。

A. 一个单元格　　　　　　　　B. 所选的单元格总数

C. 所选单元格的区域数　　　　D. 用户自定义的个数

9．Excel 2010 文件的后缀是（　　　）。

A. *.xlsx　　　　B. *.xslx　　　　C. *.xlwx　　　　D. *.docx

10．在 Excel 的工作表中，每个单元格都有其固定的地址，如"A5"表示（　　　）。

A. "A"代表"A"列，"5"代表第"5"行

B. "A"代表"A"行，"5"代表第"5"列

C. "A5"代表单元格的数据

D. 以上都不是

11．在 Excel 中，设 E 列单元格存放工资总额，F 列用以存放实发工资。其中当工资总额>800 时，实发工资=工资总额-（工资总额-800）*税率；当工资总额≤800 时，实发工资=工资总额。设税率=0.05。则 F 列可根据公式实现。其中 F2 的公式应为（　　　）。

A. =IF(E2>800,E2-(E2-800)*0.05,E2)

B. =IF(E2>800,E2,E2-(E2-800)*0.05)

C. =IF("E2>800",E2-(E2-800)*0.05,E2)

D. =IF("E2>800",E2,E2-(E2-800)*0.05)

12．Excel 工作簿中既有一般工作表又有图表，当执行"文件"选项卡的"保存"命令时，则（　　　）。

A. 只保存工作表文件　　　　　B. 保存图表文件

C. 分别保存　　　　　　　　　D. 二者作为一个文件保存

13．在 Excel 的单元格内输入日期时，年、月、分隔符可以是（　　　）。

A. "\"或"-"　　　B. "/"或"-"　　　C. "/"或"\"　　　D. "."或"|"

14．在 Excel 中，错误值总是以（　　　）开头。

A. $　　　　　B. #　　　　　C. @　　　　　D. &

15．Excel 中活动单元格是指（　　　）。

A. 可以随意移动的单元格　　　B. 随其他单元格的变化而变化的单元格

C. 已经改动了的单元格　　　　D. 正在操作的单元格

16．现已知在 Excel 中对于"一、二、三、四、五、六、日"的升序，降序顺序为"二、六、日、三、四、五、一"，下列有关"星期一、星期二、星期三、星期四、星期五、星期六、星期日"的降序排序正确的是（　　　）。

A. "星期一、星期五、星期四、星期三、星期日、星期六、星期二"

B. "星期一、星期二、星期三、星期四、星期五、星期六、星期日"

C. "星期日、星期一、星期二、星期三、星期四、星期五、星期六"

D．"星期六、星期日、星期一、星期二、星期三、星期四、星期五"

17．在创建一个新的数据透视表时，应操作的选项卡为（　　　）

  A．插入   B．公式   C．视图   D．数据

18．用户要冻结窗口，应操作的选项卡为（　　　）。

  A．插入   B．公式   C．视图   D．数据

19．在 Excel 中，以下选项引用函数正确的是（　　　）。

  A．=(sum)A1:A5   B．=sum(A2,B3,B7)

  C．=sum A1:A5   D．=sum(A10,B5:B10:28)

20．Excel 公式复制时，为使公式中的（　　）必须使用绝对地址（引用）。

  A．单元格地址随新位置而变化   B．范围随新位置而变化

  C．范围不随新位置而变化   D．范围大小随新位置而变化

21．在 Excel 的数据清单中，若根据某列数据对数据清单进行排序，可以利用数据功能区的"降序"按钮，此时用户应先（　　　）。

  A．选取该列数据   B．选取整个数据清单

  C．单击该列数据中任一单元格 D．单击数据清单中任一单元格

22．以下说法正确的是（　　　）。

  A．在公式中输入"=$A5+$A6"表示对 A5 和 A6 的列地址绝对引用

  B．在公式中输入"=$A5+$A6"表示对 A5 和 A6 的行、列地址相对引用

  C．在公式中输入"=$A5+$A6"表示对 A5 和 A6 的行、列地址绝对引用

  D．在公式中输入"=$A5+$A6"表示对 A5 和 A6 的行地址绝对引用

23．在对数字格式进行修改时，如出现"#######"，其原因为（　　　）。

  A．格式语法错误   B．单元格长度不够

  C．系统出现错误   D．以上答案都不正确

24．在 Excel 中，需要参数值中的整数部分，则应该使用函数（　　　）。

  A．MAX   B．INT   C．ROUND   D．SUM

25．在 Excel 中，需要返回一组参数的最大值，则应该使用函数（　　　）。

  A．MAX   B．LOOKUP   C．HLOOKUP   D．SUM

26．Excel 中可以实现清除格式的菜单是（　　　）。

  A．Ctrl+C 组合键   B．Ctrl+V 组合键

  C．Delete 键   D．"开始"功能区的"清除"

27．若将 A1:A5 命名为 xi，数值分别为 10、7、9、27 和 2，C1:C3 命名为 axi，数值为 4、18 和 7，则 AVERAGE(xi,axi)等于（　　　）。

  A．10.5   B．22.5   C．14.5   D．42

28．在 Excel 数据清单中，按某一字段内容进行归类，并对每一类作出统计的操作是（　　　）。

  A．排序   B．分类汇总   C．筛选   D．记录单处理

29．在 Excel 中，有关图表的叙述，（　　　）是正确的。

  A．图表的图例可以移动到图表之外

  B．选中图表后再键入文字，则文字会取代图表

C．图表绘图区可以显示数值

D．一旦设定了图表标题的位置则不能修改

30．在 Excel 中，公式 AVERAGE(B1:B4)等价于（　　　）。

    A．AVERAGE(A1:A4,B1:B4)　　　　　B．AVERAGE(B1,B4)

    C．AVERAGE(B1,B2,B3,B4)　　　　　D．AVERAGE(B1,B4,4)

二、多项选择题

1．在 Excel 中加入数据至所规定的数据库内的方法可以是（　　　）。

    A．直接键入数据至单元格内　　　　　B．利用"记录单"输入数据

    C．插入对象　　　　　D．数据透视表

2．在 Excel 电子表格中，设 A1、A2、A3、A4 单元格中分别输入了：3、星期三、5x、2002-12-27，则可以进行计算的公式是（　　　）。

    A．=A1^5　　　　B．=A2+1　　　　C．=A3+6X+1　　　　D．A4+1

3．在 Excel 工作表的单元格输入数据，当输入的数据长度超过单元格宽度时，在单元格中显示"#####"的数据为（　　　）。

    A．字符串数据　　　　　B．日期格式数据

    C．货币格式数据　　　　　D．数值数据

4．在 Excel 中，利用填充功能可以方便地实现（　　　）的填充。

    A．等差数列　　　　B．等比数列　　　　C．多项式　　　　D．方程组

5．下列关于 Excel 的叙述中，不正确的是（　　　）。

    A．Excel 将工作簿的每一张工作表分别作为一个文件夹保存

    B．Excel 允许一个工作簿中包含多个工作表

    C．Excel 的图表不一定与生成该图表的有关数据处于同一张工作表上

    D．Excel 工作表的名称由文件名决定

6．下列有关 Excel 功能的叙述中，不正确的是（　　　）。

    A．在 Excel 中，可以处理图形

    B．在 Excel 中，不能处理表格

    C．Excel 的数据库管理可支持数据记录的增、删、改等操作

    D．在一个工作表中包含多个工作簿

7．下列有关 Excel 公式正确的是（　　　）。

    A．=sum(21,43)　　　　　B．=sum(A1:A8)

    C．=sum(21,…,58)　　　　　D．=sum("a",1)

8．下列 Excel 公式输入的格式中，（　　　）是正确的。

    A．=SUM(1,2,…,9,10)　　　　　B．=SUM(E1:E6)

    C．=SUM(A1;E7)　　　　　D．=SUM("18","25", 7)

9．在 Excel 中，复制单元格格式可采用（　　　）。

    A．复制+粘贴　　　　　B．复制+选择性粘贴

    C．复制+填充　　　　　D．"格式刷"工具

10．向 Excel 工作表的任一单元格输入内容后，都必须确认后才认可。确认的方法（　　　）。

A．双击该单元格　　　　　　　　B．单击另一单元格

C．按光标移动键　　　　　　　　D．单击该单元格

三、判断题（正确的请在题后括号中填写 T，错误的请填写 F）

1．在 Excel 中，图表一旦建立，其标题的字体、字型是不可以改变的。　　　（　　）

2．对 Excel 的数据清单中的数据进行修改时，当前活动单元格必须在数据清单内的任一单元格上。　　　（　　）

3．在 Excel 中，若只需打印工作表的部分数据，应先把它们复制到一张单独的工作表中。
　　　（　　）

4．利用格式刷复制的仅仅是单元格的格式，不包括内容。　　　（　　）

5．Excel 中单元格引用中，单元格地址不会随位移的方向与大小而改变的称为相对引用。
　　　（　　）

6．对于记录单中的记录，用户可以直接在数据表中插入、修改和删除，也可以在"记录单"对话框中使用记录单功能按钮完成。　　　（　　）

7．分类汇总前必须对要分类的项目进行排序。　　　（　　）

8．在使用函数进行运算时，如果不需要参数，则函数后面的括号可以省略。　　　（　　）

9．如果在工作表中插入一行，则工作表中的总行数将会增加一个。　　　（　　）

10．图表制作完成后，其图表类型可以更改。　　　（　　）

11．对 Excel 数据清单中的数据进行排序，必须先选择排序数据区。　　　（　　）

12．Excel 数据以图形方式显示在图表中。图表与生成它们的工作表数据相链接。当修改工作表数据时肯定会更新。　　　（　　）

13．若 Excel 工作簿设置为只读，对工作簿的更改一定不能保存在同一个工作簿文件中。
　　　（　　）

14．如果要查找数据清单中的内容，可以通过筛选功能，它可以实现只显示包含指定内容的数据行。　　　（　　）

15．在 Excel 单元格中可输入公式，但单元格真正存储的是其计算结果。　　　（　　）

模块五　演示文稿软件 PowerPoint 2010

【学习目标】

1. 掌握制作幻灯片的基本技能，能在幻灯片中熟练插入各种对象。
2. 掌握主题、母版、版式、模板、占位符等基本概念，理解它们的用途和使用方法。
3. 掌握多媒体对象的插入和设置方法。
4. 掌握动画的添加和设置技巧，能熟练控制动画的播放效果。
5. 掌握幻灯片的放映方式，理解不同的视图显示方式。

【重点难点】

1. 统一演示文稿的外观。
2. 利用动画控制演示文稿的播放效果。
3. 设置演示文稿的放映时间和放映方式。

PowerPoint 通常用来制作演示文稿，其主要工作就是创意和设计幻灯片。演示文稿也俗称"幻灯片"，用于多媒体演示，可以在演示过程中插入声音、视频、动画等多媒体资料，使内容更加直观、形象，更具说服力。归纳起来，PowerPoint 可制作 3 大领域内的 3 种类型的演示文稿：①阅读文档类，多用于阅读，适合小范围内投影，如教学课件、总结报告等；②演示辅助类，作为演讲者的辅助工具用于交流，适合中型范围内投影，如培训、研讨会等；③自动演示类，自动播放演示，多用于推广宣传，适合大中型范围内投影，如产品推广、企业形象宣传等。

项目一　制作"公司年终总结报告"演示文稿

总结型演示文稿其作用以阅读为主，阅读类演示文稿的主要构成元素是文字、图示、幻灯片版式等幻灯片基本元素，其制作重点是制作以基本元素构成的简单幻灯片，并对各种元素进行简单快捷的修饰。

【情境】

刘文，大学毕业后进入畅捷通软件有限公司从事市场部工作。年底公司进行年终总结大会，市场部经理决定用 PPT 演示文稿进行部门总结，但将制作部门总结演示文稿的任务交由刘文完成，同时要求刘文制作个人的工作报告演示文稿，做好在总结会上的发言准备。

任务 1　制作个人述职报告演示文稿

刘文决定首先制作个人述职报告演示文稿，因为此幻灯片制作简单，只需要用文字、段落、项目符号编号、图片等基本元素完成幻灯片的编辑。

演示文稿俗称幻灯片，但实际在 PowerPoint 中，演示文稿和幻灯片是两个有些差别的概念：利用 PowerPoint 做出来的整个文档称为演示文稿，它是一个文件。演示文稿中的每一页称为幻灯片，每张幻灯片都是演示文稿中既相互独立又相互联系的内容。通常一个完整的演示文稿应由多张幻灯片组成。

步骤 1 规划演示文稿的草图，确定所需要幻灯片的数量。

要计算所需的幻灯片数量，先绘制计划覆盖的材料的轮廓，然后将材料分成多个幻灯片。用户可能至少需要：

- 一个主标题幻灯片。
- 一个介绍性幻灯片，列出演示文稿中主要的点或面。
- 一个适用于在介绍性幻灯片上列出的每个点或面的幻灯片。
- 一个总结幻灯片，重复演示文稿中主要的点或面的列表。

通过使用此基本结构，如果有三个要显示的主要的点或面，则可以计划最少有六个幻灯片：一个标题幻灯片、一个介绍性幻灯片、三个分别适用于三个主要的点或面的幻灯片和一个总结幻灯片。绘制的轮廓如图 5-1 所示。

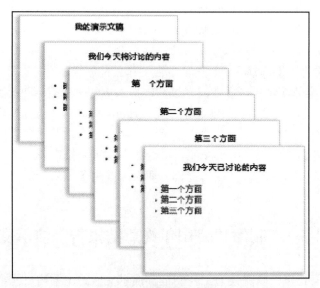

图 5-1　搭建基本结构

如果在任何一个主要的点或面中有大量要显示的材料，则需要通过使用相同的基本轮廓结构为该材料创建一组幻灯片。

步骤 2 启动 PowerPoint 2010，创建演示文稿。

（1）启动 PowerPoint 2010。

1）利用"开始"菜单。选择"开始"菜单中的"程序"，打开其下级菜单中的 Microsoft Office 2010，启动 PowerPoint 2010。

2）利用快捷图标。双击桌面上的 PowerPoint 快捷图标，即可启动 PowerPoint 2010。

3）利用现有的演示文稿文档。双击任何演示文稿文档或演示文稿文档的快捷方式，即可启动 PowerPoint 2010。

（2）创建演示文稿，刘文应用了"主题"中的"流畅"。

创建空文稿有多种方式，常用的有以下几种。

1）启动 PowerPoint 2010 时将自动建立一个空白文稿"演示文稿 1"，PowerPoint 2010 文档的扩展名为.pptx。

2）单击"文件"选项卡，然后单击"新建"选项，执行下列操作之一：

● 单击"空白演示文稿"，然后单击"创建"按钮，如图 5-2 所示。

● 应用 PowerPoint 2010 中的内置模板或主题，或者应用从 Office.com 下载的模板或主题。选中相应的类别，然后单击"创建"按钮。

图 5-2　新建演示文稿

步骤 3　添加新幻灯片，刘文添加了版式为"标题和内容"的若干幻灯片。

向演示文稿中添加幻灯片时，可同时执行"选择新幻灯片的布局"，方式如下：

（1）在普通视图中包含"大纲"和"幻灯片"选项卡的窗格上，单击"幻灯片"选项卡，然后在打开 PowerPoint 时自动出现的单个幻灯片下单击回车键。

（2）在"开始"选项卡上的"幻灯片"组中，单击"新建幻灯片"旁边的箭头，选择所需的布局，如图 5-3 所示。

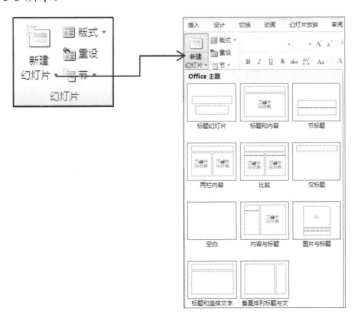

图 5-3　新建幻灯片

新幻灯片现在同时显示在"幻灯片"选项卡的左侧缩略图中（在其中新幻灯片突出显示为当前幻灯片）和"幻灯片"窗格的右侧（突出显示为大幻灯片工作区）。

步骤 4 在幻灯片中添加文本。

在幻灯片中输入文字时，可以向文本占位符、文本框和形状中添加文本。

所谓"占位符"就是先占住一个固定位置，一种带有虚线边缘的框，在这些框内可以放置标题及正文，或者是图表、表格和图片等对象，它能起到规划幻灯片结构的作用。

在普通视图下，插入文本框的方法与 Word 或 Excel 中类似，使用文本框，可以在一页上放置数个文字块，并可以使文字块之间按不同的方向排列。

步骤 5 格式排版。

（1）设置幻灯片文本格式。PowerPoint 对幻灯片中的文字要求是美观、醒目并且具有吸引力。因此，制作幻灯片的一项重要任务就是对文本格式的设置。设置文本格式的参考标准如下：①选择观众可从一段距离以外看清的字形，避免使用窄字体（如 Arial Narrow）和包含花式边缘的字体（如 Times）；②选择观众可从一段距离以外看清的字号，通常文本的字号参考大小为 30；③使用项目符号、编号或短句使文本简洁。

设置字体字号可使用"开始"选项卡→"字体"组，或如图 5-4 所示的"字体"对话框。

（2）设置项目符号。其设置方法与 Word 中一致，使用"开始"选项卡→"段落"组中如图 5-5 所示的按钮即可设置项目符号和编号。

图 5-4 "字体"对话框　　　　　　　图 5-5 项目符号和编号按钮

（3）更改文字颜色。在 PowerPoint 2010 中，可以逐一更改演示文稿中一张或所有幻灯片上的文本颜色，也可以通过应用文档主题来快速轻松地统一设置整个文档的所有幻灯片上的文本颜色。

1）更改幻灯片上的文本颜色，在"开始"选项卡上的"字体"组中，单击"字体颜色"按钮 **A** 旁边的箭头，然后选择所需的颜色。

2）更改主题颜色，在"设计"选项卡上的"主题"组中，单击"颜色"，选择新的主题颜色时，PowerPoint 2010 将自动使用主题颜色来统一规范演示文稿中各组成元素的颜色格式。

（4）设置段落格式。幻灯片段落格式就是成段文字的格式，包括段落的对齐方式、段落行距和段落间距等。PowerPoint 中段落的格式设置的操作方法有：利用"开始"选项卡→"段落"组中的按钮组（■ ■ ■ ■），或利用如图 5-6 所示的"段落"对话框。

图 5-6　设置段落的对齐方式、行距等

（5）设置文本框的格式。PowerPoint 中除了对文字和段落进行格式化外，还可以对插入的文本框进行格式化操作，包括填充颜色、边框、阴影等。

操作主要是利用"绘图工具"选项卡→"形状样式"组中的对应按钮，如图 5-7 所示，这与在 Word 文档中的设置基本一致。

图 5-7　设置文本框

步骤 6　保存演示文稿。

（1）单击"文件"选项卡，然后单击"保存"按钮，弹出"另存为"对话框。

（2）在"文件名"框中，键入 PowerPoint 演示文稿的名称，然后单击"保存"按钮。

默认情况下，PowerPoint 2010 将文件保存为 PowerPoint 演示文稿（.pptx）文件格式。若要以非.pptx 格式保存演示文稿，请单击"保存类型"列表，然后选择所需的文件格式。

完成后的演示文稿的参考效果如图 5-8 所示。

步骤 7　打印演示文稿

（1）单击"文件"选项卡，然后选择"打印"命令。

（2）在"打印内容"下，执行下列操作之一：

● 　若要打印所有幻灯片，单击"全部"。

● 　若要仅打印当前显示的幻灯片，单击"当前幻灯片"。

● 　若要按编号打印特定幻灯片，单击"幻灯片的自定义范围"，然后输入各幻灯片的列表或范围，例如：1,3,5-12（间隔符号均为英文输入法中的符号）。

（3）在"其他设置"下，单击"颜色"列表，然后选择所需设置。

（4）选择完成后，单击"打印"按钮，如图 5-9 所示。

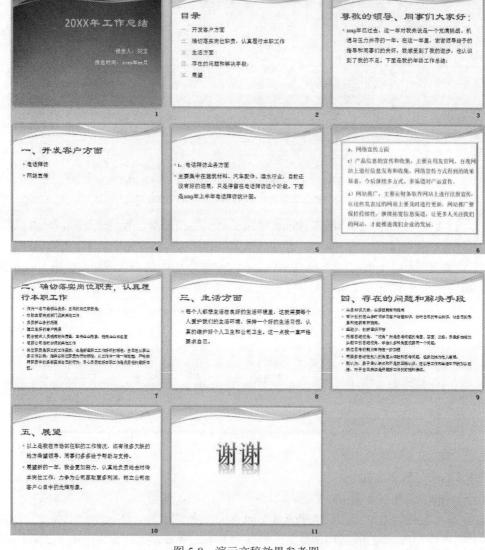

图 5-8　演示文稿效果参考图

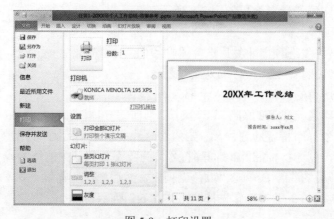

图 5-9　打印设置

任务2　制作部门总结报告

刘文收集完部门相关的业绩资料后，开始用 PowerPoint 制作一个图文并茂、内容丰富的演示文稿。

刘文为提高工作效率，决定用公司统一的现有的演示文稿为模板来创建新演示文稿。

步骤1　利用公司模板创建演示文稿。

（1）在"文件"选项卡上，单击"新建"选项。

（2）在"可用的模板和主题"下，单击"根据现有内容新建" 选项，如图5-10 所示。

图 5-10 　"根据现有内容新建"演示文稿

步骤2　添加若干新幻灯片，并确定幻灯片的版式。

步骤3　在幻灯片中添加文本元素。

步骤4　在幻灯片中插入图片和剪贴画元素。

在制作幻灯片的过程中，刘文需要使用一些图形、图片来直观展示总结资料，以达到图文并茂的良好效果。

为增强效果，可利用"插入"选项卡中的"图像"组（图5-11），在演示文稿中插入图片和剪贴画。插入图片和剪贴画的方法和与 Word 或 Excel 中的方法基本一致。操作方式为在普通视图方式下，在幻灯片工作区中：

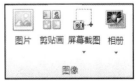

图 5-11 　"图像"组命令

（1）单击要插入图片的位置。

（2）在"插入"选项卡上的"图像"组中，单击"图片"选项。

（3）找到要插入的图片，然后双击该图片。若要添加多张图片，请在按住 Ctrl 键的同时单击要插入的图片，然后单击"插入"。

步骤5　利用图形制作按钮。

（1）添加"组合形状"命令。打开"PowerPoint 选项"对话框，在左侧列表框中找到"形状组合、形状联合、形状交点、形状剪除"这 4 个功能命令，然后在右侧列表中创建新的选项卡，如图5-12 所示，单击"添加"按钮，将命令添加到指定的选项卡中。

（2）使用"形状组合"命令。当选中两个以上的图形时，这几个命令就可以被激活了，如图5-13 所示。

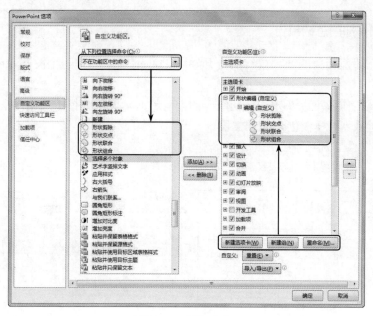

图 5-12　添加命令

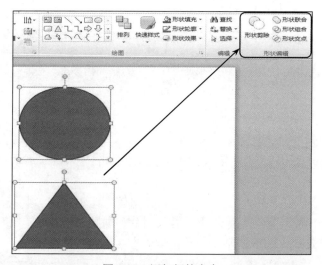

图 5-13　添加好的命令

- 形状组合：把两个以上的图形组合成一个图形，如果图形间有相交部分，则会减去相交部分，如图 5-14 所示。
- 形状联合：不减去相交部分，如图 5-15 所示。

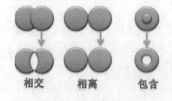

图 5-14　形状组合

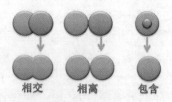

图 5-15　形状联合

- 形状交点：保留形状相交部分，其他部分一律删除，如图 5-16 所示。
- 形状剪除：把所有叠放于第一个形状上的其他形状删除，保留第一个形状上的未相交部分，如图 5-17 所示。

图 5-16　形状交点　　　　　　　　　　　　　　图 5-17　形状剪除

步骤 6　图形化显示支撑材料。

刘文一直在思考：如何将文字介绍和图片资料完美地结合在一起，以更佳的视觉效果进行展示？PowerPoint 2010 中提供的 SmartArt 图形，成为了刘文的首选，它既专业又精美，操作起来也很简单。

（1）在演示文稿中，定位到需要展示图形化的幻灯片，然后切换到"插入"选项卡，在"插图"选项组中单击"SmartArt"按钮，如图 5-18 所示。

图 5-18　插入"SmartArt 图形"命令

（2）在随即打开的"选择 SmartArt 图形"对话框中，单击左侧导航窗格中的"循环"选项。在"循环"布局中，浏览并选择一种合适的布局（可在右侧的预览窗格中预览图形效果及应用说明），如图 5-19 所示，刘文选择了"分离射线"图形。

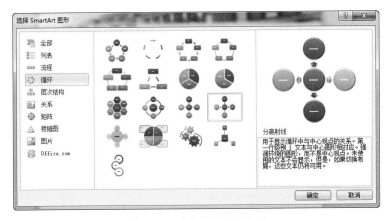

图 5-19　"分离射线"布局

（3）单击"确定"按钮关闭"选择 SmartArt 图形"对话框后，在当前幻灯片中即可看到已插入的预置 SmartArt 图形，如图 5-20 所示。

（4）添加了一个预置的 SmartArt 图形后，需要将自己的资料填充到其中，如果默认的图形布局中预置的形状位置不够，可以切换到"SmartArt 工具"的"设计"上下文选项卡中，确保 SmartArt 图形为选中状态，并在"创建图形"选项组中单击"添加形状"按钮，即可添加新形状，如图 5-21 所示。

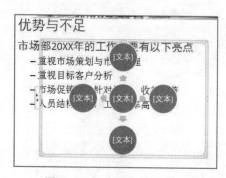

图 5-20　插入 SmartArt 图形

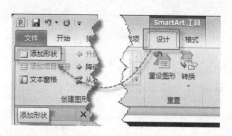

图 5-21　"添加形状"命令

（5）美化 SmartArt 图形。为了使幻灯片中的 SmartArt 图形具有更好的视觉效果，可以通过"SmartArt 工具"对其外观进行快速美化。

1）更改颜色。在"SmartArt 工具"的"设计"上下文选项卡的"SmartArt 样式"选项组中单击"更改颜色"按钮，在随即打开的"颜色库"中，可以为其选择一种更漂亮的颜色，如图 5-22 所示，刘文选择了"彩色范围-强调文字颜色 6"。

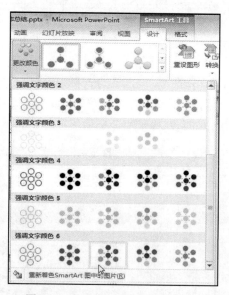

图 5-22　SmartArt 图形"颜色库"

2）使用艺术字。选中形状中的某些需要突出显示的文字，然后切换到"格式"选项卡，在"艺术字样式"选项组中，单击"其他"按钮，在随即打开的"艺术字样式库"中，选择一种合适的样式。

（6）至此，一个精美的 SmartArt 图形制作完毕，与普通的文字相比较而言，其更简洁、更整齐、更具视觉穿透力，如图 5-23 所示。

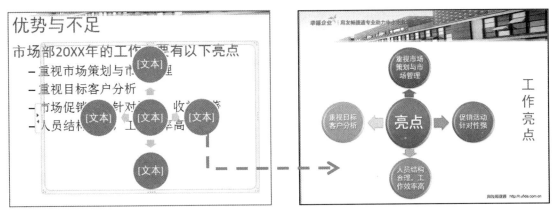

图 5-23　将文本图形化的效果对比

步骤 7　在幻灯片中添加图表。

在 PowerPoint 2010 中，添加图表的方法和 Word 或 Excel 中的方法一致，用户可以插入多种数据图表和图形，如柱形图、折线图、饼图、条形图、面积图、散点图、股价图、曲面图、圆环图、气泡图和雷达图等。

（1）在"插入"选项卡上的"插图"组中，单击"图表"按钮，如图 5-24 所示。

图 5-24　使用"图表"按钮

（2）在"插入图表"对话框中，选择所需图表的类型，然后单击"确定"按钮。将鼠标指针停留在任何图表类型上时，屏幕提示中将会显示其图表的名称，如图 5-25 所示。

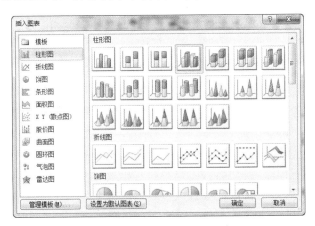

图 5-25　"插入图表"对话框

（3）图表制作完毕，与普通的文字相比较而言，其更直观、更具说服力，如图 5-26 所示。

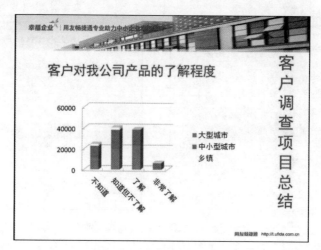

图 5-26　使用图表的效果图

步骤 8　将该演示文稿保存为"20XX 年部门工作总结.pptx"。

任务 3　调试放映效果

刘文将整个演示文稿制作完成后，将演示文稿交给了部门李经理，李经理开始对所有内容进行检查，并进行必要的演讲彩排。他是如何做的呢？

步骤 1　李经理在查看幻灯片放映效果的同时，对幻灯片的内容进行修改。

（1）在演示文稿中，首先切换到"幻灯片放映"选项卡，然后在"开始放映幻灯片"选项组中，按住 Ctrl 键的同时单击"从当前幻灯片开始"按钮，如图 5-27 所示。

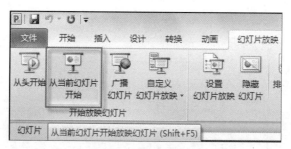

图 5-27　放映幻灯片

（2）此时，演示文稿便开始在桌面的左上角进行放映。在幻灯片放映过程中，如若发现某项内容出现错误，或者某个动态效果不理想，则可直接单击演示文稿编辑窗口，并定位到需要修改的地方进行修改。

（3）修改完成后，可单击放映状态下的幻灯片，即左上角处的幻灯片，即可继续播放演示文稿，以便发现其他错误。

李经理一边放映幻灯片，一边修改幻灯片。在放映幻灯片中发现问题后，及时切换到问题幻灯片中进行修改，修改后又可继续放映。这样操作起来提高了工作效率，此小窗口放映幻灯片的效果与真实的放映状态是完全一样的，方便好用，如图 5-28 所示。

对演示文稿检查并修改完毕后，李经理接下来需要对自己的演讲进行彩排，以便在公司各位同事面前有更出色的表现。

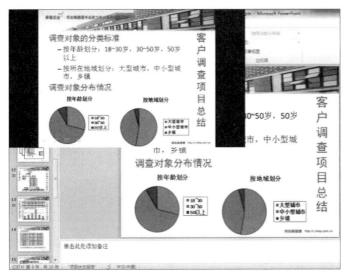

图 5-28　小窗口放映幻灯片

步骤 2　利用排练计时功能进行演讲彩排。

演讲前的排练十分必要，演讲不可或缺的能力就是对演讲时间的掌控。排练计时功能可以帮助演讲者精确地记录下放映每张幻灯片的时长。

（1）在演示文稿中，切换到"幻灯片放映"选项卡，并在"设置"选项组中，单击"排练计时"按钮，如图 5-29 所示。

图 5-29　"排练计时"命令

（2）此时，PowerPoint 立刻进入全屏放映模式。屏幕左上角显示一个"录制"工具栏，借助它，李经理可以准确记录演示当前幻灯片时所使用的时间（工具栏左侧显示的时间），以及从开始放映到目前为止总共使用的时间（工具栏右侧显示的时间），如图 5-30 所示。

图 5-30　排练计时结果

排练完成时，会显示提示信息，单击"是"按钮可将排练时间保留下来。

（3）此时，PowerPoint 2010 已经记录下放映每张幻灯片所用时长。通过单击状态栏中的"幻灯片浏览"按钮，切换到 PowerPoint 幻灯片浏览视图，在该视图下，即可清晰地看到演示每张幻灯片所使用的时间，如图 5-31 所示。

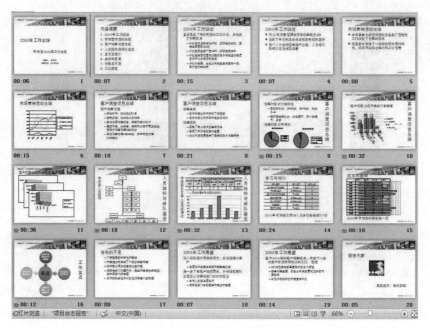

图 5-31　效果参考图

李经理进行了多次的排练演讲后，单个幻灯片的演讲时间以及总时间都很恰当，也很稳定。他的信心顿时倍增，良好的信心以及对演示文稿的全面掌控，一定可以使他在公司其他部门同事面前有精彩的展示，给他们留下深刻的印象，进而为市场部的工作做好铺垫。

项目二　制作"新员工培训"演示文稿

以交流为主的演示文稿是宣讲者的辅助手段，大部分信息靠宣讲者的演讲进行传递。此类型演示文稿中的内容信息不多，文字段落篇幅较小，常以标题形式出现，作为总结概括。其制作重点是展示画面的效果，多以图片为主、文字为辅，以高质量图片替代文字段落，以标题形式概括重点内容。该类演示文稿注重统一幻灯片外观风格和注意细节设置，如字体大小、行距、图片边框及对齐方式等。

【情境】

公司招进一批新员工，交由培训部对新员工进行培训。培训部主管李经理做好培训事宜，并准备好相关培训文档，包括励志演讲文字资料和企业文化宣传文字资料。为使培训内容丰富、生动，给新员工留下深刻印象，李经理收集了展示公司特色的相关资料，包括文字资料、Logo 图片、照片、活动视频、背景音乐等。李经理决定在多媒体培训室用 PowerPoint 演示文稿进行培训交流。

任务1　制作新员工培训——励志演讲稿

李经理决定以"个人在公司的奋斗历程"作为引子，制作一个图文并茂、包含视频和音频效果的演示文稿，将新同事们的情感映入到"公司企业文化"的学习中。

步骤 1 收集支撑材料（如文字资料、图片、照片、活动视频、背景音乐等），并根据材料规划出演示文稿的草图。

步骤2 创建演示文稿，并添加若干幻灯片。

步骤3 在幻灯片中添加文本。

步骤4 在幻灯片中插入图片、剪贴画、SmartArt 和艺术字等插图，使幻灯片材料图像化。

步骤5 利用视频文件，使演示文稿更加生动、更具感染力。

（1）插入视频文件。在演示文稿中添加相关的精彩视频，可以提高观众的兴趣，还能够更加全面地对信息进行展示。演示文稿中可以添加的视频文件格式有 avi、mpg、wav、swf 等。李经理如何在演示文稿中插入视频，并对视频进行相关的设置呢？

1）在演示文稿中定位到需要插入视频对象的幻灯片，然后在"插入"选项卡的"媒体"选项组中，单击"视频"下拉三角按钮，在随即打开的下拉列表中执行"文件中的视频"命令，如图 5-32 所示。

图 5-32　使用"插入视频"命令/"插入视频文件"对话框

2）在随即打开的"插入视频文件"对话框中，导航到存储视频资料的文件夹中，双击所需的视频文件，即可将其插入到当前幻灯片中。

3）视频文件被插入到幻灯片中后，拖拽鼠标，适当调整其大小和位置。在视频对象选中状态下，或将鼠标指向它时，在其下方将会显示一个播放控件，借助它，可以自由控制视频的播放，以预览视频播放效果，如图 5-33 所示。

图 5-33　播放控件

（2）修饰视频。李经理插入视频后，觉得幻灯片中的视频对象就像一张普通的图片似的没有特色。因此，他打算为视频穿一件漂亮的"衣服"。

1）选中幻灯片中的视频对象，然后在"视频工具"的"格式"选项卡的"视频样式"选项组中，单击"其他"按钮，在随即打开的"样式库"中选择"映像左透视"效果，如图 5-34 所示。

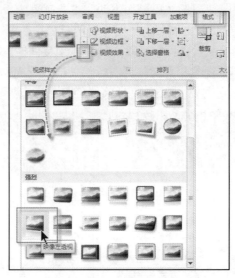

图 5-34　"修饰视频效果"命令

2）继续在"格式"选项卡的"视频样式"选项组中，单击"视频形状"下拉三角按钮，在随即打开的"形状库"中单击"圆角矩形"形状，如图 5-35 所示。

3）为视频对象设置一个"封面"。单击视频对象下方的"播放/暂停"按钮播放视频，当视频播放到一个具有代表性的画面上时，再次单击"播放/暂停"按钮暂停视频的播放，如图 5-36 所示。

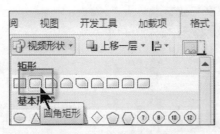

图 5-35　"视频形状"命令

图 5-36　制作视频封面

4）在"调整"选项组中单击"标牌框架"下三角按钮，在随即打开的下拉列表中执行"当前框架"命令，即可将当前的画面设置为视频对象的"封面"，如图 5-37 和图 5-38 所示。

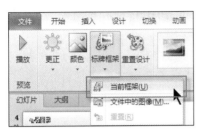

图 5-37　"当前框架"命令

图 5-38　修饰后的视频效果

经过上述设置后，幻灯片中的视频对象已经具有了独特的外观，很具吸引力。

（3）剪辑视频。在预览幻灯片中的视频文件时，李经理觉得视频所包含的内容过于冗长，如果能将其中的某个精彩片断剪辑出来，宣传效果将会更理想，他应该怎么做呢？PowerPoint 2010 提供了简单易用的视频裁剪工具，李经理只需执行简单的操作，即可快速完成视频裁剪工作。

1）在幻灯片中，选中视频对象，然后切换到"视频工具"的"播放"选项卡，在"编辑"选项组中单击"剪裁视频"按钮，如图 5-39 所示。

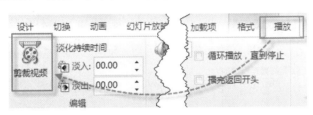

图 5-39　"剪裁视频"按钮

2）在随即打开的"剪裁视频"对话框中，拖拽视频预览区域下方的绿色滑块调整开始时间，而拖拽红色滑块调整结束时间，红、绿色滑块之间所截取的部分便是要保留的部分，如图 5-40 所示。

图 5-40　"剪裁视频"对话框

3）最后，单击"确定"按钮关闭"剪裁视频"对话框。此时，在幻灯片中即可通过视频对象下方的播放控件，快速预览剪裁好的视频片断。

无需使用任何专业的视频处理工具，仅在 PowerPoint 2010 中，经过简单的几步操作，就可以轻松完成视频的剪辑工作。

步骤6 插入音频文件。

为了突出重点，可以在演示文稿中添加音频渲染情感，音频文件包括音乐、旁白、原声摘要等。演示文稿中可以添加的音频文件格式有.aac、.adt、.asf、.wav、.map3、.mid 等。李经理欲将一段优美而具感染力的音乐添加到演示文稿中。

（1）选定要开始播放音频文件的幻灯片。

（2）在"插入"选项卡中的"媒体"组中，单击"音频"按钮，如图 5-41 所示。

（3）执行以下操作之一：

● 选择"文件中的音频"命令，找到包含该音频的文件的文件夹，然后双击要添加的文件。

● 选择"剪贴画音频"命令，查找所需的音频文件，在"剪贴画"任务窗格单击该音频文件旁边的箭头，然后单击"插入"按钮。

● 选择"录制音频"命令，要记录、并听到任何音频必须将用户的计算机配有声卡、麦克风和扬声器。

（4）插入所需要的音乐文件后，即可在幻灯片上显示一个声音图 🔊，如图 5-42 所示，单击图标下的"播放/暂停"按钮，可以立即在幻灯片上预览音频文件。

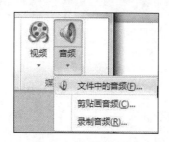

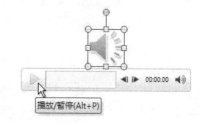

图 5-41 "音频"按钮　　　　　　　　　　图 5-42 音频控件

为突出音频文件在演示文稿中的感染力，还需要修剪音频文件和设置音频文件的播放选项。

1）在幻灯片上，选择音频剪辑图标。

2）在"音频工具"下的"播放"选项卡上，单击"编辑"组中的"调整音频"选项，在"调整音频"对话框中执行下面一项或多项操作：

● 若要修剪音频剪辑的开头，请单击起点（图 5-43 中所示左侧的绿色标记）。看到双向箭头时，将箭头拖动到所需的音频剪辑起始位置。

● 若要修剪音频剪辑的末尾，请单击终点（图 5-43 中所示右侧的红色标记）。看到双向箭头时，将箭头拖动到所需的音频剪辑结束位置。

3）在"音频工具"→"播放"选项卡下的"音频选项"组中（图 5-44 所示），执行下列操作之一：

● 若要在放映该幻灯片时自动开始播放音频剪辑，请在"开始"下拉列表中单击"自动"。

- 若要通过在幻灯片上单击音频剪辑来手动播放，请在"开始"下拉列表中单击"单击时"。
- 若要在演示文稿中单击切换到最后一张幻灯片时播放音频剪辑，请在"开始"下拉列表中单击"跨幻灯片播放"。
- 勾选"循环播放，直到停止"复选框，声音将连续播放，直到转到下一张幻灯片为止。只有将音频剪辑设置为自动播放和单击时播放时此项才使用。

4）隐藏音频剪辑图标。在"音频工具"下的"播放"选项卡下的"音频选项"组中，勾选"放映时隐藏"复选框，如图 5-44 所示。

图 5-43　剪辑音频

图 5-44　设置音频剪辑的播放选项

步骤 7　应用主题将颜色和样式添加到演示文稿中。

（1）在"设计"选项卡上的"主题"组中，单击要应用的文档主题。若要预览应用了主题的幻灯片的外观，请将指针停留在该主题的缩略图上。

（2）若要查看更多主题，请在"设计"选项卡下的"主题"组中，单击"更多"按钮 。

（3）如要在演示文稿中对不同的幻灯片应用不同的主题，在需要的主题上使用右键菜单选择"应用于选定幻灯片"命令，如图 5-45 所示，依此法可在演示文稿中应用多个主题。

图 5-45　同一演示文稿应用不同的主题

（4）如果要更改现有主题的颜色与文本字体，在"设计"选项卡上的"主题"组中，单击"颜色"按钮和"字体"按钮，在"内置"下，选择要使用的主题颜色和文本字体。

步骤 8　对幻灯片背景应用图片、颜色或图案。

幻灯片背景的颜色、图案会直接在观众的脑子里定位演示文稿的性质与形象，PowerPoint 2010 提供了设置背景的功能，可以随意改变幻灯片的背景，满足设计需求。

（1）选定要为其添加背景的单个或多个幻灯片。

（2）在"设计"选项卡上的"背景"组中，单击"背景样式"按钮，然后单击"设置背景格式"。其设置方法跟 Word 和 Excel 基本一致，如图 5-46 所示。

步骤 9　在幻灯片中添加备注信息，备注信息能方便演讲者在整体的演讲过程中得到提示。

步骤 10　将该演示文稿保存为"新员工培训——励志演讲稿.pptx"。

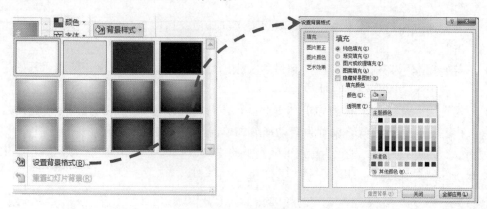

图 5-46 "背景样式"

任务 2 制作新员工培训——"企业文化"演示文稿

李经理作为老员工，有丰富的使用 Office 的办公经验，为提高工作效率，李经理决定使用 PowerPoint 模板和母版统一幻灯片的外观风格。创建和使用母版的最佳做法是：在开始构建各张幻灯片之前先创建幻灯片母版，而不要在构建了幻灯片之后再创建母版。如果先创建了幻灯片母版，则添加到演示文稿中的所有幻灯片都会基于该幻灯片母版和相关联的版式统一幻灯片风格；如果在构建了各张幻灯片之后再创建幻灯片母版，则幻灯片上的某些项目可能不符合幻灯片母版的设计风格。

步骤 1 准备好素材，根据支撑幻灯片的素材规划出演示文稿的草图。

步骤 2 启动 PowerPoint 2010，在"文件"选项卡上选择"新建"命令，在"可用的模板和主题"下选择"样本模板"选项，如图 5-47 所示。

图 5-47 使用"样本模板"创建演示文稿

步骤 3 在"样本模板"下选择"培训"模板并单击创建，这样就创建了一个已经包含版式、主题颜色、主题字体、主题效果、背景样式，甚至还包含了一定内容（文本、图片、图案、按钮、动画）的演示文稿，如图 5-48 所示。

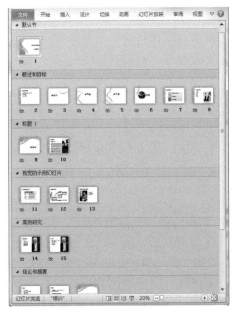

图 5-48　幻灯片浏览视图下的"培训"模板

步骤4　根据自己的内容需要，修改或制作幻灯片母版。

（1）打开幻灯片母版。在"视图"选项卡下的"母版视图"组中，单击"幻灯片母版"按钮，打开"幻灯片母版"视图，左侧的"幻灯片缩略图窗格"中会显示一个具有默认相关版式的空白幻灯片母版，如图5-49所示位置，跟它相关联的版式位于幻灯片母版下方。

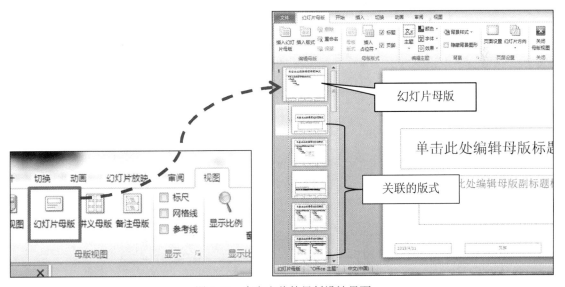

图 5-49　空白文稿的母版设计界面

（2）设计幻灯片母版。

1）设计幻灯片母版的文本样式。

在母版界面中，可预览默认新建"培训"模板的母版样式缩略图，在缩略图中选定"幻灯片母版"，进行以下操作：

a．设置文本字体：在右侧工作区中，将"单击此处编辑母版标题样式"及下面的"第二级、第三级……"字符设置成所需的字体格式，如图 5-50 所示将"单击此处编辑母版标题样式"字符的字体修改成了"华文隶书"，依此可将"第二级、第三级……"字符，仿照上面的操作设置成所需格式。

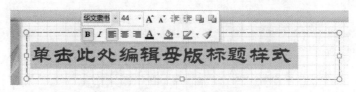

图 5-50　设计文本样式

b．设置文本段落：选中 "第二级、第三级……"等字符，使用右键菜单中"段落"命令，将 "段前""段后"均设置为"6磅"。

c．设置项目符号：选中 "第二级、第三级……"等字符，使用右键菜单中"项目符号和编号"命令，设置一种项目符号样式，确定退出后即可为相应的内容设置项目符号。

d．执行"插入→页眉和页脚"命令，打开"页眉和页脚"对话框，切换到"幻灯片"标签下，即可对日期区、页脚区、数字区的文本进行格式化设置。

2）将准备好的公司 Logo 图片插入到母版中，使 Logo 图片显示在每一张幻灯片中，并且显示在幻灯片的相同位置上。

a．在"幻灯片母版"视图中，选中最顶端的幻灯片母版，如图 5-51 所示。

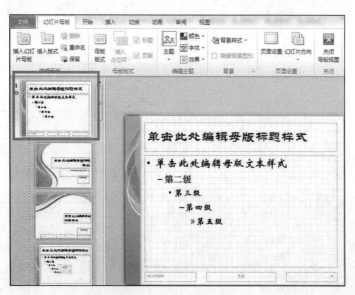

图 5-51　选中幻灯片母版

b．切换到"插入"选项卡，在"图像"选项组中，单击"图片"按钮。在随即打开的"插入图片"对话框中，导航到存放公司徽标的文件夹中，找到需要的图片，并双击它，即可将其快速插入到幻灯片母板中。

c．在幻灯片母板中，拖拽鼠标，适当调整徽标的大小，并将其放置到合适的位置上，如图 5-52 所示幻灯片的右上角。

图 5-52　在所有幻灯片同一位置显示公司 Logo

3）在"幻灯片母版"选项卡的"关闭"选项组中单击"关闭母版视图"按钮，即可关闭幻灯片母版视图，幻灯片母版制作完成。

注意：幻灯片母版修改完成后，可将当前演示文稿另存为模板类型的文件（例如文件名可存为"自定义模板.potx"），可供以后创建新演示文稿时调用此模板。

步骤 5　为了提高创建幻灯片的效率，李经理对模板提供的节标题进行了处理。

节是 PowerPoint 2010 中的新增功能，用于组织幻灯片，就像用文件夹组织文件一样。节可以在幻灯片浏览视图中进行查看，也可以在普通视图中进行查看。但在按照定义的逻辑类别对幻灯片进行组织和分类时，使用幻灯片浏览视图比普通视图更方便。在图 5-53 中对比了在普通视图中和幻灯片浏览视图中查看节。

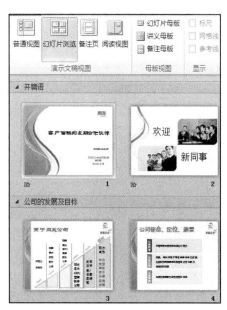

图 5-53　在"普通视图"和"幻灯片浏览视图"中查看节的对比图

（1）新增和重命名节。

1）在"普通视图"或"幻灯片浏览"视图中，在要新增节的两个幻灯片之间右击，选择"新增节"命令，如图 5-54 所示。

图 5-54　新增节

2）要为节重新指定一个更有意义的名称，请右击新增节的"无标题节"标记，选择"重命名节"命令，如图 5-55 所示，在"重命名节"对话框中输入概括该节的幻灯片内容的名称，李经理将此节命名为"公司的发展及目标"。

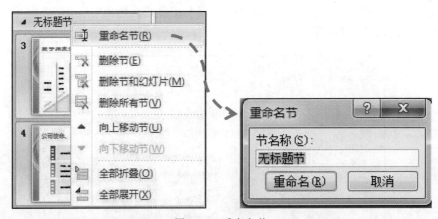

图 5-55　重命名节

（2）李经理将不必要的节进行删除。右击要删除的节，如图 5-55 所示，选中此节，在右键菜单中选择"删除节"命令。

步骤 6　根据模板幻灯片的内容提示，李经理将自己所准备的资料覆盖了模板幻灯片内原有的内容，对原幻灯片的内容进行了增减。

步骤 7　保存该演示文稿为"新员工培训之企业文化.pptx"，完成后在"幻灯片浏览"视图下的效果如图 5-56 所示。

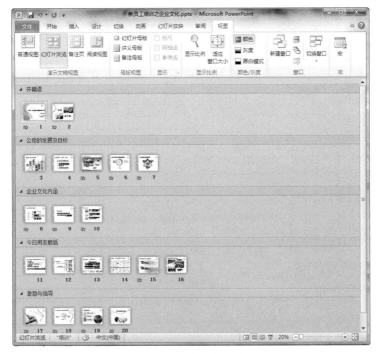

图 5-56　效果参考图

任务 3　调试放映效果

李经理将整个演示文稿制作完成后，开始对所有内容进行检查和设置合适的幻灯片跳转方式，并进行必要的演讲彩排。

在演示文稿中通过超链接，可以随意跳转到不同的位置：可以是从一张幻灯片到同一演示文稿中另一张幻灯片；也可以是从一张幻灯片到不同演示文稿中另一张幻灯片；还可以是从一张幻灯片到电子邮件地址、网页或文件的链接。超链接不能在创建时激活，只有在放映演示文稿时，当鼠标指向超链接点变成"手形"时单击才会跳转到相应的目标内容。超链接可以从文本、图片、图形、形状、艺术字等对象创建超链接点。

李经理决定利用超链接制作出具有交互功能的演示文稿。

步骤 1　打开"新员工培训——励志演讲稿.pptx"演示文稿。

步骤 2　在幻灯片中创建超链接。

（1）创建超链接。

1）链接同一演示文稿中的幻灯片。

a．在幻灯片中，选择要用作超链接的文本或其他对象。

b．在"插入"选项卡上的"链接"组中，单击"超链接"按钮，在"链接到"选项下，选择"本文档中的位置"命令。在"请选择文档中的位置"列表框中，单击要用作超链接目标的幻灯片，如图 5-57 所示。

c．在"要显示的文字"文本框中显示的是所选中的用于显示链接的文字，可以更改。单击右侧"屏幕提示"按钮，弹出如图 5-58 所示的提示框，可以输入相应的提示信息。在放映幻灯片时，鼠标指向该超级链接时就会出现此提示信息。

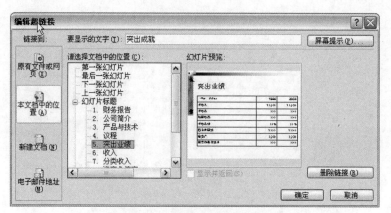

图 5-57　"编辑超链接"对话框

图 5-58　设置超链接屏幕提示信息

2）链接不同演示文稿中的幻灯片。在设置此链接前，先确保将被链接的演示文稿和主演示文稿保存在同一文件夹中（并且被链接的演示文稿不能被重命名、移动或删除），否则此链接点将不可用。

a．在"编辑超链接"对话框中，在"链接到"选项下，单击"原有文件或网页"按钮。

b．找到包含要链接到的幻灯片的演示文稿。

c．单击右侧"书签"，然后选定要链接到的幻灯片的标题，单击"确定"按钮。

3）链接到电子邮件地址。

a．在"编辑超链接"对话框中，在"链接到"选项下单击"电子邮件地址"按钮。

b．在"电子邮件地址"命令中，键入要链接到的电子邮件地址，或在"最近用过的电子邮件地址"框中，单击电子邮件地址。

在"主题"框中，键入电子邮件的主题。

4）链接到 Web 上的页面或文件。

a．在"编辑超链接"对话框中，在"链接到"选项下单击"原有文件或网页"按钮，然后单击"浏览"按钮。

b．找到并选择要链接到的页面或文件，然后单击"确定"按钮。

5）链接到视频文件。为了防止可能出现与断开的链接有关的问题，先确保被链接视频文件和主演示文稿在同一个文件夹中，然后再使用超链接。

a．选定要为其添加视频或动态 GIF 文件的幻灯片对象。

b．在"插入"选项卡上的"媒体"组中，单击"视频"下方的箭头。

c．选择"文件中的视频"命令，找到并单击要链接到的文件。

d．单击"插入"按钮上的下箭头，然后选择"链接到文件"命令。

（2）动作设置。在"插入"选项卡上的"链接"组中，选择"动作"命令，其设置方法跟"插入超链接"的方法一致，但使用"动作设置"可以选择是通过"单击鼠标"还是通过"鼠标移过"来触发超链接，如图 5-59 所示。

图 5-59　"动作设置"对话框

（3）更改超链接文本的颜色。在"设计"选项卡上的"主题"组中，选择"颜色"命令，然后选择"新建主题颜色"命令。

（4）从文本或对象中删除超链接。

1）选择要删除其超链接的文本或对象。

2）在"插入"选项卡上的"链接"组中，单击"超链接"按钮，然后在"编辑超链接"对话框中单击"删除链接"按钮，或者在右键菜单中选择"取消超链接"命令。

步骤 3　查看放映效果的同时修改幻灯片。

对幻灯片设置了超链接后，李经理还需继续对演示文稿进行更仔细的检查，以防出现任何失误。切换到"幻灯片放映"选项卡，然后在"开始放映幻灯片"选项组中，按住 Ctrl 键的同时单击"从当前幻灯片开始"按钮，即可边看效果边修改幻灯片。

步骤 4　应用"演讲者视图"查看放映效果。

在 PowerPoint 2010 中，用户可以令"备注信息"只出现在自己的计算机上供自己查看而不会投影到大屏幕上被观众看到，使备注信息在用户的演讲过程中更好地起到提示作用。

（1）确保当前计算机有两个或两个以上的监视器。

（2）在"幻灯片放映"选项卡"监视器"选项组中勾选"使用演示者视图"复选框，将弹出如图 5-60 所示的"显示"设置窗口，在"多显示器"中选择"扩展这些显示"。

（3）修改显示位置。将第二个监视器用于全屏幕放映幻灯片，如图 5-61 在"监视器"组中设置"显示位置"为"监视器 2"。

（4）利用"检查文档"功能可以快速地将备注信息删除。检查完毕后即可删除相应的备注信息，如图 5-62 所示。

图 5-60 "使用演示者视图"

图 5-61 修改显示位置

图 5-62 删除备注信息

项目三 制作"公司宣传"演示文稿

用于推广宣传的演示文稿，在整体上更强调"设计"，优秀的策划与构思是设计成功的先决条件，此类演示文稿的设计重点在于模板的设计、配色方案的设计和动画的设计。其中，动画创意设计是演示文稿鲜活的灵魂。

【情境】

公司召开招商大会，要求用 PowerPoint 演示文稿来介绍公司，通过播放演示文稿让新老客户更加了解公司、更加信任公司，使其成为公司的长期合作伙伴。销售部李经理决定精心制作公司宣传演示文稿，进一步扩大公司的知名度。

任务1　制作"产品形象宣传"文档

通过准备工作，李经理收集到了丰富的幻灯片支撑素材，包括文字资料、图片、声音、视频、按钮等多种对象，并利用这些素材制作成了内容充实的幻灯片。为提高放映演示文稿时的感染力，李经理将这次制作的重点放在了演示文稿的动画创意上。PowerPoint 2010 动画效果分为"自定义动画"和"切换效果"两种动画效果，其中"自定义动画"应用于幻灯片的对象（包括文本、图片、形状、表格、SmartArt 图形等），"切换效果"应用于整张幻灯片。

步骤1　打开内容已制作完善的"产品形象宣传"演示文稿。

步骤2　设计自定义动画。

PowerPoint 2010 自定义动画，具有"进入、退出、强调、动作路径" 4 种动画效果，可以单独使用其中一种动画，也可以将多种效果组合在一起。例如，可以对一行文本应用"飞入"进入效果和"放大/缩小"强调效果，使它在从左侧飞入的同时逐渐放大。

（1）向对象添加动画效果。"进入、退出、强调、动作路径" 4 种动画效果的应用方法基本一致。

1）选择要制作动画的对象。

2）在"动画"选项卡上的"动画"组中，单击"其他"按钮 ，然后选择所需的动画效果，如图 5-63 所示。

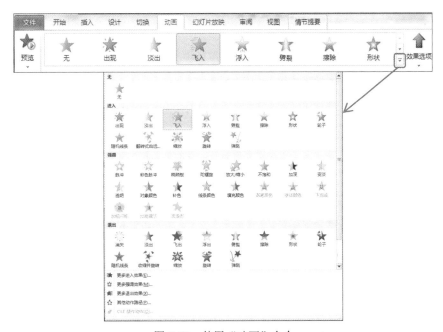

图 5-63　使用"动画"命令

3）如果没有看到所需的动画效果，请单击"更多进入效果""更多强调效果""更多退出效果"或"其他动作路径"。

4）在将动画应用于对象后，幻灯片上已添加动画的对象旁边会标上不可打印的编号标记，该标记仅当选择"动画"选项卡或"动画"任务窗格可见时，才会在"普通"视图中显示，该标记表示放映演示文稿时动画出现的先后顺序。

5）若要对同一对象应用多个动画效果，在"动画"选项卡上的"高级动画"组中，单击"添加动画"按钮，如图 5-64 所示。

图 5-64　"添加动画"

（2）查看幻灯片上当前的动画列表并设置效果选项。

1）在"动画"选项卡上的"高级动画"组中，单击"动画窗格"按钮，将在工作区的右侧显示如图 5-65 所示的"动画窗格"对话框。

a．数字编号即表示了动画执行的先后顺序，与幻灯片上显示的不可打印的编号标记相对应。选中列表中的动画项目后，使用面板下方的"⬆重新排序⬇"按钮或者直接按下鼠标左键不放进行上下拖拽，便可更改动画的播放顺序。

b．右侧的矩形条是时间线，代表效果的持续时间。

c．图标代表动画效果的类型。"绿色"代表"进入"动画，"黄色"代表"强调"动画，"红色"代表"退出"动画，"线条"代表"动作路径"动画。在本例中，它代表"退出"效果。

d．选择列表中的动画项目后会看到相应菜单图标（即向下箭头），单击该图标即可显示相应菜单，如图 5-66 所示。

图 5-65　"动画窗格"对话框

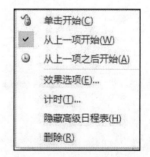

图 5-66　"动画项目"菜单

2）设置动画效果开始计时的类型。

● "单击开始"（鼠标图标）：动画效果在用户单击幻灯片对象时开始。

● "从上一项开始"（无图标）：动画效果开始播放的时间与列表中上一个动画效果的时间相同。此设置可在同一时间播放多个动画效果。

● "从上一项之后开始"（时钟图标）：动画效果在列表中上一个效果完成播放后才开始。

3）使用动画刷复制动画。

4）测试动画效果。在"动画"选项卡上的"预览"组中，单击"预览"。

5）删除或更改不合适的动画。

步骤3 设置幻灯片切换效果。

对幻灯片对象的动画效果编辑完毕后，李经理接下来为幻灯片设置梦幻的切换效果，幻灯片切换效果可以让幻灯片的内容在整个放映过程中体现出一种连贯感。

（1）添加切换效果。

1）在演示文稿中，切换到"切换"选项卡，在"切换到此幻灯片"选项组中单击"其他"按钮，在随即打开的"效果库"中单击"立方体"选项，即可将该切换效果应用到当前幻灯片上，如图 5-67 所示。

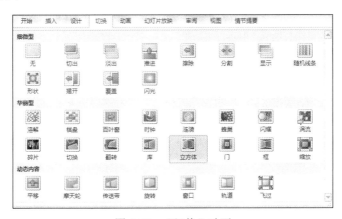

图 5-67 "切换"动画

2）如若对所选择切换效果的默认设置不太满意，可单击"效果选项"下三角按钮，来更改播放效果。本例中，在随即打开的下拉列表中选择"自左侧"选项，从而让幻灯片的切换顺序变为从左侧开始，如图 5-68 所示。

图 5-68 设置切换效果

3）继续选择其他幻灯片，执行与"步骤 1～2"相似的操作，为它们分别设置酷炫的切换效果。

（2）设置切换的持续时间。

1）选择要修改切换效果的幻灯片。

2）在"切换"选项卡上的"计时"组中，在"持续时间"框中键入所需的时间值。

若要指定当前幻灯片在多长时间后切换到下一张幻灯片，请采用下列步骤之一：

- 通过单击鼠标时切换幻灯片，在"切换"选项卡的"计时"组中，勾选"单击鼠标时"复选框，如图 5-69 所示。

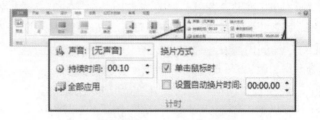

图 5-69 "切换"计时

- 通过指定时间后切换幻灯片，在"切换"选项卡的"计时"组中，在"设置自动换片时间"框中键入所需的时间值。

其中，"持续时间"是幻灯片动画切换的时间（及切换动画的播放速度）；"设置自动换片时间"是该张幻灯片自切换动画播放后的停留时间。每张幻灯片播放所用的时间是这两个时间的和，但当该张幻灯片里有对象动画时，那么停留时间是"设置自动换片时间"与"持续时间"中最大的一个时间值。

（3）向幻灯片切换效果添加声音。在"切换"选项卡的"计时"组中，单击"声音"旁的箭头，如图 5-70 所示执行下列操作之一：

- 若要添加列表中的声音，请选择所需的声音。
- 若要添加列表中没有的声音，请选择"其他声音"，找到要添加的声音文件，然后单击"确定"按钮。

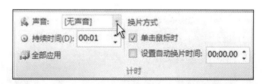

图 5-70 设置切换时的声音效果

（4）更改或删除幻灯片的切换效果。

1）选定要更改切换效果的幻灯片，在"功能区"中"切换"选项卡上的"切换到此幻灯片"组中，选中另一个切换效果即可覆盖该幻灯片当前的切换效果。

2）选定要删除切换效果的幻灯片，在"切换"选项卡上的"切换到此幻灯片"组中，单击"无"。若要删除演示文稿中的所有幻灯片的切换效果，重复此步骤后在"切换"选项卡上的"计时"组中，单击"全部应用"按钮。

步骤 4 查看放映效果的同时修改幻灯片。

对所有幻灯片设置了梦幻的动画效果后，李经理还需继续对演示文稿进行更仔细的检查，以防出现任何失误。切换到"幻灯片放映"选项卡，然后在"开始放映幻灯片"选项组中，按住 Ctrl 键的同时单击"从当前幻灯片开始"按钮，即可边看效果边修改幻灯片。

步骤 5 利用排练计时功能进行演讲彩排。

步骤 6 完成制作后保存该演示文稿。

任务2　制作"公司形象宣传"文档

李经理借鉴前期制作演示文稿的经验，快速完成了演示文稿的内容制作，其主要工作是PPT主体结构搭建、有效运用幻灯片元素、组织和添加各类素材、设置动画效果。李经理总结出了制作推广宣传类演示文稿的主要步骤及原则：

（1）收集素材，写出提纲，画出逻辑结构图。

（2）按照提纲，遵循"一个标题制作一页幻灯片"的原则搭建演示文稿的框架（即每张幻灯片中，只有一个标题或只有备注内容）。

（3）最大限度地控制幻灯片的张数。

（4）选择对观众视觉较好的字号，一般来说，远距离放映时观众可看得到的字号不小于30。

（5）幻灯片文本应保持简洁，设法使用项目符号或短句让它们各占一行（即没有文本换行），且文字字体最好统一，整个演示文稿中即使要设置多种字体也不得超过3种。

（6）使用更具视觉效果的图形有助于更好地表达信息，即将文本进行图形化表示。图片、图表、形状图形和SmartArt图形提供的视觉效果，可以使观众更能将信息铭记于心。不过，与文本一样，应避免在幻灯片上包含过多的视觉效果。

（7）使用一个具有吸引力的模板创建演示文稿，可以让制作者事半功倍。模板是指包含主题、版式、动画和其他元素信息的一个演示文稿文件。此模板文件中通常制作了合适的母版、应用了一致的幻灯片背景，在其色彩搭配中注意设计原则：色彩搭配不超过3种色系；背景颜色和文本颜色之间应当形成强烈的对比。

（8）设计鲜活的动画，增强视觉效果，其原则是：每张幻灯片的动画效果不超过3类。

（9）放映预演，控制播放时间，其原则是：幻灯片页数通常不超过10页，放映时间通常不超过20分钟，演示使用的字体通常不小于30号。

任务3　设置放映方式

演示文稿设计和制作完成后，还需要选择合适的放映方式，添加一些特殊的播放效果，并控制好放映时间，才能得到满意的放映效果。根据演示文稿的性质不同，放映方式的设置也可以不同。在"设置放映方式"对话框中，可设置放映类型、放映幻灯片的范围和换片方式等，如图5-71所示。

图5-71　"设置放映方式"对话框

步骤 1 打开已制作完毕的演示文稿。

步骤 2 设置放映方式。

执行"幻灯片放映"→"设置幻灯片放映方式"命令，弹出如图 5-71 所示的"设置放映方式"对话框。在对话框中选择好放映类型、放映范围及换片方式，然后单击"确定"按钮。

（1）设置放映类型。在放映类型选项中，PowerPoint 提供了 3 种幻灯片的放映方式：演讲者放映、观众自行浏览、在展台浏览。

● 演讲者放映（全屏幕）。这是一种可全屏显示的演示文稿的放映方式，是最常用的幻灯片播放方式，也是系统默认的放映方式。在此放映方式下，演讲者具有完整的控制权，可以将演示文稿暂停，添加说明细节，还可以在播放中录制旁白等。

● 观众自行浏览（窗口）。是在小窗口中放映演示文稿，并在演示文稿播放过程中，提供一些对幻灯片的操作命令，如移动、复制、编辑和打印幻灯片。该放映方式适用于观众自己浏览演示文稿。

● 在展台浏览（全屏幕）。此方式可以自动运行演示文稿，并全屏幕放映幻灯片。一般在展示产品时使用这种方式，但需事先为各个幻灯片设置自动换片时间，并选择换片方式下的"如果存在排练时间，则使用它"单选按钮，自动放映过程结束后会再重新开始放映。该放映方式适用于展览会场或会议。

（2）设置放映范围。在放映幻灯片时，可以设置只播放部分的幻灯片，当设置播放范围后，幻灯片放映时会按照设定的幻灯片序号进行播放。PowerPoint 提供了 3 种放映范围：

● 全部：从第一张幻灯片一直播放到最后 1 张幻灯片。

● 从…到…：从某个编号的幻灯片开始放映，直到放映到另一个编号的幻灯片结束放映。

● 自定义放映：可在"自定义放映"扩展框中，选择要播放的自定义放映的名称（注：该"自定义放映的名称"事先在使用"开始幻灯片放映"组→"自定义幻灯片放映"按钮设置完成）。

（3）设置放映选项。通过设置放映选项，可以选定幻灯片的放映特征：

● 循环放映，按 Esc 键终止：选择此复选框，放映完最后一张幻灯片后，将会再次从第一张幻灯片开始放映，若要终止放映，则按 Esc 键。

● 放映时不加旁白：选择此复选框，放映幻灯片时，将不播放幻灯片的旁白，但并不删除旁白。不选择此复选框，在放映幻灯片时将同时播放旁白。

● 放映时不加动画：选择此复选框，放映幻灯片时，将不播放幻灯片上的对象所加的动画效果，但动画效果并没删除。不选择此复选框，则在放映幻灯片时将同时播放动画。

● 绘图笔颜色：选择合适的绘图笔颜色，可在放映幻灯片时在幻灯片上书写文字。

步骤 3 设置放映时间。

按照时间控制方式，演示文稿的播放分为人工放映和自动放映两种。人工放映方式是由制作者为每张幻灯片设置放映时间；自动放映方式是使用 PowerPoint 的"排练计时"功能，通过排练自动记录每张幻灯片的放映时间。

（1）人工设置换片放映时间。如图 5-72 所示，在"切换"功能区的"计时"组中，选中"设置自动换片时间"，并设置合适的换片时间。

图 5-72　设置换片方式

（2）使用"排练计时"设置放映时间。

步骤 4　将演示文稿保存为可以自动放映的格式。

执行"文件"选项卡中的"另存为"命令，在"另存为"对话框中的"保存类型"选择"PowerPoint 放映（.ppsx）"格式。

拓 展 知 识

1．PowerPoint 的功能区简介

在普通视图下 PowerPoint 工作区如图 5-73 所示。

图 5-73　"普通"视图的 PowerPoint 2010 工作区

①在"幻灯片"窗格中的工作区内，用户可以直接处理各个幻灯片的内容。

②虚线边框标识占位符，用户可以在其中键入文本或插入图片、图表和其他对象。

③"幻灯片"选项卡显示"幻灯片"窗格中每个完整幻灯片的缩略图。

添加其他幻灯片后，用户可以单击"幻灯片"选项卡上的缩略图使该幻灯片显示在"幻灯片"窗格中，可以拖动缩略图重新排列演示文稿中的幻灯片，还可以在"幻灯片"选项卡上添加或删除幻灯片。

④在备注窗格中，可以键入关于当前幻灯片的备注。用户可以将备注分发给观众，也可以在播放演示文稿时查看"演示者"视图中的备注。

PowerPoint 2010 工作区的另一部分是顶部的菜单栏，又称为功能区。PowerPoint 2010 功能区包含以前在 PowerPoint 2003 及更早版本中的菜单和工具栏上的命令及其他菜单项。功能区能帮助用户快速找到完成某任务所需的命令。

（1）"开始"选项卡。如图 5-74 所示，使用"开始"选项卡可完成"插入新幻灯片、将对象进行组合和设置幻灯片上文本的格式"等操作。

图 5-74　"开始"功能区

①"新建幻灯片"组，用户单击"新建幻灯片"旁边的箭头，则可从多个幻灯片布局中选择所需要的版式。②"字体"组，包括"字体""加粗""斜体"和"字号"按钮。③"段落"组，包括"文本对齐方式""项目符号""编号""降低、提高列表级别""行距"和"文字方向"等按钮。④"绘图组"，若要查找"组"命令，请单击"绘图组"中的"排列"按钮，然后在"组合对象"中选择"组"。

（2）"插入"选项卡。如图 5-75 所示，使用"插入"选项卡可将表格、形状、图表、页眉或页脚等插入到演示文稿中。

图 5-75　"插入"功能区

①"表格"组，可在幻灯片中插入表格。②"图像、插图"组，可插入包括形状、SmartArt、图表等对象。③"超链接"组，可创建超链接点。④"文本"组，可插入"页眉和页脚""艺术字""文本框"等对象。

（3）"设计"选项卡。如图 5-76 所示，使用"设计"选项卡可自定义设计"页面设置""演示文稿的背景"和"主题颜色"。

图 5-76　"设计"功能区

①单击"页面设置"按钮，可启动"页面设置"对话框。②在"主题"组中，单击某主题可将其应用于幻灯片。③单击"背景样式"可为演示文稿选择背景色。

（4）"切换"选项卡。如图 5-77 所示，使用"切换"选项卡可对当前幻灯片切换效果进行应用、更改或删除。

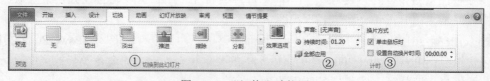

图 5-77　"切换"功能区

①在"切换到此幻灯片"组，单击某切换可将其应用于当前幻灯片。②在"声音"列表中，可从多种声音中选择在切换过程中播放的声音效果。③在"计时"组，可选择"单击鼠标时"的换片方式进行幻灯片切换。

（5）"动画"选项卡。如图 5-78 所示，使用"动画"选项卡可对幻灯片上的对象应用、更改或删除动画。

图 5-78　"动画"功能区

①单击"添加动画"，然后选择应用于选定对象的动画。②单击"动画窗格"可启动"动画窗格"任务窗格。③"计时"组包括用于设置"开始"和"持续时间"的区域。

（6）"幻灯片放映"选项卡。如图 5-79 所示，使用"幻灯片放映"选项卡，可完成"设置幻灯片开始放映的位置""幻灯片的放映方式"和"隐藏单个幻灯片"等操作。

图 5-79　"幻灯片放映"功能区

①"开始放映幻灯片"组，包括"从头开始"和"从当前幻灯片开始"。②单击"设置幻灯片放映"可启动"设置放映方式"对话框。③使用"隐藏幻灯片"按钮可对选定的单个或多个幻灯片进行隐藏，隐藏的幻灯片在放映时将不被播放。

（7）"审阅"选项卡。如图 5-80 所示，使用"审阅"选项卡可进行"拼写检查""更改演示文稿中的语言"和"比较当前演示文稿与其他演示文稿的差异"等操作。

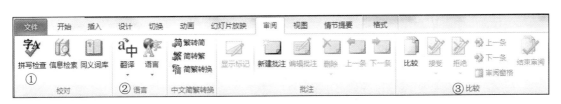

图 5-80　"审阅"功能区

①"拼写检查"按钮，用于启动拼写检查程序；②"语言"组，包括"编辑语言"按钮，使用"编辑语言"按钮用户可以进行"输入法语言"的选择；③"比较"组，在此组中用户可以比较当前演示文稿与另一演示文稿之间的差异。

（8）"视图"选项卡。如图 5-81 所示，使用"视图"选项卡用户可以选择查看幻灯片的视图类型，可以启动"母版视图"窗口，还可以打开或关闭标尺、网格线。

图 5-81　"视图"功能区

①幻灯片浏览视图；②幻灯片母版；③"显示"组，包括"标尺"和"网格线"。

2．幻灯片的基本对象

在 PowerPoint 2010 中，幻灯片内容的构成对象非常丰富，包括静态和动态两大类。静态对象主要有文本、表格、Excel 表、图片、形状、SmartArt 图形、批注、艺术字、页眉页脚、公式、图表、超链接等；动态对象主要有图片（gif 格式的文件）、视频、Flash、声音等。如图 5-82 所示，在"插入"选项卡下可看见相关的幻灯片对象的插入按钮。

图 5-82　幻灯片的对象

3．PowerPoint 的视图方式

为方便用户创建、编辑、浏览、放映幻灯片，PowerPoint 提供了多种视图方式。视图方式有"普通视图"、"幻灯片浏览"视图、"幻灯片放映"视图、"备注页"视图、"阅读视图"和"母版视图"。

4．如何切换 PowerPoint 视图

如图 5-83 所示，可在"演示文稿视图"按钮和"母版视图"按钮两个位置中找到 PowerPoint 视图方式。

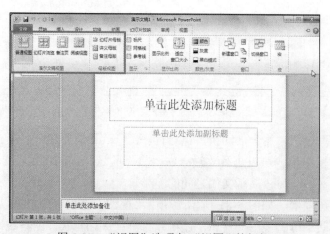

图 5-83　"视图"选项卡/"视图"按钮组

- "视图"选项卡上的"演示文稿视图"和"母版视图"组中。
- 在 PowerPoint 窗口底部的状态栏中，提供了多个常用的视图的按钮，包括"普通视图""幻灯片浏览"视图、"阅读视图"和"幻灯片放映视图"。

5. 用于编辑演示文稿的视图介绍

PowerPoint 中有许多视图可帮助用户创建出具有专业水准的演示文稿。

（1）普通视图。普通视图是编辑幻灯片的主要视图方式，它将幻灯片和大纲集成到一个视图中，既可以输入、编辑和排版文本，也可以输入备注信息。

普通视图包含 3 个窗格：大纲/幻灯片目录窗格、幻灯片窗格，拖动窗格的分隔条可以调整窗格的大小。如图 5-84 所示的普通视图包含 4 个工作区域：

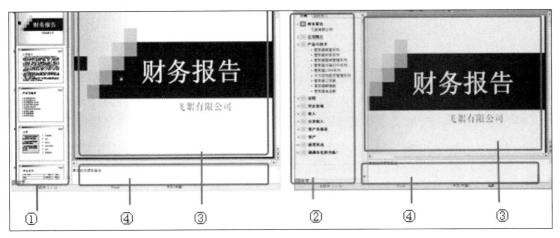

图 5-84　幻灯片的普通视图

①"幻灯片选项卡"窗格。此区域中幻灯片以缩略图方式排列。在缩略图区域中，能方便地遍历所有幻灯片，可查看每张幻灯片中的设计效果，还可以轻松地对幻灯片进行重新排列、添加或删除，同时在该视图中也可以很容易使用幻灯片窗格在单张幻灯片中添加图片、影像和声音等对象。

②"大纲选项卡"窗格。此区域以大纲形式显示幻灯片文本，是撰写幻灯片内容的理想场所。在这里，用户可以捕获灵感，计划如何用文字表述幻灯片内容，并能轻松移动幻灯片和文本。若要打印大纲的书面副本，并使其只包含文本（就如大纲视图中所显示的那样没有图形或动画），可在"打印"命令下的"整页幻灯片"选择"大纲"后再单击"打印"按钮。

③"幻灯片窗格"。此区域显示当前幻灯片的大视图，是幻灯片的"工作区"，在"工作区"内的对象放映时将被显示，在"工作区"外的对象放映时将不予显示。在此"工作区"中，可以对幻灯片添加文本、图片、表格、SmartArt 图形、图表、形状图形、文本框、视频、声音、超链接和动画。

④备注窗格。位于"幻灯片窗格"下，在此区域中可以键入当前幻灯片的备注内容。用户可以将备注单独打印出来，用以在放映演示文稿时进行演讲参考。

（2）幻灯片浏览视图。如图 5-85 所示，幻灯片浏览视图可让用户以缩略图形式查看幻灯片。通过此视图，用户在创建演示文稿以及准备打印演示文稿时，可轻松地对幻灯片的顺序进行排列和组织。用户还可以在幻灯片浏览视图中添加节，并按不同的节对幻灯片进行排序。

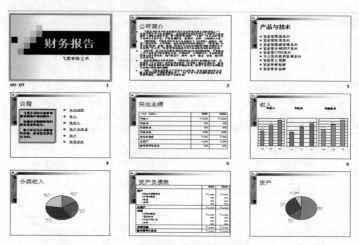

图 5-85　幻灯片浏览视图

（3）备注页视图。如图 5-86 所示，"备注窗格"位于"幻灯片窗格"下。在"备注栏"中，用户可以键入要应用于当前幻灯片的备注。之后，用户可以将备注打印出来用以放映演示文稿时作为参考。用户还可以将打印好的备注分发给观众，或者将备注包括在发送给受众或发布在网页上的演示文稿中。

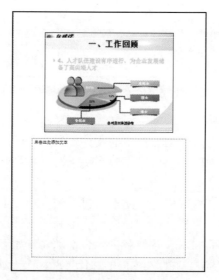

图 5-86　备注页视图

（4）母版视图。母版视图包括幻灯片母版视图、讲义母版视图和备注母版视图。它们是存储有关演示文稿的信息的主要幻灯片，此类幻灯片中包括背景、颜色、字体、效果、占位符大小和位置等内容的统一风格。使用母版视图的一个主要优点在于：可以对与演示文稿关联的每个幻灯片、备注页或讲义的样式进行全局更改。

6. 用于放映演示文稿的视图

（1）幻灯片放映视图。幻灯片放映视图可用于向受众放映演示文稿。幻灯片放映视图会占据整个计算机屏幕，这与受众观看演示文稿时在大屏幕上显示的演示文稿完全一样。用户可以看到图形、计时、电影、动画效果和切换效果在实际放映中的具体效果。退出幻灯片放映视图按"Esc"键。

（2）演示者视图。演示者视图是一种可在演示期间使用的基于幻灯片放映的关键视图。借助两台监视器，用户可以运行其他程序并查看演示者的备注信息，而这些备注信息是受众所无法看到的。使用演示者视图，需要确保计算机具有多个监视器功能，同时也要打开多监视器支持和演示者视图。

（3）阅读视图。阅读视图将演示文稿作为适应窗口大小的幻灯片进行放映查看。

（4）用于准备和打印演示文稿的视图。为了节省纸张和油墨，在打印之前可能需要准备打印作业。PowerPoint 提供了一系列视图和设置，可帮助用户指定要打印的内容（幻灯片、讲义或备注页）以及这些作业的打印方式（彩色打印、灰度打印、黑白打印、带有框架等）。

1）幻灯片浏览视图。幻灯片浏览视图可使用户查看缩略图形式的幻灯片。通过此视图，可以在准备打印幻灯片时方便地对幻灯片的顺序进行排列和组织。

2）打印预览。打印预览可让用户对指定要打印的内容（讲义、备注页、大纲或幻灯片）进行适当的调整。

7. 创建演示文稿的方式

PowerPoint 2010 中文版提供了多种创建演示文稿的方式，提供了大量模板与主题方式，用户可以灵活地制作出完整、漂亮的演示文稿。创建演示文稿的多种方式包括"空白演示文稿""模板""主题""根据现有内容"。

如果要创建演示文稿，选择"文件"选项卡中的"新建"命令，将出现如图 5-87 所示的"新建演示文稿"界面，本书主要介绍"利用模板创建演示文稿"和"利用主题创建演示文稿"两种方式。

图 5-87　新建演示文稿

（1）利用模板创建演示文稿。PPT 模板提供了许多演示文稿的组织方式（包含版式、主题颜色、主题字体、主题效果和背景样式）与建议内容，根据创建演示文稿的需要选择相应的模板类型，然后根据给出的指示实施操作，即可轻松快速地生成具有不同专业风格的演示文稿。具体的操作如下：

1）在"文件"选项卡上，选择"新建"命令。

2）在"可用的模板和主题"下，执行下列操作之一。

- 要重新使用用户最近使用过的模板，请单击"最近打开的模板"。
- 若要使用用户先前安装到本地驱动器上的模板，请单击"我的模板"，再选择所需的模板，然后单击"确定"。
- 在"Office.com 模板"下单击模板类别，选择某个模板，然后单击"下载"将该模板从 Office.com 网站下载到本地驱动器中。
- 若要使用内置模板，请单击"样本模板"，如图 5-88 所示。

图 5-88　根据模板创建演示文稿

3）在模板提供的幻灯片中，根据提示重新键入需要的新内容。

（2）根据主题创建演示文稿。PowerPoint 提供了多种设计主题（图 5-89），包含配色方案、背景、字体样式和占位符位置等内容。使用预先设计的主题，可以轻松快捷地更改演示文稿的整体外观。

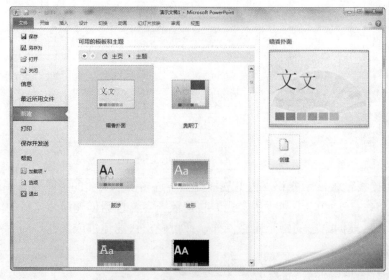

图 5-89　根据主题创建演示文稿

默认情况下，PowerPoint 会将普通的"Office 主题"应用于新建的空白演示文稿。但是，用户也可以通过应用不同的主题来轻松地更改当前演示文稿的外观。

1）在"文件"选项卡上，选择"新建"命令。

2）在"可用的模板和主题"下，单击"主题"，在所列出的内置主题中选择所需的主题方案。

3）若要将不同的主题重新应用于演示文稿，在"设计"选项卡上的"主题"组中，将指针停留在该主题的缩略图上预览幻灯片的外观，确定后单击要应用的文档主题。会将主题应用于整个演示文稿。

4）若要将多个主题应用于同一个演示文稿，则可以执行以下操作之一：

a. 在要应用的文档主题上右击键，选择"应用于选定幻灯片"（图 5-90），这样就可以将不同的幻灯片应用不同的主题。

b. 在演示文稿插入多个幻灯片母版，这样使每个主题与一组版式相关联，每组版式与一个幻灯片母版相关联。

图 5-90　应用主题

- 在"幻灯片母版"视图中，选定母版幻灯片并为其应用所需主题。

- 在"幻灯片母版和版式缩略图"窗格中，将光标定位到上一组版式组中的最后一张版式幻灯片的正下方，在"幻灯片母版"选项卡上的"编辑主题"组中，单击"主题"。重复此步骤，可将更多应用了不同主题的幻灯片母版添加到同一个演示文稿中，如图 5-91 所示。

图 5-91　同一演示文稿应用不同幻灯片母版

（3）演示文稿的文件类型。

表 5-1　常用 PowerPoint 2010 中文版保存的文件类型

保存为文件类型	扩展名	用于保存
PowerPoint 演示文稿	.pptx	PowerPoint 2010 或 2007 演示文稿默认为支持 XML 的文件格式
启用宏的 PowerPoint 演示文稿	.pptm	包含Visual Basic for Applications（VBA）代码的演示文稿
PowerPoint 97-2003 演示文稿	.ppt	可以在早期版本的 PowerPoint（从 97 到 2003）中打开的演示文稿
PDF 文档格式	.pdf	由 Adobe Systems 开发的基于 PostScript 的电子文件格式，该格式保留了文档格式并允许共享文件
XPS 文档格式	.xps	一种新的电子文件格式，用于以文档的最终格式交换文档
PowerPoint 设计模板	.potx	可用于对将来的演示文稿进行格式设置的 PowerPoint 2010 或 2007 演示文稿模板
启用宏的 PowerPoint 设计模板	.potm	包含预先批准的宏的模板，这些宏可以添加到模板中以便在演示文稿中使用
PowerPoint 97-2003 设计模板	.pot	可以在早期版本的 PowerPoint（从 97 到 2003）中打开的模板
Office 主题	.thmx	包含颜色主题、字体主题和效果主题的定义的样式表
PowerPoint 放映	.pps .ppsx	始终在幻灯片放映视图（而不是普通视图）中打开的演示文稿
启用宏的 PowerPoint 放映	.ppsm	包含预先批准的宏的幻灯片放映，可以从幻灯片放映中运行这些宏
PowerPoint 97-2003 放映	.ppt	可以在早期版本的 PowerPoint（从 97 到 2003）中打开的幻灯片放映
PowerPoint 加载项	.ppam	用于存储自定义命令、Visual Basic for Applications（VBA）代码和特殊功能（例如加载项）的加载项
PowerPoint 97-2003 加载项	.ppa	可以在 PowerPoint 97 到 Office PowerPoint 2003 中打开的加载项
Windows Media 视频	wmv	另存为视频的演示文稿。WMV 文件格式可在诸如 Windows Media Player 之类的多种媒体播放器上播放
GIF（图形交换格式）	.gif	作为用于网页的图形的幻灯片。此格式适合扫描图像（如插图）、直线图形、黑白图像以及只有几个像素的小文本。GIF 支持动画和透明背景
JPEG（联合图像专家组）文件格式	.jpg	作为用于网页的图形的幻灯片。JPEG 文件格式支持 1600 万种颜色，适于照片和复杂图像
PNG（可移植网络图形）格式	.png	作为用于网页的图形的幻灯片。万维网联合会（W3C）已批准将 PNG 作为一种替代 GIF 的标准。PNG 不像 GIF 那样支持动画，某些旧版本的浏览器不支持此文件格式
TIFF（Tag 图像文件格式）	.tif	作为用于网页的图形的幻灯片。TIFF 是用于在个人计算机上存储位映射图像的最佳文件格式。TIFF 图像可以采用任何分辨率，可以是黑白、灰度或彩色

保存为文件类型	扩展名	用于保存
设备无关位图	.bmp	作为用于网页的图形的幻灯片。位图是一种表示形式，包含由点组成的行和列以及计算机内存中的图形图像。每个点的值（不管它是否填充）存储在一个或多个数据位中
Windows 图元文件	.wmf	作为 16 位图形的幻灯片（用于 Microsoft Windows 3.x 和更高版本）
增强型 Windows 元文件	.emf	作为 32 位图形的幻灯片（用于 Windows95 和更高版本）
大纲/RTF	.rtf	演示文稿大纲为纯文本文档，可提供更小的文件大小，但使用这种文件格式不会保存备注窗格中的任何文本
PowerPoint 图片演示文稿	.pptx	其中每张幻灯片已转换为图片的 PowerPoint 2010 或 2007 演示文稿。将文件另存为 PowerPoint 图片演示文稿将减小文件大小。但是会丢失某些信息

8. 版式、主题、母版、模板的区别

（1）幻灯片版式概述。幻灯片版式包含要在幻灯片上显示的全部内容的格式设置、位置和占位符。其中，占位符是版式中的容器，可容纳如文本（包括正文文本、项目符号列表和标题）、表格、图表、SmartArt 图形、影片、声音、图片、剪贴画及幻灯片的主题（颜色、字体、效果和背景）等内容。图 5-92 显示了 PowerPoint 幻灯片版式中可以包含的所有元素。

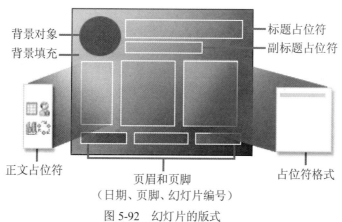

图 5-92　幻灯片的版式

如图 5-93 所示，在"开始"功能区的"幻灯片"组中，用户可以根据需要选择幻灯片的版式。用户也可以创建满足用户特定需求的自定义版式，并与使用 PowerPoint 创建演示文稿的其他人共享。

如何在演示文稿中创建自定义版式？

1）在"视图"选项卡上的"母版视图"组中，单击"幻灯片母版"。

2）在包含幻灯片母版和版式的窗格中，选择与用户希望的自定义版式最接近的版式。

3）要删除不需要的默认占位符（如页眉、页脚或日期和时间），请单击占位符的边框，然后按"Delete"键。

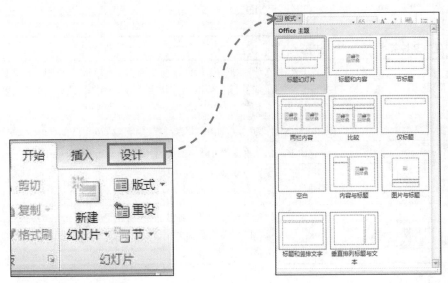

图 5-93　版式类型

4）要添加占位符，请执行以下操作：

a. 在"幻灯片母版"选项卡上的"母版版式"组中，单击"插入占位符"，然后从列表中选择一种占位符类型。

b. 单击版式上的某个位置，然后拖动鼠标绘制占位符。选择尺寸控点或角边框，并将角向内或向外拖动，可调整占位符的大小。

5）重命名版式：在版式缩略图列表中，右击要自定义的版式，然后单击"重命名版式"，在"重命名版式"对话框中，键入描述刚创建的版式的新名称。

（2）主题概述。主题是一组统一的设计元素，主要使用颜色、字体和图形来设置幻灯片的外观，包括幻灯片使用的背景。

1）主题颜色的用途。主题颜色可以恰当地处理浅色背景和深色背景。主题颜色包含 12种颜色槽。4 种水平颜色用于"文字和背景"，用浅色创建的文本总是在深色背景中清晰可见，而用深色创建的文本总是在浅色背景中清晰可见。六种垂直颜色用于"强调文字"，它们总是在四种潜在背景色中可见。最后 2 种颜色为"超链接"和"已访问的超链接"颜色，如图 5-94所示。

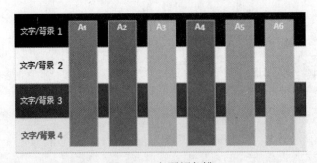

图 5-94　主题颜色槽

当单击"主题"组中的"颜色"时，"颜色"按钮左边显示的颜色图标，上半部分代表该主题的"强调文字颜色"，下半部分代表该主题的"超链接颜色"。主题颜色库显示内置主题中的所有颜色组，要创建自己的自定义主题颜色，请在"主题"组中单击"颜色"，然后单击"新建主题颜色"，如图 5-95 所示。

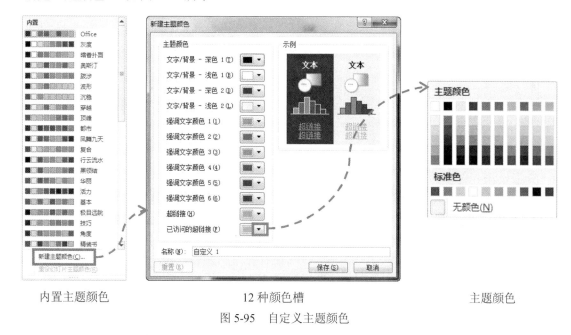

内置主题颜色　　　　　　　　　　12 种颜色槽　　　　　　　　　　主题颜色

图 5-95　自定义主题颜色

当主题颜色发生更改时，颜色库将发生更改，使用该主题颜色的所有文档内容也将发生更改。

2）主题字体的用途。主题字体可以统一整个文档的所有文字字体。专业的文档设计应对整个文档只使用一种字体，这始终是一种美观且安全的设计选择。当需要营造对比效果时，小心地使用两种字体是比较好的选择。每个 Office 主题均定义了两种字体：一种用于标题；另一种用于正文文本。二者可以是相同的字体，也可以是不同的字体。PowerPoint 使用这些字体构造自动文本样式。此外，用于文本和艺术字的快速样式库也会使用这些相同的主题字体。

更改主题字体可将演示文稿中的所有标题和项目符号文本进行更新。单击"主题"组中的"字体"时，用于每种主题字体的标题字体和正文文本字体的名称将显示在相应的主题名称下。要创建自己的自定义主题字体，请在"主题"组中单击"字体"，然后单击"新建主题字体"按钮，如图 5-96 所示。

3）主题效果的用途。主题效果指定如何将"轮廓效果""填充效果""特殊效果（阴影、三维等）"应用于幻灯片对象。通过使用主题效果库，可以替换不同的效果集以快速更改这些对象的外观。主题效果集中不能创建自定义主题效果，但是可以任意选择要在自己的主题中使用的效果。

每个主题中都包含一个用于生成主题效果的效果矩阵，此效果矩阵包含三种格式度量的线条、填充和特殊效果。通过组合三种格式设置度量（线条、填充和特殊效果）可以生成与同一主题效果完全匹配的视觉效果。

以下为演示文稿默认主题——"Office"主题——的效果矩阵，如图 5-97 所示。

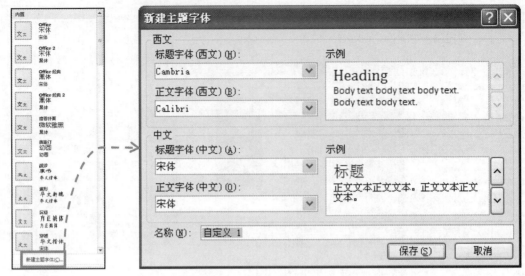

图 5-96　自定义主题字体

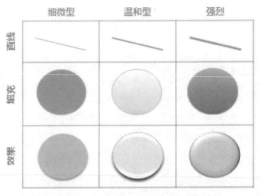

图 5-97　"Office"主题的效果矩阵

4）PowerPoint 的背景样式。背景样式是 PowerPoint 独有的样式，它们使用新的主题颜色模式，新的模型定义了用于文本和背景的两种深色和两种浅色，浅色总是在深色上清晰可见，而深色也总是在浅色上清晰可见。样式中提供了 6 种强调文字颜色，它们在 4 种可能出现的背景色中的任意一种背景色上均可以清晰可见，如图 5-98 所示。

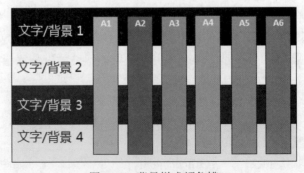

图 5-98　背景样式颜色槽

在内置主题中，背景样式库的首行总是使用纯色填充。要访问背景样式库，请在"设计"选项卡上的"背景"组中，单击"设置背景格式"，如图 5-99 所示。

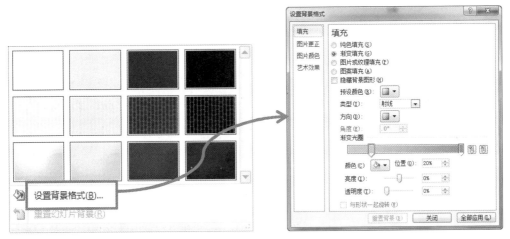

图 5-99　"设置背景格式"

（3）母版概述。所谓"母版"，它是 PowerPoint 中一类特殊的幻灯片，母版（Slide Master）中包含可出现在每一张幻灯片上的显示元素，如文本占位符的大小和位置、图片、背景设计和配色方案等。幻灯片母版上的对象将出现在每张幻灯片的相同位置上，只需更改一项内容就可更改所有幻灯片的设计，使用母版可以方便地统一幻灯片的风格。

PowerPoint 母版可以分成 3 类：幻灯片母版、讲义母版和备注母版。通过"视图"选项卡中的"母版视图"组可进入到需要的母版视图中，如图 5-100 所示。

图 5-100　"母版视图"组

1）幻灯片母版。幻灯片母版是模板的一部分，它存储的信息包括幻灯片版式、文本样式、背景、主题颜色、效果和动画。

每个演示文稿至少包含一个幻灯片母版，修改和使用幻灯片母版使用户可以对演示文稿中的每张幻灯片（包括以后添加到演示文稿中的幻灯片）进行统一的样式更改。使用幻灯片母版时，由于无需在多张幻灯片上键入相同的信息，因此节省了时间。

在图 5-101 所示的左侧的幻灯片缩略图中，①是幻灯片母版；②是与它上面的幻灯片母版相关联的"幻灯片版式"。在修改幻灯片母版下的一个或多个版式时，用户实质上是在修改该"幻灯片母版"。与幻灯片母版相关联的"幻灯片版式"中，虽然每个"幻灯片版式"的占位符设置位置都不同，但所有"幻灯片版式"所包含的"主题"均相同。

注意：幻灯片母版修改完成后，可将当前演示文稿另存为模板类型的文件（例如：文件名可存为"自定义模板.potx"），供以后创建演示文稿时调用。

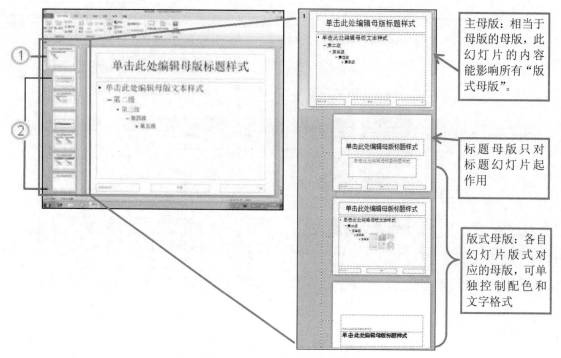

图 5-101 幻灯片母版视图详解

2）讲义母版。讲义母版用于用户控制幻灯片以讲义的形式打印演示文稿。在"讲义母版"选项卡中，用户可以控制一页纸中要打印的幻灯片数量，是否在幻灯片中打印"页码、页眉和页脚"等。该讲义主要用于受众在以后的会议中使用。

讲义母版的设计主要是控制打印出来的页面所包含的内容，主要有：

● 页眉、页脚、日期、页码可以设置成有或者无，或者在页眉页脚（如图 5-102 所示的"页眉"占位符）中输入相应内容。讲义母版里的页码占位符中的数字区页码是自动生成的，不需用户手动输入，自动编码才能根据实际使用的页数变化页码。

● 讲义和幻灯片的版式类型，如图 5-103 所示，可确定打印方向是横向还是纵向。

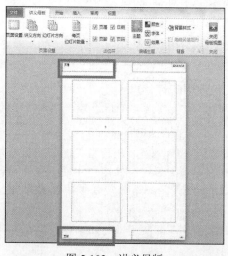

图 5-102 讲义母版

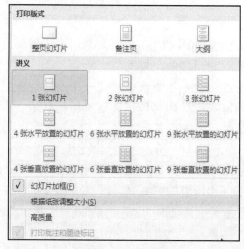

图 5-103 打印内容

● 设置讲义打印出来的背景效果，其设置方法与 PowerPoint 的基本背景设置相同。

要见到设置效果，在"文件"选项卡"打印"中可以见到，打印预览允许选择讲义的版式类型和查看打印版本的实际外观。

3）备注母版。备注母版主要用于控制供演讲者备注使用的空间以及设置备注幻灯片的格式。备注母版只对幻灯片备注窗格中的内容起作用，如图 5-104 所示。

制作演示文稿时，把需要展示给观众的内容做在幻灯片里，把不需要展示给观众的内容（如话外音、专家与领导指示、与同事同行的交流启发等信息）写在备注里，如图 5-105 所示。如果需要把备注打印出来，在"打印内容"的下拉菜单里选择"备注页"。

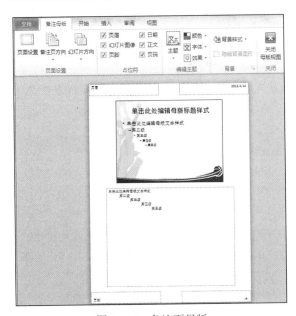

图 5-104　备注页母版

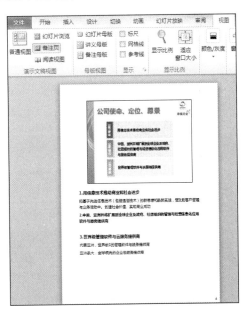

图 5-105　备注页视图

注意：幻灯片母版用于统一所有幻灯片的外观风格；讲义母版只在将幻灯片内容按讲义形式打印时才起作用；备注母版通常也在打印时才起作用，但它所设置的打印内容为备注窗格里的内容而非幻灯片里的内容。

（4）PowerPoint 模板概述。PowerPoint 模板是指一个包含演示文稿样式的文件，此文件中含有的一张幻灯片或一组幻灯片。模板文件中可以包含版式、主题颜色、主题字体、主题效果、背景样式以及幻灯片母版，甚至还可以包含具体的内容。

用户可以创建自己的自定义模板，然后存储、重用和与他人共享。此外，用户还可以获取多种不同类型的 PowerPoint 内置免费模板，也可以在 Office.com 和其他合作伙伴网站上获取可以应用于用户的演示文稿的数百种免费模板。

注意：版式、主题、母版、模板四者之间的联系与区别是版式的作用范围为当前一张幻灯片，而主题、母版、模板的作用范围是全部幻灯片；版式、主题是构成母版的主要元素；母版又是构建模板的基础，是模板的其中一部分；一个 PPT 模板中，可以拥有多个母版，母版中可以设置多种主题和版式。

习　题

一、简答题

1．PowerPoint 2010 有哪几种视图显示方式？每种视图各有何特点？

2．什么是 PowerPoint 2010 的模板与主题？它们有何联系与区别？

3．如何在幻灯片中加入动画效果？

4．如何设定在演示幻灯片时每张幻灯片的切换方式？

5．试述 PowerPoint 2010 中幻灯片有哪几种放映方式？分别在何时采用？

二、单项选择题

1．PowerPoint 2010 为用户提供了多种不同方式的演示文稿视图，这几种视图可以从菜单栏的"视图"中取得，也可以直接从 PowerPoint 2010 视图切换栏中取得。它们是（　　）。

    A．普通、幻灯片、大纲、幻灯片浏览、幻灯片放映

    B．普通、大纲、幻灯片、页面、幻灯片放映

    C．联机版式、页面、大纲、主控文档、幻灯片

    D．普通视图、幻灯片浏览视图、幻灯片放映视图、备注页视图、视图、母版视图

2．在 PowerPoint 2010 中，不能对个别幻灯片内容进行编辑修改的视图方式是（　　）。

    A．阅读视图　　　B．幻灯片浏览视图　C．备注页视图　　　D．以上三项均不能

3．PowerPoint 中，在浏览视图下，按住 Ctrl 键并拖动某张幻灯片，可以完成（　　）操作。

    A．移动幻灯片　　B．复制幻灯片　　C．删除幻灯片　　D．选定幻灯片

4．在 PowerPoint 2010 演示文稿中，欲更改某张幻灯片的版式为"垂直排列文本"，应选择的选项卡是（　　）。

    A．视图　　　　　B．插入　　　　　C．开始　　　　　D．幻灯片放映

5．PowerPoint 中，关于图片的使用下列说法错误的是（　　）。

    A．允许插入在其他图形程序中创建的图片

    B．可以插入静态的图片，也可以插入动态图片

    C．选择"插入"选项卡中的"图像"组，再单击"图片"按钮

    D．插入的图片只能是演示文稿外部的图片

6．PowerPoint 2010 系统中的母版有多种，它们分别是（　　）。

    A．版式母版、幻灯片母版 2 种

    B．背景母版、文稿母版和 Web 页母版 3 种

    C．演示文稿、设计文稿和 Web 页模板 3 种

    D．幻灯片母版、讲义母版、备注页母版。

7．要终止幻灯片的放映，应按（　　）键。

    A．Ctrl+C　　　　B．Esc　　　　　C．End　　　　　D．Alt+F4

8．在一张纸上最多可以打印（　　）张幻灯片。

    A．2　　　　　　　B．4　　　　　　　C．9　　　　　　　D．6

9. 以下（ ）模式下不能使用幻灯片缩图的功能。

    A．幻灯片视图   B．大纲视图   C．幻灯片浏览视图 D．备注页视图

10. 在幻灯片页脚设置中，有一项是讲义或备注的页面上存在的，而在用于放映的幻灯片页面上无此选项设置的是（ ）项。

    A．日期和时间   B．幻灯片编号   C．页脚   D．页眉

11. 在（ ）模式下，不能使用视图功能区中的"演讲者备注"选项添加备注。

    A．幻灯片视图   B．大纲视图

    C．幻灯片浏览视图   D．备注页视图

12. 幻灯片中占位符的作用是（ ）。

    A．表示文本长度   B．限制插入对象的数量

    C．表示图形大小   D．为文本、图形预留位置

13. 幻灯片上可以插入（ ）多媒体信息。

    A．声音、音乐和图片   B．声音和影片

    C．声音和动画   D．动画、图片、声音和影片

14. 在 PowerPoint 中，增加幻灯片可在（ ）功能区中选择"新建幻灯片"命令。

    A．设计   B．开始   C．视图   D．插入

15. 在 PowerPoint 中，如果希望改变幻灯片的颜色效果，可执行（ ）命令。

    A．设计模板   B．背景样式

    C．幻灯片版面设置   D．主题的颜色

16. 下列对象中，不能插入 PowerPoint 幻灯片的是（ ）。

    A．Excel 图表   B．Excel 工作簿   C．演示文稿   D．BMP 图像

17. 在 PowerPoint 中，动画刷可以将一个对象的（ ）复制给另一个对象。

    A．文字格式   B．动画效果   C．段落   D．特殊效果

18. 幻灯片的"背景"不可以是（ ）。

    A．单一颜色或双色过渡   B．纹理填充

    C．图片填充   D．影片

19. PowerPoint 属于（ ）。

    A．高级语言   B．操作系统   C．语言处理软件   D．应用软件

20. 如果要将 PowerPoint 演示文稿用 IE 浏览器打开，则文件的保存类型应为（ ）。

    A．演示文稿   B．Web 页

    C．演示文稿设计模板   D．PowerPoint 放映

三、多项选择题

1. 以下（ ）对象可以添加动画效果。

    A．图表   B．图片   C．文本   D．占位符

2. 制作好幻灯片后，可以根据需要使用以下（ ）放映类型进行放映。

    A．页面视图   B．演讲者放映   C．观众自行浏览   D．在展台浏览

3. 幻灯片放映时，可以用（ ）换页。

    A．单击鼠标   B．回车键   C．空格键   D．任意键

模块六　计算机网络基础应用

【学习目标】

1. 了解计算机网络的组成及功能、将计算机加入网络的方法、网络资料的收集、电子邮件相关知识、网络文件的下载。
2. 掌握将计算机接入局域网、将计算机接入互联网、使用网络、电子邮件收发。

【重点难点】

1. 重点：计算机网络的组成、计算机入网的方法及实作、网络应用、电子邮件收发。
2. 难点：计算机入网的方法及实作。

计算机的产生和发展，特别是个人计算机的出现，彻底改变了人们的工作和生活方式，为人们带来了极大的方便。随着社会信息化技术的进一步发展，面对浩如烟海的信息和知识，人们已经不满足计算仅仅能单独工作，迫切地提出了计算机相互协作的要求，计算机网络解决了这一问题。计算机网络的出现、Internet 的普及，使得"资源共享"成为 21 世纪最流行的词语，"网络就是计算机"是人们普遍的认识，计算机应用正进入一个全新的网络时代。因此，学习、了解计算机网络及其应用知识是 21 世纪所有人的基本要求。

计算机网络是指将地理位置分散的、具有独立功能的多台计算机系统，通过通信设备和线路连接起来，在网络操作系统的控制下，按照特定的通信协议进行信息传输，以实现资源共享为目的的系统。按其规模从小到大，计算机网络分为局域网（LAN）、城域网（MAN）、广域网（WAN）。

要应用计算机网络，首先要求大家能将独立的计算机连接成网络，或者将单台计算机加入已有的网络。下面，我们将通过日常生活中常见的几种情境，训练大家将计算机加入网络和应用网络的技能。

项目一　单机接入局域网

【情境】

2018 年 4 月 5 日，应届毕业生李军收到四川旭日东升公司用人通知，被聘入该公司财务部工作。公司分配给他一台计算机，要求安装公司所用的财务管理软件用友 T6，同时将这台计算机接入部门网络。公司人事经理告诉李军，这是进入公司的最后一关考核，如果做到了就可进入公司，如果没有做到，将不会聘用他。很快地，李军就安装好了用友 T6，接下来要做的就是将计算机加入部门网络了。

任务 1　认识拓扑和设备

李军知道，财务部的网络是一个局域网，要想顺利地将自己的计算机加入这个网络，首先必须弄清楚网络的拓扑结构。

网络拓扑是网络中各种设备之间的连接形式，常见的有星型、环型、总线型、树型和网状型 5 种。

1．星型拓扑

星型拓扑以中央结点（集线器或交换机）为中心，外围设备均连接到此中心结点，一般采用双绞线连接，如图 6-1 所示。

2．环型拓扑

环型拓扑通过通信线路将所有设备连接成一个闭合的环，一般采用光纤连接，如图 6-2 所示。

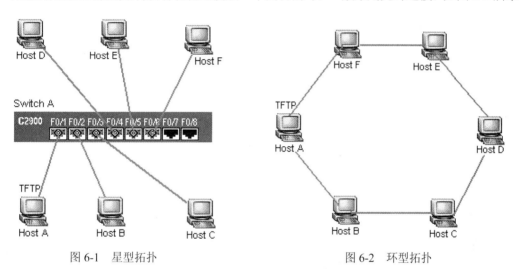

图 6-1　星型拓扑　　　　　　　　　　图 6-2　环型拓扑

3．总线型拓扑

总线型拓扑将所有设备连接在一根总线上，一般采用同轴电缆连接，如图 6-3 所示。

4．树型拓扑

如图 6-4 所示，树型拓扑是一种分级管理的集中式网络，小型网络中用得不多。

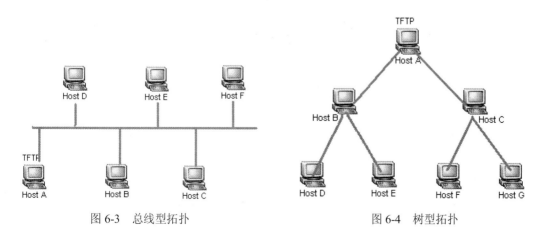

图 6-3　总线型拓扑　　　　　　　　　图 6-4　树型拓扑

5. 网状型拓扑

网状型拓扑有全连接网状拓扑和不完全连接网状拓扑两种形式，要求每一个结点都至少与其他两个结点相连，一般用于大型网络中，如图 6-5 所示。

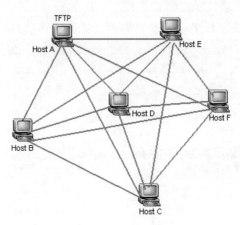

图 6-5　网状型拓扑

通过公司网管，李军得到如图 6-6 所示的拓扑。

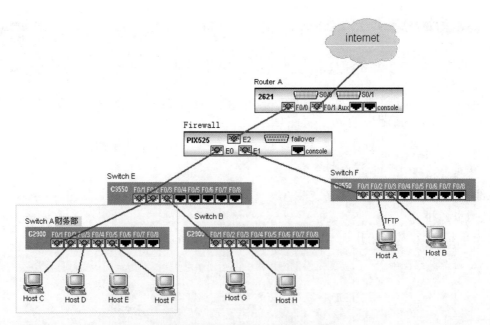

图 6-6　四川旭日东升公司网络拓扑

仔细观察该图后，通过查阅资料，李军得出下面的结论：

公司财务部的网络拓扑为（　　　　　　）型拓扑，中心结点用的是一台（　　　　　　）。这种拓扑结构的网络连线一般采用的是（　　　　　　），其单段网线最长不得超过（　　　　　　）米，是现在用得最多的一种网络拓扑。

明确公司财务部的网络拓扑之后，李军现在要做的就是制作一条网线，从物理上将自己的计算机连接上财务部的交换机。

任务 2　制作网线

网络连接方式分为有线和无线两种，四川旭日东升公司采用的有线方式，财务部采用的是星型拓扑结构，这种结构的网络一般采用双绞线作为连接介质。

双绞线作为星型网络最常用的连接介质，其连接方式有两种：交叉线和直通线。交叉线用于同种设备相连（如网络设备和网络设备相连、计算机与计算机直接相连）；直通线用于异种设备相连（如网络设备和计算机相连）。需要注意的是目前很多网络设备已支持直通线相连，也就是说，实际应用时，除了计算机与计算机相连使用交叉线之外，一般情况下用直通线即可。

那么，什么是直通线？什么是交叉线呢？

双绞线一般由 8 根（4 对）细铜线组成，铜线外面包有绝缘塑料层，其颜色分别是橙白、橙、绿白、绿、蓝白、蓝、棕白、棕，每种颜色的两根为一组绞合在一起，这种方式可以降低信号受干扰程度。一般与 RJ-45 水晶头配合使用，如图 6-7 所示。

图 6-7　双绞线、水晶头

在制作网线时，双绞线的 8 根线要求按照一定顺序标准排列，其排列标准有两种：T568A 和 T568B。所谓直通线，即双绞线两端采用相同的线序标准；交叉线即双绞线两端采用不同的线序标准。

T568A：绿白—1、绿—2、橙白—3、蓝—4、蓝白—5、橙—6、棕白—7、棕—8，如图 6-8 所示。

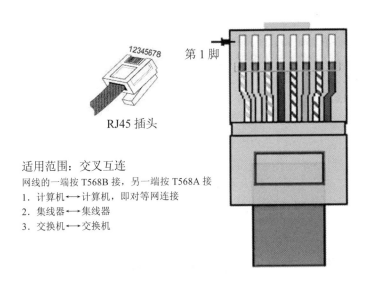

图 6-8　RJ45 型网线插头的 T568A 线序

T568A 线序标准一般应用在交叉线中，双绞线一端采用 T568A，另一端采用 T568B。

T568B：橙白—1、橙—2、绿白—3、蓝—4、蓝白—5、绿—6、棕白—7、棕—8，如图 6-9 所示。

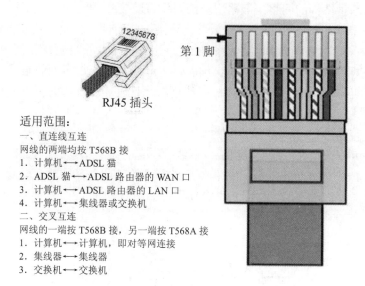

适用范围：
一、直连线互连
网线的两端均按 T568B 接
1. 计算机←→ADSL 猫
2. ADSL 猫←→ADSL 路由器的 WAN 口
3. 计算机←→ADSL 路由器的 LAN 口
4. 计算机←→集线器或交换机
二、交叉互连
网线的一端按 T568B 接，另一端按 T568A 接
1. 计算机←→计算机，即对等网连接
2. 集线器←→集线器
3. 交换机←→交换机

图 6-9　RJ45 型网线插头的 T568B 线序

理论上，直通线两端可以采用 T568A 或采用 T568B，但在实际应用中，一般认为，T568B 比 T568A 的抗干扰性好，所以在制作直通线时，一般采用 T568B，即双绞线两端同时用 T568B 线序标准。

RJ 45 型网线插头引脚号的识别方法是：手拿插头，有 8 个小镀金片的一端向上，有网线装入的矩形大口的一端向下，同时将没有细长塑料卡销的那个面对着你的眼睛，从左边第一个小镀金片开始依次是第 1 脚、第 2 脚、……、第 8 脚。

压制双绞线的方法如图 6-10 所示。

图 6-10　压制双绞线

通过观察及查阅资料，李军得到下面的结论：

要将自己的计算机连接上财务部的交换机，应该使用的连线方式为（　　　　　），采用（　　　　　）线序标准，其排线顺序是（　　　　　　　　　　　　　　）。

制作好网线之后，李军现在要做的就是将自己的计算机连上财务部的交换机。

任务 3　连接网络

这一步李军完成得非常轻松，只需将双绞线的一端插在自己计算机的网卡上，另一端插在交换机相应接口上即可，如图 6-11 所示。在连线时，要注意已有网线的布线方式，尽量与原有网线的走向一致。

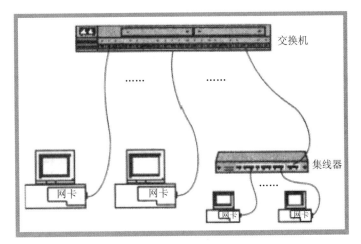

图 6-11 计算机与交换机相连

连好网线之后，并不意味着计算机已经可以和局域网中的其他计算机通信了，接下来还要设置与局域网中其他计算机相容的网络参数才行。

任务 4 设置网络参数

通过询问网管和查看财务部同事的计算机，李军得到表 6-1 所列的网络参数。

表 6-1 旭日东升财务部网络参数

参数名称	参数值	备注
IP 地址	192.168.3.1 至 192.168.3.254	192.168.3.1 至 192.168.3.5 不能用
子网掩码	255.255.255.0	
默认网关	保密	
首选 DNS 服务器	保密	
备用 DNS 服务器	保密	

1．网络通信协议

人与人的交谈需要使用双方都能听得懂、说得出的语言，如果一个只懂中文，另一个只懂英文，很显然这两人之间是无法直接交流的。

计算机与计算机的通信也是一样，通信的计算机双方必须遵守同一组规则（即同一种计算机网络通信协议），否则，通信将不能进行。

网络通信协议实际上是计算机与计算机通信必须遵守的一组规则、标准或约定。在计算机网络中，将这些规则、标准或约定统称为协议。常见的协议有 TCP/IP 协议、NetBEUI 协议和 IPX/SPX 协议。

例如，要将一台计算机接入 Internet，那么这台计算机就必须使用 TCP/IP 协议；接入 Microsoft 小型局域网，就必须使用 NetBEUI 协议；接入 Novell 网，就必须使用 IPX/SPX 协议。

TCP/IP（Transmission Control Protocol/Internet Protocol）即传输控制协议/网际协议，是实现 Internet 连接的最基本技术元素，是目前最完整、最易被普遍接受的通信协议标准。它可以让使用不同硬件结构、不同操作系统的计算机之间相互通信。Internet 网络中的计算机都使用 TCP/IP 通信传输协议，而且，正是由于各个计算机使用相同的 TCP/IP 通信传输协议，不同的计算机之间才能相互通信，进行信息交流。

其实，TCP/IP 协议是一个协议族，是一组协议的集合。只不过其中最主要的是 TCP 协议和 IP 协议，因此，人们将整个协议族命名为 TCP/IP 协议。在这个协议族中还有一些协议也是非常有名的，如进行电子邮件传输的 SMTP（简单邮件传输协议）、进行文件传输的 FTP（文件传输协议）、进行网络管理的 SNMP（简单网络管理协议）等。

TCP/IP 有独立的标准化组织支持改进，它不属于任何一个国家或公司，是全球人民共同拥有的一种协议标准。

在使用 TCP/IP 协议的网络中，计算机要实现相互通信及接入互联网，必须要设置正确的 IP 地址、子网掩码、默认网关及 DNS 服务器（域名解析服务器）地址。但在局域网中，只需设置前 IP 地址与子网掩码即可实现局域网中的计算机通信。

2. IP 地址

在 TCP/IP 协议集中，最重要的就是 IP 协议。IP 协议规定 TCP/IP 网络中的计算机（或其他网络设备）都必须拥有唯一的编码，习惯上，人们把这个编码称为 IP 地址。现在，共有两种 IP 地址编码方案，一种称为 IPv4，规定 IP 地址长度为 32 个二进制位，按这种方案，理论上可以表示 2^{32} 台主机，它已渐渐不能满足人们的需求；另一种称为 IPv6，其主要目的是解决 IPv4 中地址不够的问题，它规定 IP 地址长度为 128 个二进制位，理论上可以表示 2^{128} 台主机，是未来的发展方向。然而，目前用得最多的还是 IPv4，因此，这里我们将以 IPv4 为例进行介绍。

（1）IP 地址的结构。IP 地址由 32 位二进制组成，分成两个部分：前面一部分为网络号，后面一部分为主机号，它不但可以用来唯一地标识某一台主机，而且隐含网际间的路由信息，其结构如图 6-12 所示。

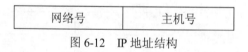

图 6-12　IP 地址结构

假如网络上有两台计算机 A 和 B 要进行通信，有了 IP 地址，Internet 上的寻址过程可用一句话来简单描述：先按计算机 B 的 IP 地址中的网络号找到 B 所在的网络，再在这个网络中按照 B 的 IP 地址中的主机号就可找到计算机 B。

（2）IP 地址的"点分十进制"表示法。IP 地址是长度为 32 位的二进制数，为了便于记忆，人们发明了"点分十进制"表示法，将 32 位二进制每 8 位分一组，组与组之间用"."分开，再将每组数据分别转换成与之相等的十进制数，就得到用"点分十进制"表示的 IP 地址。

例如：某 IP 地址为 11001001110000010000001111111101，将其写成点分十进制表示形式。

第一步：将 IP 地址按 8 位分组，组与组之间用"."隔开。

11001001 . 11000001 . 00000011 . 11111101

第二步：将每组数据分别转换成与之相等的十进制数。

<pre>
11001001 . 11000001 . 00000011 . 11111101
    201   .   193   .   3   .   253
</pre>

得到 IP 地址的点分十进制表示形式为：201.193.3.253。

从 IP 地址的"点分十进制"表示规则中可以看出，每一个点分十进制数最小为 0，最大为 255，不在此范围内的 IP 地址都是错误的。如 202.256.4.250、36.201.－1.4 都是非法的 IP 地址。

（3）IP 地址分类。为了充分利用 IP 地址空间，根据网络规模不同，Internet 委员会将 IP 地址分成五类，分别是 A 类、B 类、C 类、D 类、E 类。其中，前三类（A、B、C 类）由 Internet 网络信息中心在全球范围内统一分配，后两类（D、E 类）是特殊 IP 地址，见表 6-2。

表 6-2 IP 地址分类

字节 类别	31~24 位	23~16 位	15~8 位	7~0 位	IP 范围
A 类	0 开始的网络号	主机号			1.0.0.1-126.255.255.254
B 类	10 开始的网络号		主机号		128.0.0.1-191.255.255.254
C 类	110 开始的网络号			主机号	192.0.0.1-223.255.255.254
D 类	1110 开始的广播地址				224.0.0.1-239.255.255.254
E 类	11110 开始的保留地址				保留，仅实验及开发用

A 类地址。网络号占一个字节，且必须以"0"开始，剩下的三个字节为主机号，因此，理论上共有 2^7 个 A 类网络，每个网络可有 2^{24} 台主机。但是全"0"和全"1"的网络号与主机号均不能直接使用，所以可用的 A 类网络共有 $2^7-2=126$ 个，每个网络可有 $2^{24}-2=16777214$ 台主机。

B 类地址。网络号占两个字节，且必须以"10"开始，剩下的两个字节为主机号，因此，B 类网络共有 $2^{14}-2=16382$ 个，每个 B 类网络可有 $2^{16}-2=65534$ 台主机。

C 类地址。网络号占三个字节，且必须以"110"开始，剩下的一个字节为主机号，因此，C 类网络共有 $2^{21}-2=2097150$ 个，每个 C 类网络可有 $2^8-2=254$ 台主机。

D 类地址。D 类地址是多播地址，主要留给 IAB（Internet Architecture Board，Internet 体系结构委员会）使用。

E 类地址。保留以后使用，实验及开发也有使用。

目前，大量使用的是 A、B、C 三类地址。

3. 子网掩码

各类地址的默认子网掩码为

A 类：255.0.0.0（11111111 00000000 00000000 00000000）

B 类：255.255.0.0（11111111 11111111 00000000 00000000）

C 类：255.255.255.0（11111111 11111111 11111111 00000000）

李军启动计算机之后，在 Windows 7 的桌面上右击" "图标，在弹出的快捷菜单中选择"属性"命令，此时会打开"网络和共享中心"操作对话框，在对话框中单击"本地连接"后，弹出"本地连接状态"对话框，在"本地连接状态"对话框中单击"属性"按钮，打开

"本地连接属性"对话框，在对话框中选中"Internet 协议版本 4（TCP/IPv4）"后单击"属性"按钮，弹出"Internet 协议版本 4（TCP/IPv4）属性"对话框，整个操作过程如图 6-13 所示。

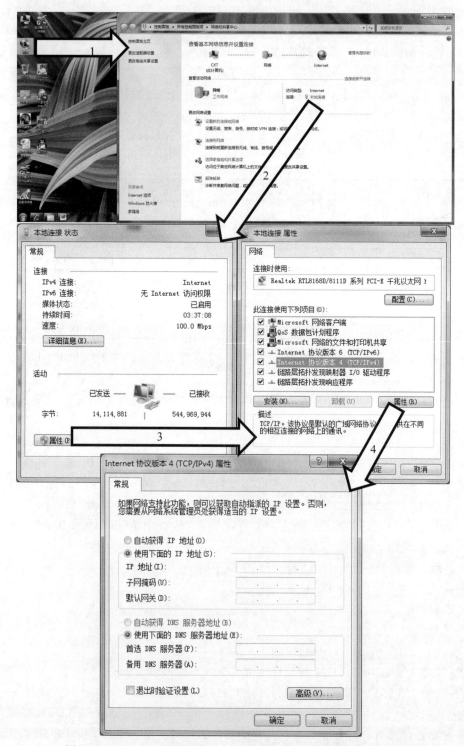

图 6-13　"Internet 协议版本 4（TCP/IPv4）属性"参数设置对话框

通过计算，他填入了下面的参数：

IP 地址：（   ）

子网掩码：（   ）

参数设置完成后，是不是可以请公司人事经理和网管来验收了呢？李军明白，还不行，因为网络并没有进行测试。

任务 5　测试网络连通性

局域网的测试非常简单，在命令行模式下采用 ping 命令就可轻松完成。按照下面的步骤，李军快速地完成了测试工作。

1. 启动命令行模式

单击"开始"按钮，选择"运行"命令，在弹出的"运行对话框"中，输入"CMD"并回车，在弹出的"命令行模式对话框"中，输入 ping 127.0.0.1 并回车。其结果有两种，能 ping 通的正常情况如图 6-14 所示，不能 ping 通的异常情况如图 6-15 所示。

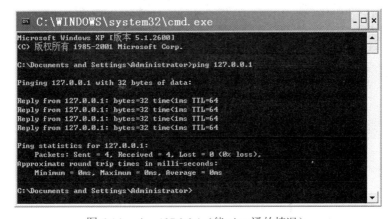

图 6-14　ping 127.0.0.1（能 ping 通的情况）

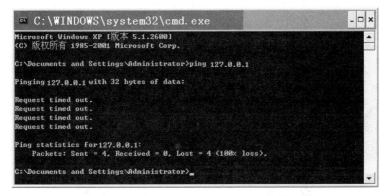

图 6-15　ping 127.0.0.1（不能 ping 通的情况）

Ping 命令用法一：本地环路测试，ping 127.0.0.1，此命令的数据被送到本地计算机的 IP 软件，该命令永不退出该计算机。如果 ping 不通，就表示 TCP/IP 的安装或运行存在某些最基本的问题。

Ping 命令用法二：ping 本机 IP，此命令的数据被送到你计算机所配置的 IP 地址，你的计算机始终都应该对该 Ping 命令作出应答，如果 ping 不通，则表示本地配置或安装存在问题。出现此问题时，局域网用户请断开网络电缆，然后重新发送该命令。如果网线断开后本命令正确，则表示另一台计算机可能配置了相同的 IP 地址。

Ping 命令用法三：ping 局域网内其他 IP，此命令的数据会离开你的计算机，经过网卡及网络电缆到达其他计算机，再返回。能 ping 通，表明本地网络中的网卡和载体运行正确。如果 ping 不通，即收到 0 个回送应答，那么表示子网掩码不正确、网卡配置错误或电缆系统有问题。

2．ping 本机 IP

结果如图 6-16 所示。

图 6-16　ping 本机 IP

3．ping 财务部其他同事的 IP

结果如图 6-17 所示。

图 6-17　ping 同事的 IP

从结果中可以看出：

李军计算机的 IP 地址为（　　　　　　　　），这是一个（　　　　　）类地址，其默认子网掩码为（　　　　　　　　）。

假设 ping 本机 IP，出现 "Request timed out." 应答，其可能的原因是：

（   ）。
解决办法为（   ）。
　　假设 ping 其他同事的 IP，出现 "Request timed out." 应答，其可能的原因是：
（   ）。
解决办法为（

　　　　　　　　　　　　　　　　　　　　　　　　　　　　　　　　　　　　　）。

　　李军请来了公司人事经理和网管，顺利地通过了考核。

项目二　单机通过局域网接入互联网

【情境】

　　李军进入公司之后，因财务部的部门性质，公司规定，新进员工 3 个月内不能接入互联网，因此其计算机一直都只能使用局域网。3 个月之后，终于可以将计算机连入互联网了，李军现在面临的问题是如何才能将自己的计算机接入互联网。

任务1　单机接入局域网

　　不论什么计算机，想要通过局域网接入互联网，首先必须保证这台计算机能够连入局域网。对于李军来说，这一步前面就已经完成了，因此他直接跳过了这一步。

任务2　设置网络参数

　　李军的计算机已加入财务部的局域网，应该说别的同事能够接入互联网，那么李军的计算机也应该能够接入互联网，因为从物理上来说，李军的计算机与互联网是连接上了的，但是实际情况却并非如此，实际情况是李军的计算机上不了互联网，这是什么原因呢？实际上这就是网络参数的作用。

　　在 TCP/IP 网络中，要使计算机能正常通信，必须设置正确的网络参数，最基本最重要的参数有 IP 地址、子网掩码、默认网关、DNS（域名解析服务器地址），其中 IP 地址、子网掩码前面已经介绍过，此处不再赘述，若有不懂之处，参见本模块项目一相关内容。

　　1. 网关设置

　　（1）网关是什么？

　　网关（Gateway）就是一个网络连接到另一个网络的"关口"。（大家都知道，从一个房间走到另一个房间，必然要经过一扇门。同样，从一个网络向另一个网络发送信息，也必须经过一道"关口"，这道关口就是网关。）

　　（2）什么是默认网关？

　　一般而言，一个网络可有多个"关口"，将网络中凡是没有明确指定"关口"的通信要求都发往一个特定的网关，这个网关就是默认网关。

2. DNS 设置

（1）什么是 DNS？

DNS 即域名解析，用于将域名解析成与之相对应的 IP 地址。

（前面三项设置已经让你的计算机连入了 Internet，但是如果你在 IE 浏览器中输入 http://www.163.com/，会提示你访问不到，其原因就是没有设置 DNS 服务器，无法将此域名解析成 IP 地址，也就无法通信）。

（2）从哪里可以得到 DNS 服务器地址？

ISP（Internet 服务提供商）处，如 ADSL 就是电信公司。

至此，李军已明白，此前公司网管所给的网络设置参数中有几项是保密的内容，这些内容正是使局域网中的计算机能接入互联网的关键。

其中：

网关的作用是（   ）;

DNS 的作用是（   ）;

与公司网管联系之后，李军得到下面的参数，见表 6-3。

表 6-3　旭日东升财务部网络参数

参数名称	参数值	备注
IP 地址	192.168.3.1 至 192.168.3.254	192.168.3.1 至 192.168.3.5 不能用
子网掩码	255.255.255.0	
默认网关	192.168.3.1	
首选 DNS 服务器	61.139.2.69	
备用 DNS 服务器	192.168.3.4	

观察该表之后，李军打开网络连接 TCP/IP 属性设置对话框（图 6-18），顺利地将参数填写到了相应的位置。

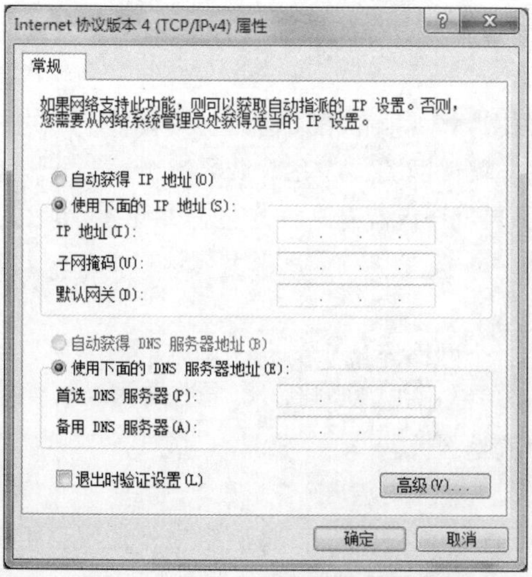

图 6-18　TCP/IP 参数设置对话框

终于完成了参数设置，下面要进行的就是验证。

任务3　网络测试

其实，最简单的测试就是直接找一个网页看一看，如果能看到，就说明参数正确，如果看不到，一般都是参数设备不正确的原因，只是这种测试方法不能定位故障的范围，下面我们看一看李军的测试方法。

李军设置完属性之后，打开了命令行模式窗口，并分别输入了下面的命令。

命令一：ping 192.168.3.82

Ping 命令用法四：ping 网关，此命令的数据会离开本机到达网关路由器。如果应答正确，表示局域网中的网关路由器正在运行并能够作出应答。

命令二：ping www.163.com

Ping 命令用法五：ping 域名，此命令的数据会离开本机到达外网目的地，并且必须经过DNS（域名解析服务器），如果这里出现故障，则表示 DNS 服务器的 IP 地址配置不正确或 DNS 服务器有故障（对于拨号上网用户，某些 ISP 已经不需要设置 DNS 服务器了）。我们也可以利用该命令实现域名对 IP 地址的转换功能。

如果上面所列出的所有 Ping 命令都能正常运行，那么我们对自己的计算机进行本地和远程通信的功能基本上就可以放心了。但是，这些命令的成功并不表示我们所有的网络配置都没有问题，例如，某些子网掩码错误就可能无法用这些方法检测到。

两条命令若通过，说明计算机能接入互联网，否则将不能进入。

李军的计算机终于可以上网了，为了帮助别人解决上网的故障，李军整理了 ping 命令的用法：

Ping 127.0.0.1，其作用是（　　　　　　　　　　　　　　　　　　　　　　）；

Ping 本机 IP，其作用是（　　　　　　　　　　　　　　　　　　　　　　）；

Ping 远程 IP，其作用是（　　　　　　　　　　　　　　　　　　　　　　）；

Ping 网关，其作用是（　　　　　　　　　　　　　　　　　　　　）；

Ping 域名，其作用是（　　　　　　　　　　　　　　　　　　　　）；

项目三　获取/传递网络文件

【情境】

李军的计算机能上网之后，部门经理阿建就为他安排了工作：新的会计法规出来了，让李军在网上找到准确的材料，存为 word 文档后，将其传给部门的每一位员工阅读。作为一个刚出校门的学生，李军该如何处理呢？

任务1　浏览网页

为了尽快地完成工作，双击桌面上的"❷"图标，李军直接启动了 IE 浏览器。

IE 浏览器也叫 Web 浏览器，从本质上来说，IE 浏览器仍然是一种应用程序，主要用于 Internet 网络中的客户端，方便用户查看网上信息、使用网络提供的各种资源。现在最流行的浏览器除美国微软公司的 Internet Explorer 之外，还有网景公司的 Netscape 和 Mozilla 公司的 Firefox。

我们知道，Internet 是全球最大的计算机网络，它将世界各地的计算机连接在一起，形成一个可以相互通信、资源共享的计算机网络系统。这意味着，只要与 Internet 相连接，你就可以分享上面丰富的信息资源，并可以与其他 Internet 用户以各种各样的方式进行信息交流。Internet 使得地球上再没有国界，从信息交流、资源共享的角度成为实际意义上的"地球村"。而进行信息发布与交流、资源共享用得最多的就是浏览器。此处，我们将以 Windows 自带的 Internet Explorer 8.0（以下简称 IE）为例说明浏览器的使用方法。

1. 访问网站

通常地，要利用 IE 浏览器访问某一个网站的主页，只需在浏览器的"地址栏"中输入网站地址（网站地址可以是 IP 地址，也可以是域名）即可。例如，要访问网易公司的网站主页，可在"地址栏"中输入"http://www.163.com/"，也可以输入"202.181.28.52"，然后按回车键即可，但人们更喜欢用第一种方式。

进入网站主页后，可以通过主页中的超级链接再去访问网站的其他网页。这里，有几个概念要给大家说明一下，便于大家区分。

主页——在浏览器地址栏中直接输入域名或 IP 地址后，显示的第一个页面称为主页。

网页——网站的所有超文本文件都叫网页。

起始页——启动浏览器后显示的第一个页面，用户可以在浏览器中自行设置。

2. 存储网页

有时候，对于一些好的网页，我们希望将其存储下来，最常用的方法是：打开网页后，使用浏览器"文件"菜单中的"另存为…"命令，在弹出的对话框中，选择网页要保存的位置，并给出文件名，单击"保存"按钮后就可将网页保存下来。

对于一些重要文件，我们也可以直接打印下来，打印的方法为：进入要打印的网页，直接使用 IE 浏览器"文件"菜单中的"打印"命令即可。

3. 添加收藏夹

对于一些要经常访问的网页，可以分类将其地址保存到浏览器的"收藏夹"中。例如，要将网易公司的主页地址保存到"收藏夹"中，其操作步骤为：进入网易公司的网页，单击 IE 浏览器"收藏夹"菜单中的"添加到收藏夹"按钮，然后按照提示操作即可。

这样，以后要访问网易的网页时，就不用每次都输入地址，直接在"收藏夹"中就可以快速地访问。

4. 清除历史记录

默认的情况下，浏览器会记录最近 20 天访问过的网页，这样，当我们要再次去访问相同网页时，速度将变得很快；如果我们要再次去查看访问过的网页，只需单击工具栏中的"历史记录"按钮，在其中选择相应的记录即可。

然而，有时候我们并不希望自己的隐私数据在其中显示出来，此时，我们可以通过以下步骤清除历史记录，其操作步骤为：在退出 IE 浏览器之前，使用 IE 浏览器"工具"菜单中的"删除浏览历史记录"命令，然后按照提示操作即可。

5. IE 浏览器的设置

浏览器可进行多种设置，来限制用户访问网络的环境。

（1）设置浏览器起始页。浏览器起始页是指浏览器启动时或单击"主页"按钮时显示的自动访问的网页，可以在浏览器的"Internet 选项"对话框中设置。设置方法为：在"Internet 选项"的"常规"选项卡中的"主页"输入框中输入网站地址即可。如图 6-19 所示。

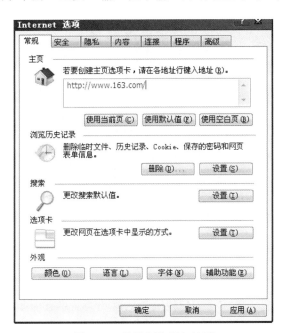

图 6-19　设置浏览器起始页

（2）设置安全级别。在"Internet 选项"对话框中的"安全"选项卡中，可以分别针对 Internet、Intranet 设置安全级别，安全级别共有 5 级：低、中低、中、中高、高。每一个级别允许的操作不同，级别越高，允许的操作越少。

对于 Internet 区域，安全级别最低只能为"中"；对于 Intranet 区域，安全级别最低可以为"低"，这是因为计算机在 Internet 中，面临的威胁更多。

除此之外，在"安全"选项卡中，还可以设置"受信任站点"和"受限制站点"。

（3）设置弹出窗口阻止程序。现在有一些网站，打开其网页后，总会随之弹出一些窗口，这不但影响正常使用，而且，容易使计算机受到威胁，为此，IE7.0 专门设置了弹出窗口阻止功能。在"Internet 选项"对话框的"隐私"选项卡中，我们可以"打开"或"关闭"弹出窗口阻止程序。如图 6-20 所示。

默认情况下，只要打开了弹出窗口阻止程序，所有站点的弹出窗口将被阻止。对于有些站点，如果你需要允许其弹出窗口，只需单击上图中的"设置"按钮，在弹出的对话框中添加允许的站点即可，如图 6-21 所示。

启动 IE 之后，李军没有去"网易"看新闻，也没有浏览他最喜欢的体育频道，而是在地址栏里面输入了"http://www.baidu.com"，准备利用"百度"进行搜索。其实李军知道，搜索信息还可以用"Google（谷歌）""Yahoo（雅虎）"等，只是他个人喜欢用"百度"而已。

打开百度之后，现在要做的就是利用"百度"搜索"新会计法规"的内容。

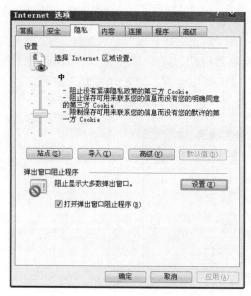

图 6-20 打开弹出窗口阻止程序

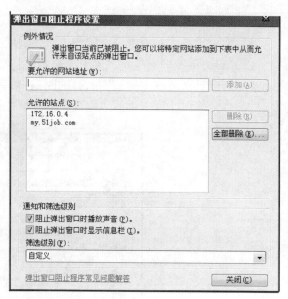

图 6-21 弹出窗口阻止程序设置

任务 2 搜索文件

李军在搜索引擎的"搜索条件"输入框中输入了"新会计法规"，结果发现，搜索结果太多了，很难找到需要的内容。

在 Internet 广阔的信息海洋中，要想找到自己需要的信息并不是件容易的事，而搜索引擎正是为了解决信息查找问题而出现的。

1. 搜索单一信息

直接在"搜索条件"输入框中输入单一条件，如输入"网页设计"，就可得到与网页设计相关的所有内容。

2. 减少无关的资料

使用单一搜索，可以得到所有与搜索条件相关的信息，如果信息太过庞杂，可以使用"—"号，减少不需要的资料。如搜索"网页设计"相关资料，如果不想要与 "JSP"相关的，可在搜索条件输入框中输入"网页设计 —JSP"（注意："—"前必须有一个空格），就可得到除JSP 之外的所有网页设计资料。

3. 增加搜索条件

可以使用"+"号增加搜索条件，如搜索"网页设计"相关资料，且只要"JSP"相关的，可在搜索条件输入框中输入"网页设计+JSP"（注意："+"前必须有一个空格），就可得到所有与网页设计相关的 JSP 资料。

通过学习和查阅资料，李军知道，其实有很多方法可以扩大或减小搜索的范围。

例如，要查找 2010 年新会计法规，最好在搜索条件输入框中输入（　　　　　　）；如果要查 2008 年到 2010 年新会计法规的内容，则可输入（　　　　　　　）。

任务 3 获取文件

找到需要的内容后，李军直接点击了提供下载的链接，按照提示操作，很快就将新的会计法规下载到了自己的计算机上。

　　获取网络文件的方法有很多，但最常用的只有两种：一种是针对网页上的文字或图片文件，此时直接使用"复制""粘贴"即可；另一种是网页上提供了下载的文件，单击下载链接之后，会弹出如图 6-22 所示的"文件下载"对话框，在对话框中，单击"保存"按钮，在弹出的"另存为"对话框中选择保存的位置并给出文件名，再单击"保存"按钮即可。

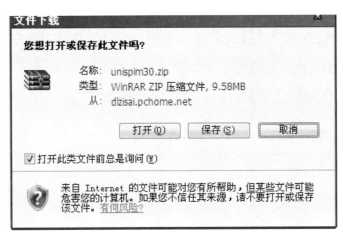

图 6-22　下载文件

　　文件下载后，就成为了本地文件，其使用方法与普通文件相同。

　　通过查阅资料，李军知道，也可以使用下载工具获取网络文件。

　　常见的下载工具有（　　　　　　　　　　　　　　　　　　　　　　　　　　）。

　　下载文件后，李军现在要做的就是将其发给部门的每一个同事。

任务 4　发送文件

　　财务部的工作是很忙的，有的同事也不在办公室，怎样才能快速地将这些文件送达每一位同事呢？其实非常简单，用 E-mail（电子邮件）即可。

　　常用的收发电子邮件方法有两种：通过 IE 浏览器和使用邮件客户端程序。但不论通过哪一种方式，都必须首先拥有一个电子邮箱，电子邮箱有免费的和付费的两种。下面，就以网易公司提供的免费邮箱为例，说明电子邮箱的申请和使用。

　　1. 电子邮箱申请

　　每一个提供电子邮件服务的网站，申请电子邮箱的方法总是大同小异的，一般要求选择一个邮箱用户名和设置相应的密码。例如，申请网易公司的电子邮箱，其步骤如下：

　　（1）启动 IE，在地址栏中输入"http://www.163.com/"，按回车键后进入网易公司首页。

　　（2）单击"注册免费邮箱"链接，打开"注册网易免费邮箱"页面，然后按照提示进行操作即可，如图 6-23 所示。

　　通过以上步骤，你可以申请到一个免费的网易电子邮箱，相应地会得到一个电子邮件地址，电子邮件地址的格式为"用户名@域名"，如 zhangsan@163.com、ls123@163.com 等。如果有人要给你发电子邮件，则必须在"收信人地址栏"中输入你的电子邮件地址，否则电子邮件不能送达。

图 6-23　申请网易免费电子邮箱

2．通过 IE 浏览器收发电子邮件

通过 IE 浏览器收发电子邮件是人们经常使用的，其操作步骤如下：

（1）启动 IE，进入网易主页。

（2）在网易主页中单击"登录"按钮，然后输入"用户名"和"密码"，即可进入"网易免费邮箱"。

（3）一般地，收信操作是自动完成的；同时在电子邮箱操作页面中还可写信和发信，如图 6-24 所示。

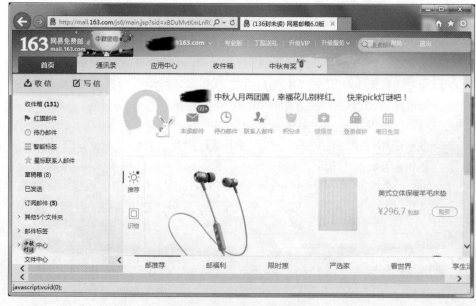

图 6-24　通过浏览器写电子邮件

3. 通过邮件客户端程序收发电子邮件

每一次收发电子邮件都要进入相应的网站，操作起来很不方便，为此，电子邮件客户端程序应运而生。通过电子邮件客户端程序，收发电子邮件就不需要直接进入网站，就如同使用本机上的文件一样。但要使用电子邮件客户端程序，前提是必须已经拥有一个电子邮箱，同时还要经过必要的设置。

设置完成后，其使用方式与通过网页收发电子邮件的方式基本一致。

李军很快地就在"网易"上申请了一个邮箱，而且，他还学习到一种一次给多人发邮件的技巧。

一次给多人发邮件，在收信人地址中应该怎么写？（   ）

拓 展 知 识

一、网络基本概念

1. 计算机网络的定义

计算机网络是指将地理位置分散的、具有独立功能的多台计算机系统，通过通信设备和线路连接起来，在网络操作系统的控制下，按照特定的通信协议进行信息传输，以实现资源共享为目的的系统。

从定义中可以看出，计算机网络主要涉及以下 3 个方面的问题。

（1）网络硬件：包括通信设备、通信介质和至少两台具独立功能的计算机。

（2）网络软件：NOS（网络操作系统）、通信协议。

（3）网络目的：资源共享（软件资源、硬件资源、用户信息）。

2. 计算机网络的功能

计算机网络的功能体现在对软件资源共享、硬件资源共享和用户信息共享 3 个方面。

（1）软件资源共享主要是指可使用远程数据，如访问远程数据库、下载软件等，当然，也可以登录到远程计算机上使用该计算机上的软件。

（2）硬件资源共享主要是指可在整个网络范围内，对处理器、存储设备和输入/输出设备的共享，如共享打印机、大容量的外部存储设备等，从而节省资源，同时也便于集中管理和分担负荷。

（3）用户信息共享主要是指用户可通过网络发布信息、传送文件和进行电子商务等活动。

二、计算机网络组成

1. 计算机网络的逻辑组成

从逻辑上而言，计算机网络由通信子网、资源子网两部分组成。通信子网主要负责全网的数据传输、加工等通信处理工作；资源子网主要负责向网络用户提供网络资源、网络服务等，如图 6-25 所示。

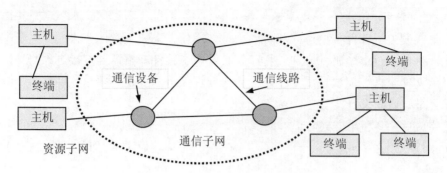

图 6-25　计算机网络逻辑结构示意图

2. 计算机网络的物理组成

从物理上而言，计算机网络由网络硬件系统和网络软件系统两部分组成。

（1）网络硬件系统。网络硬件系统是指组成计算机网络的所有物理设备，主要包括计算机设备和通信传输设备，常见的有计算机（服务器、客户机）、线路集中设备（集线器、交换机）、传输介质（双绞线、光纤、同轴电缆、无线介质）、网络适配器（网卡）和路由器等。如图 6-26 所示。

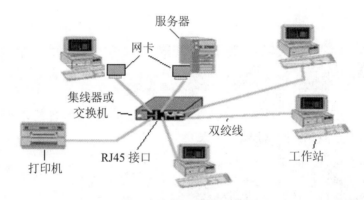

图 6-26　局域网物理组成示意图

- 服务器，一般为高性能计算机，用于网络管理、运行应用程序、处理各种网络请求等。
- 工作站，连入网络的并由服务器进行管理的任何计算机都属于工作站，其性能一般低于服务器。
- 集线器或交换机，都是用于连接网络设备的连接设备，一般地，前者的性能低于后者，因为集线器是所有端口共享带宽，而交换机是每个端口独享带宽。
- 双绞线，是常见的网络传输介质，主要用于局域网中，其传输距离要求在 100m 之内。
- 网卡，是计算机接入网络不可少的设备，其主要作用有两个：一是从网络上接收信息；二是将计算机内的信息发送到网络上。
- 路由器，主要用于连接不同的网络，如局域网要接入广域网，一般情况下都是使用路由器进行连接的。

（2）网络软件系统。网络软件系统主要包括网络操作系统（Network Operation System，NOS）、网络应用软件和网络通信协议三个方面的内容。

网络操作系统主要是指能为用户提供各种网络服务、方便用户使用网络资源的操作系统软件，如 Windows NT/2000/2003 server、Linux、UNIX 等。网络操作系统除应具备普通操作系统的功能外，还应提供高效、可靠的网络通信能力和各种网络服务，如远程管理、电子邮件、文件转输等。

网络应用软件是指为满足网络用户不同需求而在网络操作系统上构建的应用程序，包括各种网络通信软件和网络数据库系统，如腾讯 QQ、用友财务软件等。

网络通信协议实际上是计算机与计算机通信必须遵守的一组规则、标准或约定。在计算机网络中，将这些规则、标准或约定统称为协议。常见的协议有 TCP/IP 协议、NetBEUI 协议和 IPX/SPX 协议。

三、Internet 提供的主要服务

早期的 Internet 主要提供远程登录访问服务（Telnet）、电子邮件服务（E-mail）、FTP 文件传输服务、网络新闻、电子公告牌 BBS 等服务，现在最流行的则是 WWW（万维网）服务。从功能上来说，Internet 提供的服务基本可分为三类：交流信息、发布和获取信息以及共享资源。

1. 获取和发布信息

通过 Internet 可以得到几乎无穷无尽的信息，如各种不同的杂志、期刊、报纸、电子书库和图书馆，还有各种公司、企业、学校、政府等机构的相关信息。古人曾说过，"走万里路，读万卷书"，现在我们坐在家里，就可以知道全世界正在发生的事，或曾经发生过的事，同时也可将自己的信息发布到 Internet。

2. 电子邮件（E-mail）

传统的信件一般通过邮局传递，收信人要等几天才能收到信件，这种相互通信的方式在今天已经不能满足人们的需求，因为效率实在太低，同时，其表达信息的方式也很单一。而电子邮件与传统的邮件有很大不同，电子邮件的写信、发信、收信都是在计算机网络上完成的，从发信到收信，时间一般是以秒为单位的，并且，电子邮件几乎是免费的，其表达信息的方式也更加多种多样。同时，电子邮件可以在世界上任何可以上网的地方收取，而不像传统的邮件，必须到收信地址所指的地方才能拿到信件。

3. 电子商务

Internet 是一种不受时间与空间限制的交流方式，网上促销及进行网上技术服务已经很普遍。并且在网络上进行商业贸易已经成为现实，可以利用网络开展网上购物、网上销售、网上拍卖、网上货币支付等。它已经在海关、外贸、金融、税收、销售、运输等方面得到广泛的应用。电子商务现在正向一个更加深远的方向发展，随着社会金融基础设施及网络安全设施的进一步健全，电子商务将在世界上引起一场新的革命。在不久的将来，人们可以坐在计算机前进行各种各样的商务活动。

4. 网络电话

最近，仅用市内话费的价格拨打国际长途已在网上流行。而近几年，IP 电话卡也成为一种流行的电信产品，受到人们的普遍欢迎，因为它的长途话费只有传统电话的三分之一左右。IP 电话的电话费为什么这么便宜呢？最基本的原因就在于它采用了 Internet 技术，是一种网络电话。现在市场上已经出现了多种类型的网络电话，它不仅能听到对方的声音，而且能看到对方，还可以几个人同时进行对话，这种模式被称为"视频会议"。

5. 网上办公

Internet 的出现将改变人们传统的办公模式，人们可以坐在家里上班，然后通过网络将工作的结果传回单位；出差或进行商务活动的时候，不用带上很多资料，因为随时都可以通过网络从单位提取需要的信息，Internet 使得全世界都可以成为你办公的地点。

6. 其他应用

Internet 还有很多其他方面的应用，如网上交友、远程医疗、远程教育等。

四、Internet 接入方式

Internet 接入方式是指将计算机接入 Internet 的方法，即俗称的"上网"。目前，常见的接入方式有以下 4 种：电话拨号接入、光纤+局域网专线接入、ISDN 接入、xDSL 接入。

1. 电话拨号接入

用户只需一根电话线、一台调制解调器（Modem）和一台计算机即可入网，如图 6-27 所示。

图 6-27　电话拨号接入

2. 光纤+局域网专线接入

所谓"光纤+局域网专线接入"，是指用户通过局域网上网，局域网使用路由器通过光纤与 ISP 相连，再通过 ISP 接入 Internet，要使用专线，用户必须有一条专线、一台路由器及自己的局域网系统，如图 6-28 所示。

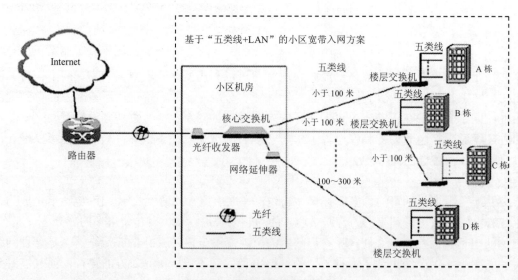

图 6-28　光纤+局域网专线接入

3. ISDN 接入

ISDN（Integrated Service Digital Network）中文名称是综合业务数字网，俗称"一线通"。综合业务数字网将多种业务集成在一个网内，为用户提供经济有效的数字化综合服务，包括电话、传真、可视图文及数据通信等。ISDN 使用单一入网接口，利用此接口可实现多个终端（ISDN 电话、终端等）同时进行数字通信连接，图 6-29 是各种设备接入 ISDN 的示意图。

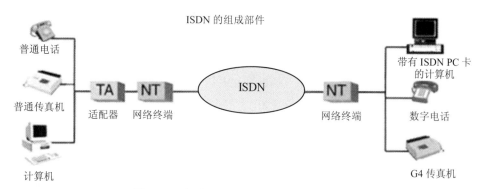

图 6-29　各种设备接入 ISDN 的示意图

4. xDSL 接入

DSL 是数字用户环路（Digital Subscriber Line）的简称，是以铜质电话双绞线为传输介质的点对点传输技术。DSL 利用软件和电子技术结合，使用在电话系统中没有被利用的高频信号传输数据以弥补铜线传输的一些缺陷。

DSL 被分成两种类型：一种是 ADSL（非对称数字用户环线），用于要求很快的下载速度，但上传速度较慢可以接受的互联网接入领域，现在上行（从用户到网络）带宽最高可达为1Mbps，下行（从网络到用户）带宽最高可达 8Mbps；还有一种是 SDSL（对称数字用户环线），用于对下载有较高要求的短距离网络连接，图 6-30 即为典型的 ADSL 接入示意图。

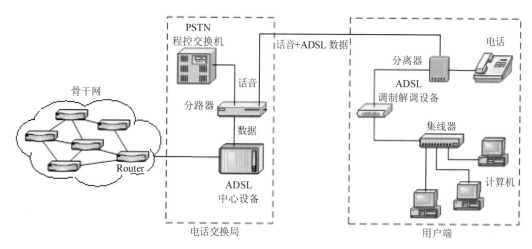

图 6-30　典型 ADSL 接入

ADSL 是一种廉价的宽带网接入方式，它克服了传统用户在"最后一公里"的瓶颈问题，实现了宽带接入。

四种接入方式对比见表 6-4。

表 6-4　四种接入方式对比

接入方式	拨号接入	ISDN 接入	ADSL 接入	局域网专线接入
上网速度	56Kbps	128Kbps	1Mbps～8Mbps	10/100/1000Mbps
用户需要的设备	普通调制解调器	网络终端 NT1	ADSL 调制解调器、网卡	10M/100M 网卡
特点	速度慢 使用通用设备 需拨号上网 上网时不能打电话 利用原有电话线上网	速度较慢 专用设备接入 需拨号上网 上网时可打电话 利用原有电话线	速度快 专用设备接入 可随时上网 上网打电话两不误 利用原有电话线	传输速度更快 通用设备接入 随时上网无须拨号 提供各种宽带服务

五、域名

在现实生活中，人的身份证号是可以唯一确定一个人的，但不便于记忆，称呼一个人时，我们不是叫他的身份证号，而是叫他的名字，网络中的计算机也是如此。虽然将 32 位二进制的 IP 地址用点分十进制来表示方便了人们记忆，但是仍然不符合人的记忆习惯，而且也不够直观。为此，人们可以为网络上的每一台计算机起一个直观的、唯一的标识名称，这就是域名。

域名的基本结构为：主机名.单位名.类型名.国家代码。

如 IP 地址为 202.181.28.52 的主机其域名为 www.163.com，代表的是网易公司的 web 服务器。其中 www 代表主机名，163 代表的是网易，com 代表的商业网络。

国家代码又称为顶级域名，常见的国家代码见表 6-5。

表 6-5　常见顶级域名

顶级域名	国家/地区	顶级域名	国家/地区	顶级域名	国家/地区
cn	中国	de	德国	nz	新西兰
pk	巴基斯坦	fr	法国	sg	新加坡
ru	俄罗斯	gb	英国	it	意大利
au	澳大利亚	In	印度	kr	韩国
ca	加拿大	jp	日本	us	美国

常见的网络类型见表 6-6。

表 6-6　常见域名类型

类型名	类型	类型名	类型	类型名	类型
com	商业	org	非营利组织	net	网络机构
edu	教育	info	信息服务	mil	军事机构
gov	政府	int	国际机构	firm	公司企业

习　　题

一、判断题（正确的请在题后括号中填写 T，错误的请填写 F）

1. 进网的计算机是不能脱离网络而独立运行的。　　　　　　　　　　　（　　）
2. 个人用户通过拨号上网，在通信介质上传输的是数字信号。　　　　　（　　）
3. Internet Explore 只能浏览网页，而不能用来收发电子邮件。　　　　（　　）
4. 一个域名地址是由主机名和各级子域名构成的。　　　　　　　　　　（　　）
5. 在 Internet 上，IP 地址是联入 Internet 网络的节点全球唯一的地址。（　　）
6. 因特网是最大的局域网。　　　　　　　　　　　　　　　　　　　　（　　）
7. 电子邮件只能传送文字信息，不能传送图片、声音等多媒体信息。　（　　）
8. 搜索引擎是某些网站提供的用于网上查询信息的搜索工具。　　　　（　　）
9. 一般情况下，我们上网浏览的信息是通过 FTP 协议传输过来的。　（　　）
10. 多台计算机相连，就组成了计算机网络。　　　　　　　　　　　　（　　）

二、选择题

1. 计算机网络的主要目标是（　　　　　）。
   A. 分布处理　　　　　　　　　　　B. 将多台计算机连接起来
   C. 提高计算机可靠性　　　　　　　D. 共享软件、硬件和数据资源
2. Internet 采用的协议类型为（　　　　　）。
   A. TCP/IP　　　　B. IEEE802.2　　　C. X.25　　　　　D. IPX/SPX
3. 广域网和局域网是按照（　　）来分的。
   A. 网络使用者　　　　　　　　　　B. 信息交换方式
   C. 网络连接距离　　　　　　　　　D. 传输控制规程
4. 下面不属于局域网络硬件组成的是（　　　）。
   A. 网络服务器　　　　　　　　　　B. 个人计算机工作站
   C. 网络接口卡　　　　　　　　　　D. 调制解调器
5. 电子邮件地址的一般格式为（　　）。
   A. 用户名@域名　　　　　　　　　B. 域名@用户名
   C. IP 地址@域名　　　　　　　　　D. 域名@ IP 地址
6. IP 地址是由（　　）组成的。
   A. 三个黑点分隔主机名、单位名、地区名和国家名 4 个部分
   B. 三个黑点分隔 4 个 0～255 的数字
   C. 三个黑点分隔 4 个部分，前两部分是国家名和地区名，后两部分是数字
   D. 三个黑点分隔 4 个部分，前两部分是国家名和地区名代码，后两部分是网络和主机码
7. Web 地址的 URL 的一般格式为（　　）。
   A. 协议名/计算机域名地址[路径[文件名]]

    B．协议名：/ 计算机域名地址[路径[文件名]]

    C．协议名：/ 计算机域名地址 /[路径[/ 文件名]]

    D．协议名：// 计算机域名地址[路径[文件名]]

8．家庭用户与 Internet 连接的最常用方式是（　　）。

    A．将计算机与 Internet 直接连接

    B．计算机通过电信数据专线与当地 Internet 当地供应商的服务器连接

    C．计算机通过一个调制解调器用电话线与当地 Internet 当地供应商的服务器连接

    D．计算机与本地局域网直接连接，通过本地局域网与 Internet 连接

9．Internet 起源于（　　）。

    A．美国　　　　　　B．英国　　　　　　C．德国　　　　　　D．澳大利亚

10．HTTP 的中文意思是（　　）。

    A．布尔逻辑搜索　　　　　　　　　　B．电子公告牌

    C．文件传输协议　　　　　　　　　　D．超文本传输协议

三、简答题

1．简述计算机网络的定义。

2．简述计算机网络的功能。

3．简述计算机网络的组成。

4．常用计算机网络拓扑有几种？简要说明它们的优缺点。

5．IP 地址分为几类？202.115.20.19 属于哪一类？

四、综合应用题

请画出计算机机房的网络拓扑图，并标明网络参数。如果要将一台计算机加入某一个机房，请写出步骤。

模块七　常用工具软件

【学习目标】

通过本模块的学习，要求达到以下目标:

1. 了解各常用工具软件的主要功能、软件的获取途径及安装方法、软件常用功能的使用技巧。
2. 掌握获取常用工具软件、安装软件、使用工具软件处理实际工作中的问题。

【重点难点】

1. 重点: 各种常用工具软件的获取与安装、软件的使用。
2. 难点: 各种软件的使用。

用计算机就是用软件，选择适用、好用的软件，将为操作和使用计算机带来极大的方便。

然而，计算机中该装些什么软件？这恐怕是每个刚刚接触计算机或想更好地使用计算机的朋友最关心的问题。虽然一台只装了操作系统和一些简单学习软件的计算机也能实现上网、进行文字处理、浏览图片、看 VCD 等功能，但与采用专业软件相比，无论是质量还是效率都不可同日而语。事实上，对一个计算机用户而言，计算机里面装的软件可以直接反映出其计算机的实际应用水平，因为"用计算机就是用软件"。

现在成熟的商业软件、共享软件和免费软件品种很多，基本上我们想实现的功能它们都能满足。但软件太多，如何选择也是一个问题。下面我们将通过三个项目学习工作和生活中使用最普遍的三种软件。

项目一　压缩/解压缩文件

【情境】

在工作和生活中使用计算机，经常会遇到这种问题: 要将一个大的文件保存到 U 盘中，但是 U 盘的存储空间却不够; 想要在发送邮件时添加一个大的附件，但是邮件附件不支持如此大的文件。此时，我们应当如何处理呢？

其实，使用压缩与解压缩软件可以轻松解决此问题。

压缩软件，顾名思义就是能够将文件进行压缩，使文件变小，减少其占用存储空间的容量。一般而言，压缩与解压缩都是用同一个软件。

常用的压缩与解压软件有 WinZIP、WinRAR、WinAce、7-ZIP 等。下面以 WinRAR 4.20

简体中文版为例介绍压缩与解压缩软件的使用。

任务 1　获取软件

WinRAR 4.20 是共享软件，可以在测试时间内使用。如果测试时间之后仍想继续使用，则必须付一定费用注册后方可。

从网络上可以轻松得到 WinRAR 4.20 的安装文件，如从华军软件园下载此软件的过程如图 7-1 所示。

图 7-1　下载 WinRAR 4.20

在图 7-1 中选择下载地址，单击下载地址后，在弹出的对话框中，单击"保存"按钮，就可将软件下载到本地计算机。

任务 2　安装软件

获得安装文件后，与普通应用软件安装的方式完全相同（提示：最好将软件安装在非系统盘，这样便于管理）。安装完成后，一般会在桌面和开始菜单中出现如图 7-2 所示的图标。

图 7-2　WinRAR 4.20 安装完成后的桌面图标

双击该图标，即可启动此软件。

任务 3　压缩文件

1. 压缩一个或多个文件的快速操作方式

WinRAR 4.20 安装完成后，会在右键菜单中添加如图 7-3 所示的几项快捷命令。

如果要对某一个文件或多个文件进行压缩，只需选中该文件后右击，在弹出的快捷菜单中选择"添加到'XXXX'（T）"命令即可，压缩操作会自动开始执行，执行完毕后，会在被压缩文件的目录中出现一个与被压缩文件同名的，但扩展名为"RAR"的文件。

例如，要对"工资数据"文件夹进行压缩，按照上面的操作步骤，会在"工资数据"文件夹所在的目录得到一个名为"工资数据.RAR"的压缩文件。

图 7-3 安装 WinRAR 4.20 后的右键菜单

当然，右击文件后，也可以选择"添加到压缩文件（A）…"命令，此时的操作与下面将要进行的普通方式压缩基本一致。

2. 普通方式压缩文件

普通方式压缩，首先要启动 WinRAR 4.20 软件，启动的方式与普通应用程序的启动方式一致。程序启动后，会得到如图 7-4 所示的界面。

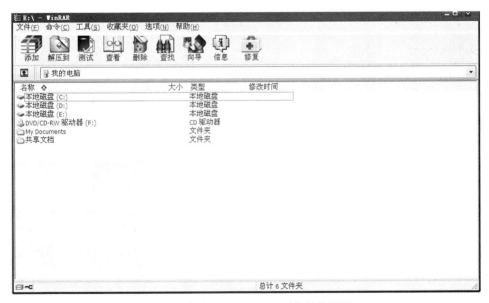

图 7-4 启动 WinRAR 4.20 后的操作界面

在此界面中，单击相应盘符，找到需要压缩的一个或多个文件（如 E:\教材编写文件夹），选定该文件后执行"命令"菜单中的"添加文件到压缩文件中"命令（或直接单击工具栏中的"添加按钮" ），此时会弹出如图 7-5 所示的"压缩文件名和参数"对话框。

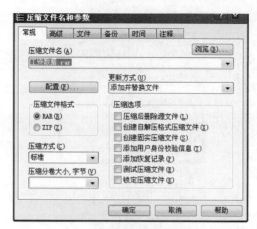

图 7-5 "压缩文件名和参数"对话框

设置好各项参数后，单击"确定"按钮，压缩自动进行。压缩完毕后，会在指定的目录下生成以指定压缩文件名命名的压缩文件。

在图 7-5 所示的对话框中，可对要生成的压缩文件进行很多设置，但常见的设置有以下几种：

（1）指定压缩文件名和压缩文件的存储位置。在图 7-5 所示对话框的"常规"选项卡中，在"压缩文件名(A)"输入文件名，单击"浏览"按钮可设置存储路径。

（2）创建自解压格式文件。一般地，利用某种压缩软件制作的压缩文件只能用该压缩软件解压缩。如果一个经过压缩的文件将要发给别人，但又不知道对方是否有该压缩软件怎么办呢？对于 WinRAR 4.20 而言，这是非常简单的，只需将要压缩的文件生成为"自解压"格式的文件即可。

所谓自解压格式文件，是指压缩文件自身带有解压程序，不需要利用外来的压缩软件解压就可提取出被压缩的文件。

创建自解压格式文件的方式很简单，其操作步骤与创建普通压缩文件的方式基本相同，只是在图 7-5 所示的对话框中，需要勾选"创建自解压格式压缩文件(X)"复选框即可。自解压格式文件的扩展名一般为 EXE。从生成文件的图标上，很容易区分一个压缩文件是否为自解压文件，如图 7-6 所示。

工资数据.exe

（a）自解压格式压缩文件

工资数据.rar

（b）普通格式压缩文件

图 7-6 压缩文件

（3）设置密码。如果需要给压缩文件设置密码，可在图 7-7 所示的"压缩文件名和参数"对话框的"高级"选项卡中设置。

在"高级"选项卡中，单击"设置密码"按钮，在弹出的"带密码压缩"对话框中，输入密码即可。

设置密码后，在解压文件时，会被要求输入密码，否则，解压文件操作不能进行。

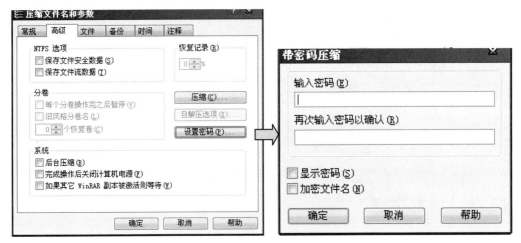

图 7-7　设置压缩文件密码

（4）对压缩文件进行必要的注释。在"压缩文件名和参数"对话框的"注释"选项卡中，可对将要生成的压缩文件进行必要的注释，如图 7-8 所示。

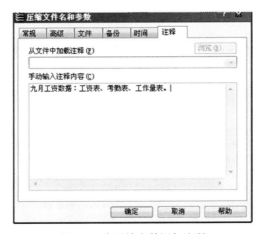

图 7-8　为压缩文件添加注释

添加注释后，可右击压缩文件，选择"属性"命令，查看注释内容。

任务 4　解压缩文件

与压缩文件一样，解压文件也有两种方式。

1. 解压文件的快速操作方式

直接右击要解压的文件，弹出如图 7-9 所示的快捷菜单。

在菜单中，有三条命令可完成解压任务（以解压"工资数据.RAR"为例）：

（1）解压到 工资数据\(E)。选择此命令，WinRAR 4.20 首先在与"工资数据.RAR"相同的目录下创建一个名为"工资数据"的文件夹，然后将文件解压到此文件夹中。

（2）解压到当前文件夹(X)。选择此命令，WinRAR 4.20 会将文件直接解压在"工资数据.RAR"所在的目录中。

（3）解压文件…。选择此命令，会弹出如图 7-10 所示的"解压路径和选项"对话框。

图 7-9 右击压缩文件的弹出菜单

图 7-10 "解压路径和选项"对话框

在此对话框中，可设置解压缩文件的路径和相关的选项，如设置是否在解压完成后删除压缩文件等。

2. 解压文件的普通操作方式

与压缩文件的普通操作方式相同，也需要先启动 WinRAR 4.20 软件。软件启动后，选中要解压的文件，单击图 7-4 所示工具栏中的"解压到"命令，弹出图 7-10 所示的对话框，设置解压文件名、存储路径和相关选项后，单击"确定"按钮即可。

项目二　上传/下载文件

【情境】

小王在网上申请了一个个人空间，他想将自己的求职简历发布到空间里面，以便用人单位了解他。但是提供个人空间的公司不允许直接操作服务器，只提供了上传功能，小王应该怎么做才能将自己的求职简历发布上去呢？

上传，是指将本地计算机上的文件传到网络上的过程。上传工具指主要功能是将本地计算机上的文件上传到网络上的工具软件。常用的上传工具也有很多，如 CuteFTP、LeapFTP、FTPRush 等。此处，以 CuteFTP 为例介绍上传工具的使用。

下载，是指将网络上的文件取回到本地计算机的过程。前面，我们介绍了使用浏览器直接下载文件的方法，但是在下载较大文件时，其下载效果并不理想。下载工具指主要功能是从网络上下载文件的工具软件，具有使用浏览器下载无法比拟的优点，不但下载速度大大提升，而且支持断点续传（所谓断点续传，是指网络中断后，下次启动连接后可从断点处继续传输）。常用的下载工具有很多，如迅雷、FlashGet（网际快车）、BitTorrent Plus（简称 BT）、NetAnts（网络蚂蚁）等。此处以"迅雷 5.7.9.466"为例介绍下载工具的使用。

任务 1　获取软件

与压缩/解压缩软件的获取方法一致。其中，迅雷是一款免费软件，可以从其官方网站上直接下载安装。

任务 2　安装软件

安装方法也与普通软件的安装方法一致，此处不再累述。

任务 3　上传文件

软件安装完毕后，可选择"开始"菜单的"程序"子菜单中的"GlobalSCAPE"下的"Cute FTP"命令，启动 CuteFTP 软件。若没有注册，会弹出提示对话框，直接关闭后就可正式启动。

软件启动后，系统首先弹出"CuteFTP 连接向导"，因为 CuteFTP 是一个专门用于连接 FTP 服务器的下载软件，所以首先需要与 FTP 站点建立连接，根据向导提示，可向 CuteFTP 中添加 FTP 站点。当然，也可在启动 CuteFTP 后，使用主窗口"文件"菜单下的"连接向导"命令来启动向导，该向导与前面的向导是一样的。如此处连接的是清华大学的可匿名登录的 FTP 站点，站点地址为：ftp://ftp.scene.org/music/groups/。

连接成功后，会进入 CuteFTP 的主窗口，如图 7-11 所示。

一旦连接到 FTP 站点，就可以上传和下载文件。主窗口左侧显示本地计算机上的文件名称。右侧显示所连接到的服务器上的文件。

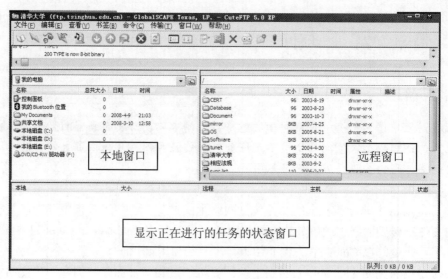

图 7-11　CuteFTP 主界面

（1）上传文件。可以执行下列操作之一：

● 在左窗口中单击文件，按住鼠标，拖动文件到右窗口。

● 在左窗口中右击文件，从快捷菜单中选择"上传"命令。

● 在左窗口中双击文件。

● 在左窗口中单击文件，然后从"传输"菜单中选择"上传"命令。

● 在左窗口中单击文件，然后同时按下"Control"和"Page Up"键。

（2）下载文件。可使用下列方法之一：

● 在右窗口中单击文件，按住鼠标，拖动文件到左窗口。

● 在右窗口中右击文件，从快捷菜单中选择"下载"命令。

● 在右窗口中双击文件。

● 在右窗口中单击文件，然后从"传输"菜单中选择"下载"命令。

● 在右窗口中单击文件，然后同时按下"Control"和"Page Down"键。

使用"编辑"菜单下的"设置"命令，可对 CuteFTP 进行基本的设置，如"接收缓冲区"和"发送缓冲区"的大小、传输完成后的处理方式等。

任务 4　下载文件

1. 使用迅雷下载

迅雷可以用来下载具体的文件，也可以下载普通网页或网页上的图片。常用的下载方法有两种。

（1）直接点击网页中的下载链接。一般地，迅雷安装后，会与浏览器相关联，当点击的目标是网页上的下载链接时，会自动启动迅雷进行下载。

（2）使用右键菜单下载。在网页中，可以右击要下载的目标，在弹出的菜单中选择"使用迅雷下载链接"命令，此时，也会自动启动迅雷进行下载。

2. 设置迅雷

迅雷安装完成后，许多默认设置并不合适，如其默认的下载文件存储目录就设置在 C 盘的根目录下的"TDOWNLOAD"文件夹中。使用"工具"菜单中的"配置"命令或直接单击工具栏上的"配置"按钮，在弹出如图 7-12 所示的对话框中，可以设置迅雷的工作环境。

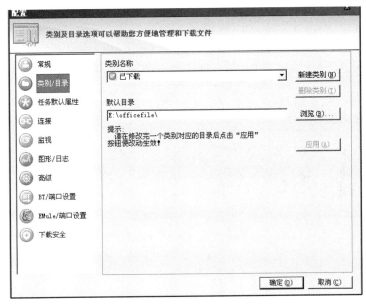

图 7-12　迅雷"配置"对话框

如设置下载文件的存储目录，只需单击"配置"对话框的"类别/目录"选项卡，更改其默认目录位置即可。如果计算机中安装了杀毒软件，也可以在"下载安全"选项卡中设置文件下载后自动进行杀毒。

项目三　网络即时通信

【情境】

小张是腾飞公司总经理办公室主任，2018 年 4 月 9 日，总经理去北京开会，要求小张与他随时保持 QQ 联系，以便有信息即时通报，文件也能即时发送和接收。小张以前从没用过 QQ，怎么办呢？当然，首先是要在计算机中安装 QQ 软件才行。

QQ 软件是腾讯公司开发的一种网络通信软件。通过 QQ，人们可以相互通信、共享文件、传送文件，还可以有一个自己的空间来发布信息，但进行上述活动的前提是必须拥有一个 QQ 号。

任务 1　获取软件

QQ 客户端软件可从腾讯公司的官方网站上免费下载，软件下载后其安装方法与普通应用软件相同。

软件安装后，就可直接使用，但要进行通信，还必须申请一个 QQ 号码，QQ 号可以免费申请获得，也可以付费获得。获得 QQ 号码的方式有以下 3 种。

方式一：通过网页免费申请，网址为：http://freeqqm.qq.com/freereg.shtml。

方式二：手机免费申请，只需付普通手机短信息费用。

方式三：手机快速申请通道，可快速获得 QQ 号码，但每个号码要付费 1 元。

任务 2 安装软件

QQ 软件的安装是非常傻瓜化的，只需启动安装程序后，按提示操作即可，但建议大家不要将软件安装在系统盘。

任务 3 发送信息

有了 QQ 号，安装了 QQ 客户端软件，就可以使用 QQ 了。在使用以下任何功能之前，都需要先登录 QQ，在启动 QQ 客户端软件之后，会出现登录对话框，输入 QQ 号码和密码，单击"登录"按钮即可。

新号码首次登录时，好友名单是空的，要和其他人联系，必须先要添加好友，例如某用户想通过 QQ 联系张三，就要求张三也有一个 QQ 号，同时该用户需将张三的 QQ 号加为好友。成功"查找"添加好友后，就可以体验 QQ 的各种功能了。QQ 具有很多网络功能，但以下面的功能最为典型。

1. 即时通信

（1）文字聊天。双击好友头像，在聊天窗口中输入消息，单击"发送"按钮（或使用 Alt+S 快捷键），即可将输入的内容发送给该好友，如图 7-13 所示。

图 7-13 使用 QQ 即时聊天

（2）语音聊天。在聊天窗口中单击"语音聊天"图标，之后按照提示操作即可。要进行语音聊天，双方的计算机必须有麦克风和耳机或音箱设备。

（3）视频聊天。在聊天窗口中单击"视频聊天"图标，之后按照提示操作即可。

2. 文件传输

在聊天窗口中单击"传送文件"图标🗀，之后按照提示操作即可。

3. 文件共享

对于志同道合的朋友，在 QQ 中可以组建成一个"群"。"群"允许一些特别的操作，如"发送群组消息"（某成员发送的消息，该群的成员都可看到）、"共享"（可将自己觉得有意义的文件传送到"群"中共享，这样，所有本群的成员都可以使用这些文件）等。

双击某群图标，进入"群聊"窗口中，在此窗口中发布的信息，所有该群的成员都能看到。要"共享"文件，直接单击"群聊"窗口中的 文件 标签，进入群共享空间后，可以"上传"或"下载"文件。

4. QQ 空间

每个 QQ 号码，都可以申请一个"QQ 空间"，在 QQ 空间中，可以写日记、上传照片等。

5. 其他功能

QQ 还有很多其他功能，如 QQ 音乐、QQ 在线视频、QQ 新闻等。

任务 4　收取信息

QQ 收取信息是被动式的，即别人主动给你发了信息，你才能接收。

信息的种类分为两种，一种是即时消息，一种是文件。如果在线，消息会即时显示在 QQ 即时信息显示区域，如果不在线，则会在下次上线时显示。对于文件而言，如果发送人发的是在线文件，必须立即接收，如果发的是离线文件，则会在下次上 QQ 时提示接收。

拓 展 知 识

其他常用工具软件：

（1）浏览器。Fire Fox（火狐浏览器）、360 安全浏览器、世界之窗浏览器、谷歌浏览器。

（2）下载工具。FlashGet（快车）、VeryCD（电驴）、QQ 旋风。

（3）网络通信工具。MSN、飞信、阿里旺旺。

（4）电子文档阅读工具。Adobe Reader、Foxit Reader（福昕阅读器）

（5）影音播放工具。暴风影音、RealPlayer、PPS。

（6）光盘刻录工具。NERO、DAEMON、光盘刻录大师。

（7）系统性能测试与优化工具。Windows 优化大师、超级兔子、一键 GHOST。

习 　 题

一、简答题

1. 简述使用 WinRAR 4.20 进行文件分卷压缩的操作步骤。

2. 在解压缩文件时，是否解压得到的文件一定与压缩文件名一致？

3. 你认为 QQ 哪些功能比较实用？

4. 写出启用和禁用 Windows 7 自带防火墙的步骤。